Joachim M. Köstnick

OLDTIMER

Motorbuch Verlag

IMPRESSUM

Einbandgestaltung: Luis dos Santos unter Verwendung von Fotos der Daimler AG, Rex Gray, Greg Gjerdingen.

Bildnachweis: Sofern Bilder nicht gemeinfrei sind, befinden sich die Bildquellen unter den jeweiligen Abbildungen; die Rechte an den Bildern verbleiben bei den Urhebern.

Eine Haftung des Autors oder des Verlages und seiner Beauftragten für Personen-, Sach- und Vermögensschäden ist ausgeschlossen.

ISBN 978-3-613-03788-5

Copyright © by Motorbuch Verlag, Postfach 103743, 70032 Stuttgart. Ein Unternehmen der Paul Pietsch-Verlage GmbH & Co. KG

1. Auflage 2015

© 2015 & ™ Discovery Communications, LLC. DMAX and associatede logos are trade marks of Discovery Communications, LLC. Used under license. All rights reserved.

Sie finden uns im Internet unter **WWW.MOTORBUCH-VERLAG.DE**

Nachdruck, auch einzelner Teile, ist verboten. Das Urheberrecht und sämtliche weiteren Rechte sind dem Verlag vorbehalten. Übersetzung, Speicherung, Vervielfältigung und Verbreitung einschließlich Übernahme auf elektronische Datenträger wie DVD, CD-ROM usw. sowie Einspeicherung in elektronische Medien wie Internet usw. ist ohne vorherige Genehmigung des Verlages unzulässig und strafbar.

VORWORT	4
DEUTSCHLAND	6
Adler	8
Audi	10
Auto Union	12
Benz	14
BMW	16
Borgward	18
Daimler	20
DKW	22
Ford	24
Hanomag	26
Horch	28
Maybach	30
Mercedes-Benz	32
NSU	34
Opel	36
Porsche	38
Stoewer	40
Veritas	42
Volkswagen	44
Wanderer	46
Weitere Marken	48
Amphicar/FuldaMobil/	
Glas/Goggomobil/Lloyd	48
NAG/Protos/Röhr/	
Victoria	50
FRANKREICH	52
Bugatti	54
Citroën	56
Delage	58
Delahaye	60
Facel-Vega	62
Peugeot	64
Renault	66
Simca	68
Talbot-Lago	70
Voisin	72
Weitere Marken	74
Bucciali/De Dion Bouton/	
Matra/Panhard	74
GROSSBRITANNIEN	76
Alvis	78
Aston-Martin	80
Austin	82
Austin-Healey	84
Bentley	86
Bristol	88
Daimler	90
Ford of Britain	92
Frazer-Nash/A.F.N.	94
Hillman	96
Humber	98
Invicta	100

Lektorat: Martin Gollnick/Joachim Köster/Joachim Kuch
Innengestaltung: Luis dos Santos
Projektkoordination DMAX: Rolf Schlipköter
Druck und Bindung: Appel & Klinger, 96277 Schneckenlohe
Printed in Germany

(Foto: © Raymondvandonk, CC-BY-SA-3.0)

INHALT

Jaguar	102	USA	150	AUS ALLER WELT	204
Jensen	104	AMC	152	BELGIEN	
Lotus	106	Auburn	154	FN/Minerva	206
MG	108	Buick	156	NORDIRLAND/IRLAND	
Morgan	110	Cadillac	158	De Lorean/	
Morris	112	Chevrolet	160	Heinkel-I/Trojan	208
Rolls-Royce	114	Chrysler	162	JAPAN	
Rover	116	Cord	164	Datsun/Nissan/	
Singer	118	Corvette	166	Hino/Honda	210
Sunbeam	120	De Soto	168	Mazda/Toyota	212
Triumph	122	Dodge	170	ÖSTERREICH	
Vauxhall	124	Duesenberg	172	Austro-Daimler/	
Wolseley	126	Ford	174	Gräf & Stift/	
Weitere Marken	128	Imperial	176	Steyr	214
Allard/		La Salle	178	SCHWEDEN	
Armstrong Siddeley/		Lincoln	180	Saab	216
Gordon-Keeble/		Mercury	182	Volvo	218
Jensen-Healy	128	Oldsmobile	184	SPANIEN	
		Packard	186	Hispano-Suiza/	
ITALIEN	130	Plymouth	188	Enasa-Pegaso	220
Alfa-Romeo	132	Pontiac	190	TSCHECHIEN	
Ferrari	134	Shelby/AC	192	Škoda/Tatra	222
Fiat	136	Studebaker	194		
Iso	138	Tucker	196		
Isotta-Fraschini	140	Willys/Jeep	198		
Lamborghini	142	Weitere Marken	200		
Lancia	144	Continental/Edsel/			
Maserati	146	Graham-Paige/Hudson	200		
Weitere Marken	148	Kaiser/Nash/			
Autobianchi/De Tomaso/		Pierce-Arrow/Stutz	202		
Moretti/Siata	148				

VORWORT

ZUM BESSEREN VERSTÄNDNIS

Ein Buch über Oldtimer zu schreiben ist ein ebenso hoffnungsloses wie undankbares Unterfangen. Hoffnungslos, weil es im Laufe der vergangenen rund 130 Jahre schätzungsweise zehntausend Marken gegeben hat. Und undankbar, weil jede Zusammenstellung, jede Auswahl, willkürlich ist und damit angreifbar. Und als ob das nicht genug wäre: Der zur Verfügung stehende Platz, oder eher: dessen Limitierung, zwingt zu einer noch stärkeren Beschränkung. Daher haben wir – mein Team und ich – uns entschlossen, jedem Hersteller den gleichen Platz einzuräumen. Bei jedem Oldtimertreffen, bei jeder historischen Ausfahrt kommen die Veteranen bunt gemischt angefahren, weder die Meldelisten noch die Reihenfolge im Corso unterscheiden zwischen großen und kleinen Marken, teueren und günstigeren, bekannteren und unbekannteren Fahrzeugen. Und vielleicht ist es gerade diese Vielfalt, die solche Meetings leben lässt. Das hat dazu geführt, dass wir jeder Marke, jedem Hersteller, den gleichen Umfang eingeräumt haben. Zwei Seiten, mehr war nicht drin. Dieser Band kann also, mehr noch als die anderen in dieser Reihe, zwangsläufig nur einen Kompromiss darstellen. Und ein weiterer Faktor kommt hinzu: Was ist ein Oldtimer? Laut Definition hat hierzulande jedes Auto, das älter ist als 30 Jahre, Anrecht auf das sogenannte H-Kennzeichen, das es als historisch kennzeichnet. Die Grenze ändert sich demzufolge Jahr für Jahr. Nach dieser Definition ist bereits ein früher Golf II ein solcher Oldtimer. Es wäre uns aber nicht in den Sinn gekommen, einen solchen hier zu präsentieren. Bei der Auswahl der Fotomotive haben wir in der Regel in den frühen Siebzigern den Schlussstrich gezogen – auch das eine subjektive Entscheidung. Bevor es nun endlich losgeht, müssen aber noch einige grundsätzliche Punkte beziehungsweise Ereignisse angesprochen werden, deren Gesetzmäßigkeiten die Entwicklung des Automobils aller Nationen beeinflusst haben: Das Automobil konnte nur entstehen, weil bestimmte, grundlegende technische und physikalische Kenntnisse bereits vorhanden waren und weil es in Europa wie den USA eine zumindest in Ansätzen bestehende Industrie gab, welche die dafür notwendigen Teile produzieren konnte. Die Frühzeit des Automobils – die in der zweiten Hälfte des 19. Jahrhunderts begann und grob, gesprochen, bis ins erste Jahrfünft des 20. Jahrhunderts reicht – war die Zeit der Experimente, des Ausprobierens und des Wettstreits der verschiedenen Antriebssysteme: Dampf, Elektro, Benzin, Kette oder Kardan, Steuerrad oder Lenkhebel, in der Mitte oder vorne platziert – nichts war festgefügt, nichts war entschieden. Und jeder Erfinder, jeder Tüftler suchte die optimale Lösung, versuchte seine Idee vom pferdelosen Wagen umzusetzen. Diese Periode des Experimentierens endete allmählich mit Beginn des neuen Jahrhunderts, so langsam kristallisierte sich heraus, wie ein solches Fahrzeug am zweckmäßigsten zu konstruieren sei. Die erste Wirtschaftskrise des neuen Jahrhunderts 1907/08 führte zu einer frühen Bereinigung, viele der frühen Kleinsthersteller verloren den Mut, verkauften oder hörten ganz auf, und Henry Ford zeigte, wie man Autos wirtschaftlich zu bauen vermochte: Die Standardisierung wurde zum großen Thema der amerikanischen Automobilindustrie und die arbeitsteilige Produktionsweise eingeführt. Das führte dazu, dass in den USA schon vor 1914 eine Großserienfertigung in Gang gesetzt worden war, während in Europa noch nach handwerklicher Tradition die Fahrzeuge entstanden. Das machte das Automobil etwas für die Begüterten, nicht für die breite Masse. Der Erste Weltkrieg mit seinen Fortschritten auf technischem Gebiet beeinflusste nachhaltig den Autobau der Nachkriegszeit, wobei nach 1918 nun auch Hersteller außerhalb der USA versuchten, auf eine Fließbandfertigung umzustellen, um größere Käuferschichten zu erschließen, denn die gesellschaftlichen Umwälzungen hatten die alten Eliten weggefegt. Das Auto selbst sah überall ähnlich aus: ein Kastenrahmen, darauf ein hoher Aufbau mit Holzskelett, Speichenräder, meist noch aus Holz – der Kühler bildete vielfach das wichtigste Unterscheidungsmerkmal zwischen den einzelnen Marken. In den Zwanzigern begann der Übergang von den offenen Tourenwagen-Karosserien zu den geschlossenen Aufbauten, dass Ford diesen Wechsel hartnäckig ignorierte, führte letztlich zum Verlust seiner Marktmacht. Dieses Jahrzehnt stand auch im Schatten großer Wirtschafts- und Finanzkrisen, wobei in Deutschland die Hyperinflation 1923 zum Verschwinden zahlreicher kleiner Hersteller führte, während in den USA der Börsencrash und die darauf folgende Depression bis Mitte der Dreißiger zahlreiche Marken zur Strecke brachte. Noch immer dominierte die traditionelle Kastenrahmenbauweise, doch Fahrzeuge wurden individueller, was daran lag, dass die Hersteller die Wichtigkeit eines ansprechenden Designs erkannten. Dann kam der Zweite Weltkrieg, und auch dieser brachte gewaltige technologische Fortschritte, die letztlich dem Autobau zugute kamen. In den frühen Fünfzigern erfolgte die weltweite Umstellung auf eine selbsttragende Bauweise und die amerikanische Automobilindustrie verlor ihre technologische Spitzenposition: Geblendet vom Boom der Nachkriegsjahre, baute sie gewaltige Kapazitäten auf und protzte mit immer bombastischeren, immer schwereren Straßenkreuzern, die für den Rest der Welt zu groß waren. Die Notwendigkeit zur technischen Innovation war nicht gegeben, es war ein Verkäufermarkt. Anders dagegen in Europa und dem Rest der (autobauenden) Welt: Zerstörungen und Armut zwangen zur Entwicklung kleiner, sparsamer und dennoch pfiffiger Fahrzeuge für breite Bevölkerungsschichten, und es waren die Franzosen und Italiener, welche die innovativsten Entwicklungen präsentierten: Erfolgreiche, temperamentvolle Entwicklungen mit Frontantrieb und Schrägheck kamen nicht aus Deutschland, hier überdeckte die Käfer-Dominanz die Angebotsvielfalt. In Großbritannien sah die Sache etwas anders aus, doch auch hier ignorierte man nach US-Vorbild konsequent den technischen Fortschritt und die gestiegenen Ansprüche der Kunden. Diese Ignoranz, zusammen mit den selbstzerstörerischen Neigungen der Arbeiterschaft – und auch die konsequente Verweigerung gegenüber den Erfordernissen des Exportmarktes – führten dazu, dass die britische Automobilindustrie schon in den Sechzigern auf den internationalen Bühnen keine Rolle mehr spielte. Dieses Schicksal drohte auch Volkswagen, die zunehmende Käfermüdigkeit weltweit entwickelte sich zu einer existenzbedrohenden Krise und ermöglichte den Aufstieg der asiatischen Hersteller. Die Ölkrise 1973 markierte den Tiefpunkt für die Automobilindustrie, diese und das erwachende Umweltbewusstsein erzwangen ein Umdenken und warfen Fragen auf. Neue Lösungen mussten her, und es waren die Deutschen, die am schnellsten überzeugende Antworten parat hatten

JOACHIM M. KÖSTNICK

(Foto: © RR-Motor Cars)

DEUTSCHLAND

Die deutsche Automobilindustrie genießt Weltruf. »Innovation aus Tradition«, ist man versucht zu sagen und übersieht dabei vielleicht gerne, dass der wirtschaftliche Aufstieg in Sachen Stückzahlen und Innovationen eigentlich erst in den Jahren nach dem Zweiten Weltkrieg begann. Gewiss, auch zuvor hat es klangvolle Marken gegeben, doch Daimler, Benz, Horch, Stöwer und wie sie alle hießen bauten in erster Linie Luxuswagen von höchster handwerklicher Qualität, aber nicht in jedem Fall fortschrittlichster Technik. Autos für den kleinen Geldbeutel gab es wenig, und deren Hersteller überlebten nur selten Kriege, Börsencrashs und Wirtschaftskrisen. Das Wirtschaftswunder und der Siegeszug des Volkswagens änderten die Situation nachhaltig, doch war es noch lange nicht ausgemacht, dass der deutsche Autobau zu einer solchen Dominanz gelangen sollte. Bis in die frühen Siebziger waren die Volumenhersteller weder in Technik noch in der Verarbeitung besser als die Konkurrenz aus Frankreich oder Italien. Und Volkswagen galt als Pleitekandidat.

(Foto: © Daimler AG)

ADLER

1880 gründete Heinrich Kleyer in Frankfurt am Main eine kleine Maschinenhandlung, in der er fortan aus England importierte Fahrräder verkaufte. Aber schon ein Jahr später begann er als erster Unternehmer in Deutschland damit, selbst Fahrräder – damals noch Hochräder – industriell zu produzieren. 1886 kam das erste Adler-Niederrad auf den Markt. Der Schritt zum Automobil lag nahe.

Als Hersteller von Automobilen gehörten die Adlerwerke bis 1939 zu den Großen in Deutschland und nahmen zeitweilig hinter Opel und der Auto Union noch vor Mercedes-Benz den dritten Rang in der Pkw-Zulassungsstatistik ein. 1899 erschien ein erstes Dreirad von Adler, angetrieben von einem einzylindrigen De-Dion-Motor mit 1,75 PS, der dann 1901 – entsprechend angepasst – auch das Adler antrieb.

Der Adler-Motorwagen No. 1 wurde 1900 auf einer Automobilausstellung in Frankfurt vorgestellt. Es handelte sich bei ihm um einen leichten Vis-à-Vis mit Klappverdeck, dessen De-Dion-Einzylinder einen Hubraum von 402 cm^3 besaß und 3,25 PS leistete. Der Motor saß vorne, seine Kraft wurde mittels einer Kardanwelle statt der damals üblichen Kette auf die mit einem Ausgleichsgetriebe versehene Hinterachse übertragen. Der Motorwagen No. 1 wurde knapp vier Jahre lang gebaut.

Der Ingenieur Erwin Rumpler, der im August 1902 zu den Adlerwerken gekommen war und dort das Konstruktionsbüro übernommen hatte, entwickelte 1903 die ersten Adler-Motoren, die dann ab 1904 in den Automobilen verbaut wurden. Weiter führte Rumpler den Pressstahlrahmen, die geschmiedete Vorderachse und die Schraubenspindellenkung ein. Seine neue Typenreihe kam gut an, die Wagen waren durchweg größer und mit 8 bis 24 PS stärker als die Modelle der Vorgängerreihe.

1907 war der Automobilbau schon zum wichtigsten Geschäftszweig der Frankfurter geworden, und folgerichtig wurde denn auch die Motorradproduktion wieder eingestellt und das Wort »Fahrrad« aus dem Namen gestrichen: Die Firma hieß nun »Adlerwerke vorm. Heinrich Kleyer A.-G.«

Das Konstruktionsbüro für die Kleinautos entwickelte unter der Leitung von Otto Göckeritz zunächst einen 4/8 PS, dem bald ein 5/8 PS folgte. Ab 1909 wurden die sogenannten K-, ab 1912 dann die KL-Typen angeboten, die einen hervorragenden Ruf genossen. Ihre fortschrittliche Konstruktion, die hohe Fertigungsqualität und ein ansprechendes Äußeres waren die wichtigsten Faktoren für den Erfolg. Und der war nicht gering: 1914 liefen rund 55.000 Pkw auf den Straßen des Deutschen Reichs, und rund jeder fünfte von ihnen war ein Adler.

Nach dem Krieg gelang es rasch, an alte Erfolge anzuknüpfen. Zunächst wurden die Vorkriegsmodelle wieder aufgelegt. 1926 erfolgte eine vollständige Neuorganisation der gesamten Fabrik, die auf Großserienbau umgestellt wurde. Erstes Ergebnis dieser Kraftanstrengung war der Adler Standard 6 mit Ganzstahlkarosserie und hydraulische Vierradbremsen. Mit einem solchen Standard 6 gelang der Journalistin und Rennfahrerin Clärenore Stinnes die erste Erdumrundung in einem Automobil, die über zwei Jahre dauerte. 1930 entwarf der berühmte Architekt und Bauhausdirektor Walter Gropius Karosserien für die großen Adler-Wagen, die zwar auf weltweit großes Interesse stießen, aber keine Kaufinteressenten fanden.

Die nach dem schwarzen Freitag im November 1929 einsetzende Weltwirtschaftskrise zwang die Adlerwerke, ihr Programm um einen kleineren 1,5-Liter-Wagen zu ergänzen. Adler konstruierte deren gleich zwei, den Primus in Standardbauweise mit Hinterradantrieb und Starrachse und den wesentlich moderneren Trumpf mit Frontantrieb und Einzelradaufhängung. 1934 schließlich erschienen der Adler Trumpf Junior, ein Kleinwagen mit Ein-Liter-Motor, von dem insgesamt über 100.000 Exemplare gebaut wurden, und der Adler Diplomat, der den Standard 6 ablöste. Höhepunkt war der 1937 präsentierte Adler 2,5 Liter, der wegen seiner Stromlinienform bald »Autobahn-Adler« hieß. Er galt als die automobile Sensation des Jahres, verkaufte sich aber nicht so gut wie erwartet. Nach dem Zweiten Weltkrieg erlebte die Fahrradproduktion noch einmal einen Aufschwung, bis sie 1954 endgültig aufgegeben wurde, auch Motorräder und Roller, insgesamt knapp 100.000 Exemplare, wurden bis 1957 noch gebaut, doch die Automobilproduktion nahmen die Adlerwerke nicht wieder auf.

Der Adler 4,5 HP Vis-a-Vis von 1904 gehört zu den ältesten deutschen Fahrzeugen, die beim alljährlichen »London to Brighton Veteran Car Run« teilnehmen. Die erste Fahrt fand 1896 statt. (Foto: © Bashr Eyre, CC-BY-SA-2.0)

Adler Standard 6 Mannschaftswagen aus dem Fahrzeugfundus der DEFA Studios in Babelsberg, Bauzeit zwischen 1929 und 1933. (Foto: © Alexander Stolle, CC-BY-SA-2.0)

Mit Frontantrieb und Einzelradaufhängung war der Adler Trumpf eine der modernsten Konstruktionen der 30er-Jahre. (Foto: © Cyb4, CC-BY-SA-3.0)

Adler 2,5 Liter, 1937–40. (Foto: © Archiv Motorbuch Verlag/Zumbrunn)

Der Audi Typ A wurde von 1910 bis 1912 gebaut, der erste Audi nach Gründung der Firma.
(Foto: Bildergalerie, © GLFD)

Auf dem DKW F102 basierten die ersten Modelle, die in den 60er-Jahren wieder den Namen Audi trugen.
(Foto: © Audi AG)

Der Audi Typ C Alpensieger erschien 1911. Der offene Tourenwagen gewann zwischen 1912 und 1914 drei Mal die berühmte Österreichische Alpenfahrt. (Foto: © Audi AG)

AUDI

Ab 1970 gab es den Audi 100 auch als Coupé S.   (Foto: © Audi AG)

Nachdem August Horch das von ihm gegründete und seinen Namen tragende Unternehmen verlassen hatte, nahm er 1909 kurzerhand mit einer neuen Automobilfirma einen zweiten Anlauf. Die allerdings durfte den Namen des Gründers nicht mehr im Firmennamen verwenden, und so hieß sie ab 1910 »Audi Automobilwerke GmbH Zwickau«. Als Audi 1928 in Schwierigkeiten geriet, wurde die Firma von den Zschopauer Motorenwerken (DKW) übernommen, die kurz darauf in der Auto Union aufgingen. Die nach dem Krieg neugegründete »Auto Union GmbH« war zunächst von Daimler Benz übernommen worden, die Stuttgarter aber traten die Ingolstädter 1965/66 an Volkswagen ab. VW indes hatte an den mittlerweile unverkäuflichen Zweitakt-Autos auch keine Freude. Die Auto Union – die ihre Autos unter den Bezeichnungen DKW und Auto Union verkaufte – sollte daher mit völlig neuen, modernen Viertakter-Automobilen von vorne anfangen. Zu diesem Zweck rüsteten sie den DKW F 102 mit dem von Mercedes-Mann Ludwig Kraus entwickelten Viertaktmotor aus und verpassten ihm eine kosmetische Aufhübschung. Der Name DKW verschwand, weil er zu sehr mit Zweitakter-Motoren in Verbindung gebracht wurde; stattdessen besann man sich auf eine andere Marke im Portfolio der Vorkriegs-Auto-Union: Audi. Nach fünfundzwanzig Jahren entstand auf diese Weise der erste neue Vertreter dieser alten Marke, später mit dem Zusatz »72« (werksintern F 103) versehen, das entsprach seiner PS-Zahl. Diesem ersten Audi folgte eine ganze Reihe weiterer Modelle, die nach ihrer Leistung benannt wurden: 60, 75, 80 und Super 90. Der große Durchbruch gelang dann 1968 dem – heimlich gegen die Vorstandsdirektive – entwickelten Audi 100. Er nutzte eine Lücke im Modellangebot von Mercedes und etablierte die Marke in der Mittelklasse. Weniger an den Autos von NSU, dafür umso mehr an ihrem Werk in Neckarsulm interessiert, fusionierten die Ingolstädter 1969 mit dem auch für seine erfolgreichen Fahr- und Motorräder bekannten Autohersteller zur »Audi NSU Auto Union GmbH« mit Sitz in Neckarsulm. Die zusätzlichen Kapazitäten waren eine willkommene Entlastung für Ingolstadt, in dem zu dieser Zeit auch Käfer für VW entstanden. Der Ro 80 wurde immerhin noch bis 1977 produziert, er war der letzte Pkw mit NSU-Emblem.
Der große Überraschungserfolg des Audi 100 hatte Audi eine eigene Entwicklungsabteilung beschert. Nach dem hier neu entwickelten Baukastenprinzip wurde 1972 der Nachfolger der erfolgreichen F-103-Reihe, der Audi 80 B1, hergestellt und wies fortschrittliche Technik auf. Er war baugleich mit dem VW Passat, gegen den er nach einem großen Anfangserfolg jedoch etwas an Boden verlor.
Einen weiteren Publikumsrenner landete Audi 1974 mit seinem ersten Abstecher in die Kleinwagen-Klasse. Audi 50 hieß der in Wolfsburg montierte richtungsweisende »Mini«, der nach Ölkrise und anschließenden Diskussionen um Energieverschwendung und Schadstoffvermeidung einen Nerv bei der Kundschaft traf. Weil er aber baugleich mit dem VW Polo war, dieser sich aber aufgrund seiner spartanischen Ausstattung nicht wie erhofft verkaufte, entstand hier ein Interessenkonflikt im Konzern, den Volkswagen schließlich zugunsten seines eigenen Sprösslings entschied. 1978 rollten die letzten Audi 50 vom Band.
Dass sich Audi mit dem Erreichten nicht zufrieden gab, sondern sich noch weiter nach oben orientierte, dafür war ein Mann verantwortlich: Ferdinand Piëch, Porsche-Enkel und seit 1973 Chef der technischen Entwicklung bei Audi, ab 1975 im Vorstand. Hatte bereits der Audi 100 der zweiten Generation direkt auf Mercedes gezielt, so gelang Piëch 1980 mit dem Audi quattro ein echter Coup, der die Tür in die Oberklasse – und dahin wollte Piëch mit Audi – weit aufstieß. Mit seinem permanenten Allradantrieb – für Straßenfahrzeuge in Großserie eine Innovation – fand der quattro bald zahlreiche Nachahmer. Viele Erfolge konnte der quattro im Motorsport bei Rallyes und Tourenwagenrennen einheimsen, wo er den heckgetriebenen Konkurrenten haushoch überlegen war.
Mitte der 80er-Jahre strichen die Neckarsulmer ihren Firmennamen auf das international verständlichere »Audi AG« zusammen – die traditionsreichen Markennamen »Auto Union« und »DKW« wurden sang- und klanglos getilgt. Audi war (und ist) nun auch offiziell innerhalb des VW-Konzerns für das gehobene Segment zuständig.

AUTO UNION

Die Auto Union entstand 1932 als Zusammenschluss von DKW, Horch, Wanderer und Audi. Als Marken blieben allerdings alle vier eigenständig, die Autos der Auto Union hießen weiterhin DKW, Horch, Wanderer oder Audi.

Der Grund für den Zusammenschluss lag in mehr oder minder großen finanziellen Schwierigkeiten der vier beteiligten Unternehmen, nicht zuletzt eine Folge der Weltwirtschaftskrise. Es gab aber durchaus auch firmeninterne Ursachen für diese Schwierigkeiten: DKW, eigentlich nur ein geschützter Markenname der von Jörgen Skafte Rasmussen gegründeten Zschopauer Motorenwerke, hatte sich unter anderem mit der Übernahme der kränkelnden Audi-Werke übernommen, stand aber als seinerzeit weltweit größter Motorradhersteller noch relativ gut da. Horch war auf Achtzylinder nicht nur spezialisiert, sondern auch fixiert und kam so nicht auf die erforderlichen Stückzahlen, und die Automobilsparte von Wanderer schaffte mit ihren Mittelklasse-Wagen zwar leidlich hohe Stückzahlen, aber keine Kostendeckung. So entstand mit der Auto Union auf einen Schlag ein Automobilgigant, der in Deutschland unangefochten auf Platz zwei lag – hinter Opel.

Vom Kleinwagen bis zur Luxuslimousine konnte die Auto Union – mit wenigen Lücken – das gesamte Spektrum automobiler Kundenwünsche abdecken und war außerdem nach wie vor die Nummer 1 im Motorradbau. Es sollte allerdings noch ein paar Jahre dauern, bis die vier Marken auch äußerlich erkennbar zusammenwuchsen: Erst 1936 wurde mit dem Wanderer W51 so etwas wie eine eigenständige Auto-Union-Formensprache begründet, und auch bei der Technik fielen die Schranken: Motoren, Getriebe, Fahrgestelle und anderes mehr wurden jetzt durchaus auch markenübergreifend verbaut. Zu einer Verschmelzung der Marken allerdings sollte es nicht kommen, ganz im Gegenteil legte die Auto Union großen Wert darauf, die eigene Tradition und den eigenen Charakter aller vier Marken lebendig zu erhalten.

Ab 1934 fertigte die Auto Union zunehmend Fahrzeuge für die Wehrmacht. In diesem Jahr lag ihr Anteil an der gesamten deutschen Automobilproduktion bei rund 22 Prozent (Opel: 41 Prozent). Der Umsatz der Auto Union stieg von rund 65 Millionen Reichsmark im Jahr 1933 auf rund 293 Millionen Reichsmark im Jahr 1939, die Zahl der Mitarbeiter stieg in dieser Zeit von gut 4000 auf 23.000 an. Bis 1938 konnte die Auto Union ihren Marktanteil in Deutschland noch leicht steigern.

Im Zweiten Weltkrieg gab es immer wieder Bombenangriffe auf die Werke der Auto Union. Am Ende wurde Sachsen Teil der Sowjetischen Besatzungszone Deutschlands und die Sowjets bauten von den Produktionsanlagen ab, was sich noch verwenden ließ, und brachten es als Teil der Reparationsleistungen nach Russland. Am 17. August 1948 wurde die Auto Union aus dem Handelsregister in Chemnitz gelöscht. Aus den Überresten der einstmals stolzen Auto Union entstanden Volkseigene Betriebe, in denen MZ-Motorräder produziert wurden sowie Pkws der Marken Trabant und Wartburg. In Westdeutschland hingegen gab es keine Produktionsanlagen der ehemaligen Auto Union AG. Wohl aber noch sehr viele DKW-Zweitakter, die die Wehrmacht nicht hatte haben wollen und die nun mit Ersatzteilen versorgt werden wollten. Und so gründeten im September 1949, angeführt von Richard Bruhn, dem ehemaligen Vorstandsvorsitzenden der zwischenzeitlich gelöschten Auto Union AG, und dessen Stellvertreter Carl Hahn, einige Veteranen des einstigen sächsischen Automobilriesen in Ingolstadt die »Zentraldepot für Auto Union Ersatzteile GmbH«. Wenig später kam es zur Neugründung der Auto Union, diesmal als GmbH. Viele ehemalige Mitarbeiter hatten sich nach Ingolstadt abgesetzt und beteiligten sich dort am Neuaufbau. In einem Werk in Düsseldorf, gekauft von Rheinmetall-Borsig, wurden neue DKW-Personenwagen F89P »Meisterklasse« und Motorräder gebaut: Es gab wieder eine Auto Union, die Automobile produzierte, aber von den vier Marken hatte zunächst nur DKW überlebt. Unter eigenem Namen verkaufte die Auto Union lediglich einen Wagen, den Auto Union Type 1000.

1958/59 ging die Auto Union in den Besitz von Daimler-Benz über, dann an Volkswagen. Das alte Firmenlogo, die vier Ringe, fährt jedoch bis heute am Grill jedes Audi mit und hält die Erinnerung wach an DKW, Horch, Wanderer und eben die Auto Union.

Die Duelle zwischen den Silberpfeilen von Mercedes und der Auto Union beherrschten den Motorsport der 30er-Jahre. Hier der Auto Union Rennwagen Typ C 16-Zylinder von 1936. (Foto: © Audi AG)

Nick Mason, Drummer von Pink Floyd, lenkt beim Goodwood Festival of Speed für Audi Tradtion den Auto Union Typ D Doppelkompressor von 1939. (Foto: © Audi AG)

Der Auto Union 1000 entsprach dem DKW 3=6 und war, neben dem davon abgeleiteten Coupé, der einzige Wagen, den die Firma 1958–1963 unter eigenem Namen verkaufte. (Foto: © Audi AG)

Gern gesehener Gast: Das Auto Union 1000Sp Coupé mit Dreizylinder-Zweitaktmotor und 55 PS hatte die Technik der Limosuine und eine bei Baur in Stuttgart gebaute Karosserie. Audis Tradtionsabteilung präsentiert diesen Wagen mit prominenter Gastbesetzung – wie etwa Hansi Hinterseer – immer wieder gerne bei Oldtimer-Veranstaltungen. (Foto: © Audi AG)

Der als »Blitzen-Benz« berühmt gewordene Rekordwagen besaß einen 21,5 Liter großen Vierzylinder, der 200 PS leistete. (Foto: © Daimler AG)

Der aufwändig restaurierte Prinz-Heinrich-Wagen von 1910. Benz beteiligte sich mit zehn Spezial-Tourenwagen mit Kardanantrieb an diesem Wettbewerb. Der von Fritz Erle gesteuerte 5,7 l-Wagen mit 80 PS belegte den fünften Rang. (Foto: © Daimler AG)

Der Nachbau des Benz Motorwagens im Automuseum Dr. Carl Benz in Ladenburg. (Foto: © Daimler AG)

BENZ

Benz 6/25/40 PS Tourenwagen 1921–1924. (Foto: © Daimler AG)

Am 25. November 1844 wurde Carl Benz als Sohn eines Lokomotivführers in Karlsruhe geboren. Seine erste Anstellung erhielt er in Mannheim bei einer Wagenfabrik als Zeichner und Konstrukteur, 1868 wechselte er zu einer Firma, die sich auf den Brückenbau spezialisiert hatte, Stahlträgerkonstruktionen waren damals eines der auffälligsten Symbole der Neuzeit. Und neuartig war auch die aufkommende Fahrradmode, was einen wie Benz nahezu zwangsläufig interessieren musste.

1871 war das Deutsche Reich entstanden, und dank der reichlich ins Land fließenden französischen Reparationszahlungen florierte die Wirtschaft. Die Zeit schien günstig für einen Konstruktionsexperten im Stahlbau, in diesen Boomjahren gründete Benz zusammen mit einem Partner eine erste Firma in Mannheim mit einer Handvoll Angestellten. Verlobt hatte er sich übrigens auch – ein Glücksfall gleich in mehrfacher Hinsicht, denn mit dem Geld seiner Braut Bertha Ringer konnte er seinen unzuverlässigen Partner auszahlen und die Firma retten. Und Bertha war es schließlich auch, die mit ihrer Fernfahrt 1888 den Beweis antrat, dass die Erfindung ihres Carl tatsächlich etwas taugte. Für die Vervollkommnung eines Zweitaktmotors, den er bis zur Fertigungsreife entwickelte, wurden Benz ab 1880 mehrere grundlegende Patente, z. B. für die Drehzahlregulierung, erteilt. Zur Zündung des Gemisches benutzte Benz zum Beispiel seine neu entwickelte Batteriezündung.

Im Oktober 1883 gründete er mit zwei Partnern ein neues Unternehmen, die Firma »Benz & Co. Rheinische Gasmotoren-Fabrik«. Und diesmal gelang es ihm, sich auf Dauer zu etablieren. Schon bald waren in der Fertigung 25 Mann beschäftigt, und es konnten sogar Lizenzen für den Bau von stationären Gasmotoren vergeben werden. Benz konnte sich nun ungestört der Entwicklung seines Wagenmotors widmen. Anders nämlich als Gottlieb Daimler, der sich vor allem auf die Perfektionierung seines Motors konzentrierte und ihn daher zunächst in ein Zweirad (den Reitwagen) und dann in eine Kutsche einbaute, schwebte Benz eher ein komplettes Fahrzeugsystem vor. 1886 erhielt er auf das Fahrzeug mit dem liegenden Einzylindermotor das Patent Nr. 37 435 und stellte seinen ersten »Benz Patent-Motorwagen« der Öffentlichkeit vor. In den Jahren 1885 bis 1887 entstanden insgesamt drei Versionen des Dreirades, mit dem dritten absolvierte dann Bertha Benz 1888 die erste Fernfahrt – ohne Wissen ihres Mannes. Bis zur Jahrhundertwende war Benz zum führenden deutschen Automobilhersteller aufgestiegen.

Doch in den Folgejahren zog der Konkurrent aus Stuttgart, Daimler, mit seinen schnelleren und moderneren Fahrzeugen an der mittlerweile zur Aktiengesellschaft umgewandelten Firma »Benz & Cie. AG« vorbei. Die Umsätze gingen rapide zurück und veranlassten den zweiten Vorstandsvorsitzenden neben Benz, Gauß, sich Hilfe von französischen Ingenieuren zu holen, um eine neue, konkurrenzfähige Typenreihe zu entwickeln. Als diese neue »Parzifal«-Reihe noch in der Öffentlichkeit als französische Konstruktion vorgestellt wurde, zog sich Benz 1903 aus dem Tagesgeschäft zurück. Mit viel Einsatz und publikumswirksamen Autorennen (etwa mit dem Weltrekord-Rennwagen Blitzen-Benz 1909) holt die Firma »Benz & Cie.« den technischen Rückstand zu Daimler, aber auch zur internationalen Automobilszene wieder auf.

Hatte Benz seit 1901 nur noch große Wagen gebaut, so gab der Autobauer ab 1911 dem Trend zu immer preiswerteren, auch für Normalsterbliche erschwinglichen Fahrzeugen nach und produzierte bis zum Kriegsbeginn erfolgreich 8-PS-Autos. Mittlerweile in »Benz & Cie. Rheinische Automobil- und Motorenfabrik AG« umbenannt, stieg das Unternehmen noch vor Kriegsbeginn in den Bau von LKWs und Flugzeugmotoren ein. Nach Kriegsende dann wurde wieder auf Friedensproduktion umgestellt.

In den 20er-Jahren fertigte Benz zwar konservative, aber qualitativ hochwertige Automobile, doch die Inflation bescherte der Benz AG in Gestalt von Schapiro einen rücksichtslosen Mehrheitseigner, dessen ruinösen Geschäftspraktiken sich das Unternehmen nur durch Fusion mit dem Erzkonkurrenten Daimler im Jahre 1926 zu entziehen wusste. Benz und Daimler bauten von nun an gemeinsame Fahrzeugmodelle. Ein Jahr später verließ deshalb das letzte Automobil mit Namen Benz die nunmehr gemeinsamen Werkshallen der neu gegründeten »Daimler-Benz AG«.

BMW

Hervorgegangen aus der Rapp-Motorenwerke GmbH sowie der Flugmaschinenfabrik Gustav Rau, begann die Münchner Firma während des Ersten Weltkriegs mit dem Bau von Flugzeugmotoren. Unter dem neuen Firmennamen »Bayerische Motoren Werke GmbH« (später: AG) gelang ihr 1917 unter ihrem Geschäftsführer Franz Joseph Popp der Durchbruch auf diesem Sektor. Doch den rasanten Höhenflug des Motorenherstellers stoppte das Kriegsende im Jahr 1918 auf jähe Weise.

Einige Jahre hielt sich man sich mit dem Bau von u. a. Boots- und Hilfsmotoren über Wasser, bis BMW 1923 sein erstes Motorrad herstellte, die R 32. Ein Jahr später beteiligte sich das Unternehmen erstmals an einem Auto, dem Kleinwagen der Schwäbischen Hütten Werke AG (S.H.W.), der jedoch nie in Serie ging. Nebenbei stieg das Unternehmen auch wieder in den Bau von Flugzeugmotoren ein.

Mit dem Kauf der Dixi-Werke (Fahrzeugfabrik Eisenach) 1928 startete BMW als Automobilhersteller. In der durch diesen Kauf hinzugewonnenen Eisenacher Zweigniederlassung entstanden bis Kriegsende alle BMW-Autos. Der erste Serienwagen war der 3/15 PS, ein Lizenznachbau des britischen Austin Seven.

Nach der Übernahme des Eisenacher Dixi-Werks baute BMW den Dixi-Typ DA 1 unverändert noch ein halbes Jahr weiter, bevor sie ihn im Juli 1929 durch den überarbeiteten BMW Typ 3/15 (DA2) ablösten, der bis 1931 gebaut wurde. (Foto: © BMW AG)

Fünf Jahre später entstand das erste komplett in Eigenregie hergestellte Modell, das auch noch gleich Mercedes-Benz Konkurrenz machte; es war der BMW 303 mit sechs Zylindern und 30 PS, der genau zum richtigen Zeitpunkt kam, um vom wirtschaftlichen Aufschwung profitieren zu können. Weitere Erfolgsmodelle waren die 2-Liter-Fahrzeuge BMW 326 und 328, die das Mittelklasse-Segment bedienten. Ersterer wurde sogar zum meistverkauften BMW der Vorkriegsjahre, Letzterer schlug sich erfolgreich bei Motorsportrennen wie der Mille Miglia und wurde daraufhin von Frazer-Nash aus Großbritannien in Lizenz nachgebaut.

Trotz dieser Erfolge auf dem Autosektor verdiente die Münchner Firma mittlerweile das weitaus meiste Geld mit dem Bau von Flugzeugmotoren. Seit der Machtübernahme der Nationalsozialisten hatte dieser Produktionssektor einen immensen Aufschwung genommen, zwischen 1939 und 1945 baute BMW vor allem Flugmotoren sowie andere Rüstungsgüter wie die Wehrmachtsmotorräder. Die Produktion von Automobilen wurde bis Kriegsende eingestellt.

Nach dem verlorenen Krieg stand BMW fast vor dem Aus. Das Eisenacher Werk war verloren und das Werk in München demontiert. BMW musste von vorne beginnen, das Werk im Westen neu aufbauen und sich gegenüber der Konkurrenz aus Eisenach, die ebenfalls wieder Fahrzeuge baute, die Rechte am Namen BMW sichern.

Der erste in München produzierte BMW erschien 1952, trug die Bezifferung »501« und den Spitznamen »Barockengel«. Anfangs leistungsmäßig zu schwach dimensioniert, machte BMW auch mit verbesserten Versionen hohe Verluste. Auch die traumhaft schönen Sportmodelle »503« und »507«, mit denen BMW sich in der Oberklasse festzusetzen suchte, brachten den gewünschten Erfolg: BMW steckte tief in der Krise, und weder die ebenfalls neu aufgenommene Motorradproduktion noch der in italienischer Lizenz hergestellte »Isetta«-Kleinwagen konnten dazu beitragen, die Münchner wieder in die schwarzen Zahlen zu bringen. Den Verkauf des Unternehmens an Daimler im Dezember 1959 verhinderte in letzter Minute schließlich der Industrielle Quandt, der BMW durch die Erhöhung seines Aktienanteils (im Laufe der Zeit bis zu 60 %) mit frischem Kapital versorgte, und mit der neuen Kleinwagen-Baureihe BMW 700 wurde der erste Schritt in eine besser Zukunft unternommen.

Frisch saniert, gelang dem Fahrzeughersteller mit dem BMW 1500 zu Beginn der 60er-Jahre ein großer Wurf. Die nachgeschobenen Modelle 1600, 1800 und 2000 sicherten den Wiederaufstieg BMWs und verdienten sich zudem Meriten bei Tourenwagenrennen.

Einen wichtigen Expansionsschritt stellte 1966 die Übernahme der Glas GmbH mit ihrem Werk in Dingolfing als weiterem Produktionsstandort dar, deren bekanntestes Produkt das »Goggomobil« gewesen war. In den folgenden Jahren und Jahrzehnten setzte BMW mit der Eröffnung von Werken und Fertigungsstätten u. a. in Südafrika, USA, Thailand, Russland und Indien sowie der zunehmenden Verbreitung seiner Modellreihen diesen begonnenen Weg der Expansion konsequent fort.

Der BMW 326 in der Ausführung von 1939 war die letzte Vorkriegslimousine des Herstellers. Mit etwas längerer Haube wurde dieser Wagen auch als Typ 335 angeboten.
(Foto: © BMW AG)

Der BMW 507, den Elvis fuhr, wurde wiederentdeckt und 2014, unrestauriert und verstaubt, im Münchner BMW-Museum ausgestellt.
(Foto: © BMW AG)

Graf Goertz hielt ihn für seinen gelungensten Entwurf: Den BMW 503, der zusammen mit dem 507 auf der IAA im September 1955 vorgestellt wurde. (Foto: © BMW AG)

Die Marke Hansa gehörte zum Borgward-Konzern, der Hansa 1500 von 1949 war Deutschlands erste Limousine mit Pontonkarosserie. Der Hansa 2400 mit seinem Fließheck wurde zwischen 1952 und 1955 gebaut. (Foto: © Lothar Spurzem, CC-BY-SA-2.0-DE)

Der große Borgward P 100 (1959-1961) war die erste deutsche Limousine mit Luftfederung. (Foto: © Lothar Spurzem, CC-BY-SA-2.0-DE)

Die Isabella war der gelungenste Borgward-Entwurf und wurde zwischen 1954 und 1962 gebaut. Im Bild eine Isabella, wie sie nach August 1958 vom Band lief. (Foto: © Lothar Spurzem, CC-BY-SA-2.0)

BORGWARD

Die Arabella war unterhalb der Isabella angesiedelt und wurde auch nach dem Zusammenbruch der Borgward-Gruppe bis 1963 weitergebaut. (Foto: © nakhon100, CC-BY-2.0)

Die Geschichte des Carl Friedrich Wilhelm Borgward beginnt am 10. November 1890 in Altona/Elbe. Er war schon im Kindesalter ein Tüftler, bereits um die Jahrhundertwende soll er ein Spielzeugauto mit Uhrwerksfeder als Antriebsquelle gebaut haben. Er wurde Schlosser, aus Geldmangel konnte er aber, als eines unter 13 Kindern eines Kohlenhändlers, kein Studium an einer Technischen Hochschule absolvieren. Das bremste ihn aber nicht, nach dem Weltkrieg trat er 1919 als Teilhaber in eine Firma mit dem hochtrabenden Namen »Bremer Reifenindustrie GmbH« ein. Die 20-Mann-Klitsche stellte Spiralfelgen mit Sprungfedern her, die anstelle der raren Gummireifen aufgezogen werden konnten. Nur einen Steinwurf entfernt lagen die Hansa-Lloyd Werke AG, auch hier war der Name wohl größer als die Fabrik. Immerhin: Die bauten ganze Autos, waren eine lokale Größe und brauchten Kühler und Kotflügel, die Borgward liefern konnte. Zum Autoproduzenten wurde er eher zufällig. Für den Materialtransport von der Werkstatt zum Lager baute er einen primitiven Dreiradkarren mit 120-Kubik-Motor und 2,2 PS Leistung. Und dieses Vehikel, angeboten für 980 Reichsmark, entpuppte sich als ideales Transportfahrzeug für Kleingewerbetreibende. Zwar hatte der sogenannte »Blitzkarren« noch keinen Anlasser und musste angeschoben werden – was bei voller Beladung mit der Nutzlast von 250 kg sicher ein interessantes Erlebnis gewesen sein dürfte –, doch das schadete dem Erfolg nicht. Mit dem Geld eines Investors wurde aus dem Blitzkarren das doppelt so leistungsfähige »Goliath«-Dreirad. Das Gefährt spülte so viel Geld in die Kasse, dass Borgward weiter expandieren konnte, seinen Kunden Hansa-Lloyd aufkaufte und erste Personenwagen baute – primitiv und erfolglos (Borgward zum Hansa 500 des Jahres 1934: »Der Wagen wurde die größte Pleite des Jahrhunderts«), aber beharrlich, weil das Geschäft mit den Borgward- und Goliath-Nutzfahrzeugen brummte. Mitte der Dreißiger war man führend bei den Ein- und Dreitonnern. Damit finanzierte Borgward seine Hansa-Personenwagen der Mittel- und Oberklasse, seine Vier- und Sechszylinderspielereien. Die waren zwar auch nicht sensationell gut, aber man kannte sie. Dafür baute Borgward ein neues Werk in Bremen-Sebaldsbrück, das 1938 in Betrieb ging. Der Selfmade-Millionär mit dem äußerst bescheidenen Lebensstil trat 1938 in die NSDAP ein und erhielt den Titel eines Wehrwirtschaftsführers. Dafür kassierten ihn die Alliierten nach Kriegsende, und seine Werke waren durch Bombenangriffe zerstört. Sein Tatdrang litt darunter nicht. Wieder in Freiheit, mischte er die westdeutsche Autobranche auf: Er baute die erste deutsche Pontonlimousine in Serie, bot Diesel-Pkw an und erfand mit dem Kleinwagen LP 300 das Segment der Kleinstwagen neu. Der Leukoplastbomber mit Zweitaktmotor und kunstlederbezogener Sperrholzkarosserie auf Holzrahmen war zwar miserabel verarbeitet (Borgward später über die ersten LP: »Die gingen so schön schnell kaputt«), andererseits war die Kundschaft froh, überhaupt ein Dach über dem Kopf zu haben, und der Lloyd war wesentlich günstiger als ein VW Käfer und hatte kaum Lieferzeiten. Für den Bau des seit 1950 verkauften Leukoplastbombers, der in seiner letzten Ausbaustufe 1957 als Alexander zum richtig properen Kleinwagen herangereift war, gründete Borgward eine dritte Marke, nämlich Lloyd, die ebenso autonom agierte wie die anderen Konzernmarken. Die Ineffizienz und geringe Produktivität dieses Konstrukts (drei Verwaltungen, drei Vertriebe) störte ihn nicht weiter: Betriebswirtschaft und Marketing interessierten ihn nicht die Bohne, und da er Alleingesellschafter war, konnte er jede neue Idee, jeden neuen Entwurf gleich umsetzen lassen. Das hatte zur Folge, dass sich sein Konzern eine Modellvielfalt leistete wie keine andere Firma. Eine kontinuierliche Modellplanung fand nicht statt, teure Experimente wie die Benzineinspritzung beim Goliath 700, eine Luftfederung beim großen Borgward oder die Entwicklung eines Hubschraubers (»weil es mir Spaß macht«) trugen ebenso zum Untergang der Marke bei wie die Tatsache, dass viele Fahrzeuge erst in Kundenhand zur Serienreife gebracht wurden – wie die Borgward Isabella, das schönste und berühmteste Fahrzeug des Bremer Automobilherstellers, oder die Arabella, bei der zu Anfang jeder Wagen für 1000 Mark nachgebessert werden musste. Die Firmengruppe geriet 1960 in erhebliche Schwierigkeiten und 1961 in Konkurs. Zur IAA 2015 soll der Name wiederauferstehen.

DAIMLER

Untrennbar mit der Geschichte des Automobils verbunden sind die Namen Gottlieb Daimler und Wilhelm Maybach. Mit dem Bau des ersten vierrädrigen Kraftwagens, der von einem funktionierenden Verbrennungsmotor angetrieben wurde, legten die beiden Männer einen entscheidenden Markstein in der Entwicklung des Automobils. In ihrer Cannstatter Werkstatt entwickelten sie 1883 den Antrieb, der den Motorenbau revolutionieren sollte: Dieser schnell laufende, kleine Motor besaß die Fähigkeit, Fahrzeuge aller Art, egal ob zu Land oder zu Wasser, fortzubewegen. Um dessen Wirksamkeit zu demonstrieren, bauten Daimler und Maybach den Einzylindermotor 1885 in den zweirädrigen »Reitwagen« und danach in eine vierrädrige Kutsche. Mit dieser »Motorkutsche«, die 16 km/h fuhr, gelang den beiden der Durchbruch auf dem Weg zum Automobil.

Die hohen Entwicklungskosten, die bisher angefallen waren, mussten durch eine kommerzielle Nutzung des Daimler-Motors wieder hereingeholt werden, und so bauten Daimler und Maybach extra für die Pariser Weltausstellung 1889 einen sogenannten »Stahlradwagen« mit Zweizylinder-V-Motor, der mit seinen 2 PS bereits 17,5 km/h schnell fuhr. Dieser Stahlradwagen stieß in Paris auf große Resonanz, für den Motor wurden Lizenzen an die Firmen Panhard & Levassor sowie Peugeot verkauft, der Daimler-Motor bildete die Keimzelle der französischen Autoindustrie.

Erste Verkaufserfolge stellten sich 1895 mit dem »Phönixwagen« ein, der über gummibereifte Räder verfügte und nach französischem Vorbild den Motor vorne eingebaut hatte. Dieser Phönixmotor, eine Maybach-Konstruktion, gehörte als Vierzylindermotor zu den modernsten Antrieben der Welt.

Den entscheidenden Anstoß zum Einbau des Motors im Auto vorne hatte der österreichische Generalkonsul Emil Jellinek gegeben, der in Nizza lebte und das Verkaufspotential des »Phönixwagens« erkannte. Seiner zahlungskräftigen, sportlichen Kundschaft an der Côte d'Azur wollte er einen Sportwagen geben, das heißt: Keine Kutsche, einen längeren Radstand und einen abgesenkten Schwerpunkt. Seine Anregungen führten im Jahr 1900 zum »Mercedes 35 PS«. Das Auto war auf den Namen seiner Tochter getauft und dieser zwei Jahre später als Wortmarke geschützt worden. Alle kommenden Automobile der Firma hießen ab jetzt »Mercedes«. Dermaßen verändert, erwies sich der Mercedes 35 PS bei Automobilrennen als schier unschlagbar und war gleichzeitig das erste Auto im modernen Sinn.

1902 – Gottlieb Daimler war zwei Jahre zuvor gestorben – vereinfachte Maybach die Bedienbarkeit des Mercedes und nannte das 40 PS starke Nachfolgemodell folglich »Mercedes Simplex«. Dieses Auto war vor allem im Motorsport erfolgreich, so z. B. beim Gordon-Bennet-Rennen 1903, daraus abgeleitet entstanden diverse Tourenwagen mit einer Leistung von bis zu 90 PS.

Den ersten Mercedes-Sechszylinder entwickelte Maybach 1905; ein solcher sollte ein Jahr später auch seine letzte Konstruktion für die Daimler-Motoren-Gesellschaft werden, bevor er aus dem Unternehmen ausschied, das maßgeblich durch ihn zu einem der führenden Autohersteller Deutschlands geworden war. Der heute weltberühmte dreizackige Stern wurde 1909 eingeführt und zierte von jetzt ab jeden Mercedeskühler. Neben den bisher vorwiegend mit Ketten angetriebenen Automobilen entstanden ab 1910 unter Daimlers Sohn Paul auch preiswertere mit Kardanantrieb; der in den Jahren 1912–1914 gebaute »Mercedes Knight« mit seinem ventillosen Schiebermotor gilt als der erste große, repräsentative Mercedes.

Die Kriegs- und Nachkriegsjahre ging auch an der DMG nicht spurlos vorüber. Obwohl zunächst durch die neue Kompressor-Technik weitere Leistungssteigerungen im Automobilbau – und damit auch weitere Erfolge im Motorsport – erzielt werden konnten, steckte nach 1918 der ganze Industriezweig in der Krise.

Schon während des Ersten Weltkriegs aufgekommene Überlegungen zur Fusion mit dem großen Rivalen Benz gewannen an Kontur, nachdem die Hausbanken von Daimler und Benz von der Deutschen Bank übernommen worden waren, was letztlich zur 1926 gegründeten Daimler-Benz AG führte. Der neue Name für alle zukünftigen gemeinsamen Autos lautete »Mercedes-Benz«.

Wie alles begann: der berühmte Daimler-Reitwagen von 1885. (Foto: © Daimler AG)

Mercedes-Simplex 40 PS aus dem Jahr 1902. (Foto: © Daimler AG)

Cardan-Wagen Mercedes Typ 14/30 PS von 1913. (Foto: © Daimler AG)

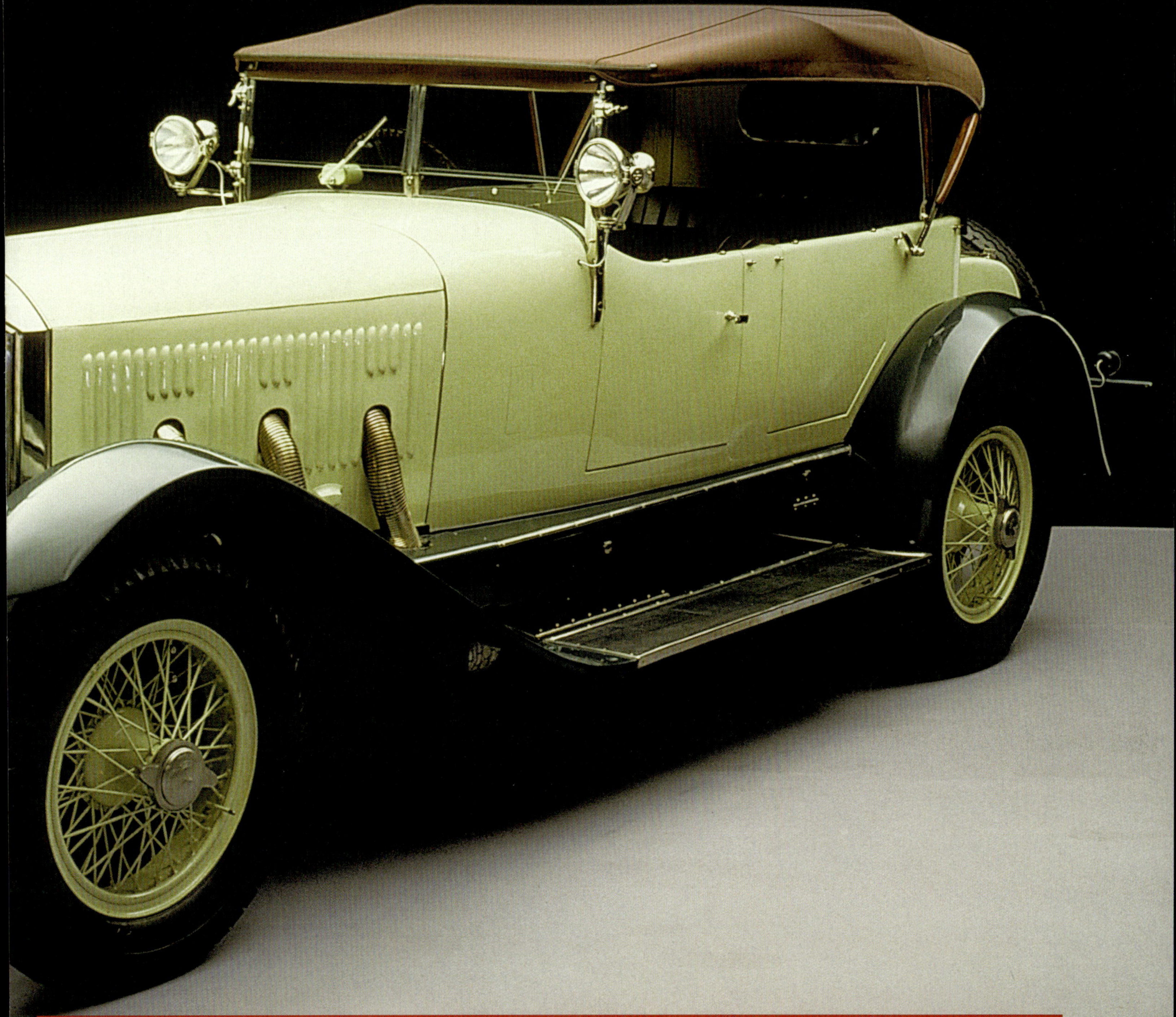

Der Mercedes 28/95 PS wurde von 1914 bis 1924 gebaut. (Foto: © Daimler AG)

Der DKW Front Luxus Sport F5K 700 wurde 1936/37 gebaut. (Foto: © Audi AG)

Der DKW 3=6 Monza wurde zwischen 1956 und 1958 auf Basis des F93 für Rennsportzwecke gebaut. Der GfK-Flitzer erreichte eine Höchstgeschwindigkeit von rund 140 km/h. (Foto: © Auto-Medienportal.Net/VW)

Auf der Frankfurter Automobilausstellung 1953 präsentierte DKW den Sonderklasse mit Dreizylinder-Zweitaktmotor. Karmann entwickelte daraus ein zwei- wie ein viersitziges Cabriolet. (Foto: © Audi AG)

DKW

DKW F12 Roadster von 1964. (Foto: © Audi AG)

Nach seinem Ingenieursstudium in Deutschland hob der Däne Jörgen S. Rasmussen gemeinsam mit einem Freund 1904 in Chemnitz die »Rasmussen & Ernst GmbH« aus der Taufe. In den folgenden Jahren und Jahrzehnten wuchs die mittlerweile in Zschopau ansässige Firma zu beachtlicher Größe. Der Kraftstoffmangel während des Krieges brachte den umtriebigen Dänen auf den Gedanken, 1917 einen ersten Dampfkraftwagen vorzustellen. Auch tauchten in diesem Zusammenhang erstmals die drei Buchstaben »DKW« als Kürzel auf, es stand für »DampfKraftWagen«. Während allerdings das Projekt »Dampfkraftwagen« aufgegeben wurde, ließ Rasmussen das Kürzel DKW für zukünftige Verwendungen schützen. Auch war sein Interesse am Automobilbau nun geweckt.

1918 bekam Rasmussen Besuch vom Motorkonstrukteur Hugo Rappe, der ihm die Produktion kleiner Zweitaktmotoren für unterschiedlichste Anwendungsbereiche vorschlug. Um das neue Produktionsfeld auszutesten, stellte Rasmussen einen Zweitakt-Kleinmotor mit 0,25 PS her, der in den Spielzeugläden als Alternative zur beliebten Spielzeugdampfmaschine dienen sollte. Seine eigentliche Bedeutung lag aber darin, dass er die Blaupause aller späteren DKW-Zweitaktmotoren darstellte. Das Kürzel »DKW« stand nun für »Des Knaben Wunsch« und zierte auch einen 1-PS-Fahrrad-Hilfsmotor von 1920, der trotz zahlreicher Konkurrenz zum Erfolg wurde. Jetzt stand DKW für »Das Kleine Wunder«. Dieser Name sollte zum Programm werden, denn Rasmussen verkaufte bald nicht mehr bloß Motoren für Zweiräder, sondern stieg ab 1922 selber in die Motorradproduktion ein. Bereits gegen Ende des Jahrzehnts waren die »Zschopauer Motorenwerke AG«, wie die Firma ab 1923 hieß, zum größten Motorradhersteller der Welt aufgestiegen.

1919 hatte Rasmussen begonnen, eine Anzahl einsitziger Elektrowagen aus der Entwicklung der Firma »Slaby & Behringer« zu vertreiben; auf dieser Basis, wenn auch mit eigenem Zweitaktmotor, entstand dann auch der erste eigene Wagen, der »Kleine Bergsteiger«. Dabei blieb es vorläufig, erst 1927/28 waren Zweitaktmotoren verfügbar, die stark genug waren, ein Auto anzutreiben. Das erste Modell der Zschopauer Motorenwerke war der DKW Typ P, ein Roadster mit 600-cm³-Zweitaktmotor im Heck und der traditionell rahmenlosen Holzkarosserie von Dr. Slaby. Trotz seiner Mängel – der Motor war laut, durstig und defektanfällig – verkaufte er sich gut.

Um den Problemen des Typs P aus dem Wege zu gehen, entstand 1929 erstmals ein viertaktiges Nachfolgemodell, der DKW 4 = 8, doch mit ihm und weiteren, ähnlichen Modellen handelte sich Rasmussen neuen Ärger ein, ohne alle alten Probleme gelöst zu haben. Also kehrten die Zschopauer Motorenwerke zurück zum Zweitakter und stellten ab 1931 von Heck- auf Frontantrieb um – das war der Durchbruch!

Bis zu Rasmussens Ausscheiden aus dem Betrieb 1934 erschienen u. a. noch die Fronttriebler DKW Meisterklasse (1932) sowie DKW Reichsklasse (1933), Letzterer bereits mit der für Zweitakter richtungsweisenden Technik der Umkehrspülung, die sie auch zukünftig gegenüber Viertaktern konkurrenzfähig bleiben ließ.

Rasmussen hatte bereits Ende der zwanziger Jahre die Audi-Werke in Zwickau übernommen und hier auch die neuen frontangetriebenen Automobile produzieren lassen. Zu Beginn des neuen Jahrzehnts drohte neues Ungemach. Auch die Zschopauer Motorenwerke litten unter der Wirtschaftskrise, und Rasmussen war froh, sich mit seinen Erfolgsautos ein zweites Standbein geschaffen zu haben.

Doch die Sächsische Staatsbank, die schon hinter der Übernahme der Audi-Werke durch Rasmussen steckte und selbst durch viele Unternehmenskonkurse in Sachsen bereits angeschlagen war, sah nach dem nun bevorstehenden Bankrott der Horch-Werke ihre und die Rettung der Zschopauer Motorenwerke nur noch darin, dass Rasmussen die Horch-Werke liquidierte. 1932 wurden deshalb die Zschopauer Motorenwerke, die Audi-Werke sowie die Horch-Werke zusammengeschlossen zur neuen »Auto Union«, DKW war somit nur noch eine Konzernmarke. Nach 1945 baute die neue Auto Union unter dem DKW-Zeichen vor allem Motorräder, aber auch diverse Zweitakt-Automobile; der F102 von 1963 war die letzte westdeutsche Personenwagenkonstruktion mit Zweitakt-Motor.

FORD

Eine Fertigung in Deutschland hatte Firmengründer Henry Ford bereits in den Jahren vor dem Ersten Weltkrieg erwogen, diese aber erst danach verwirklicht. Die deutschen Ford Werke AG wurden als »Ford Motor Company« am 18. August 1925 ins Handelsregister von Berlin eingetragen. Zunächst ging es um die Einfuhr von 1000 Fordson-Traktoren; am 2. Januar 1926 richtete Ford dann einen Montagebetrieb und ein Ersatzteillager in gemieteten Hallen am Berliner Westhafen ein. Ab August schließlich wurde dann auch produziert und montiert – natürlich der unverwüstliche Einheitstyp, das T-Modell. Vier Jahre später, im Oktober 1930, legte Henry Ford I in Köln den Grundstein für das neue Werk am Rhein. Auch Köln war zunächst nicht mehr als ein Montagewerk mit Teilfabrikation, gewann aber in der Dreißigern an Eigenständigkeit. Es entstanden »deutsche« Fahrzeuge wie der Eifel, der V8 und der Taunus, doch erst im Januar 1952 kam mit dem Taunus 12 M eine weitgehende Eigenkonstruktion auf die Straße, zwar mit Vorkriegs-Technik, aber moderner, selbstragender Pontonkarosserie und vorderer Einzelradaufhängung. Mehrfach überarbeitet und modellgepflegt, lief der Taunus dann bis 1962. Größere technische Änderungen hatten sich nicht ergeben, lediglich das Kühlergesicht des stets nur zweitürig angebotenen Kölners hatte sich mit schöner Regelmäßigkeit geändert. Die weitere Entwicklungslinie dieser Mittelklasse-Baureihe führte über weitere Taunus-Generationen – darunter den berühmten »Knudsen«-Taunus – und den Sierra bis hin zum Mondeo der Jetztzeit.

In der oberen Mittelklasse war Ford 1957 erstmals mit dem Taunus 17 M in Erscheinung getreten. Die Limousine im Straßenkreuzer-Design (»Barock-Taunus«) hatte einen 1,7-Liter-Motor mit 60 PS. Der Modellwechsel 1960 zum P3-Taunus (»Badewanne«) war ein wahrer Kulturschock für alle Traditionalisten, die neue »Linie der Vernunft« entsprach aber technisch dem Vorgänger. Bis 1964 gebaut, löste ihn die wesentlich konventioneller gezeichnete Generation P5 und P7, die es auch mit V6-Motoren gab. Die Serie lief 1972 aus, nun übernahmen die barock gezeichneten Granada/Consul-Typen den Staffelstab. 1975 wurden beide Reihen zusammengelegt. Es gab sie in zahlreichen Ausführungen, das Topmodell hatte einen 3,0-Liter-V6 mit 138 PS. Fords Versuche, in der Oberklasse Fuß zu fassen, endeten mit dem Auslaufen der Scorpio-Modellreihe zum Ende des Jahrtausends.

In der Kleinwagenklasse war Ford seit 1968 mit dem Escort vertreten, eine Entwicklung der britischen Ford-Dependance und als Anglia-Nachfolger konzipiert. Die erste Generation wurde zwischen 1968 und 1975 gebaut und bot viel Auto fürs Geld. Lieferbar mit zwei und vier Türen sowie als zweitüriger Kombi, war der Wagen mit seiner eher britischen Linienführung (»Hundeknochen«-Kühler) weder besonders attraktiv noch sonderlich innovativ – Motor vorn, angetriebene hintere Starrachse: Einfacher Standard, einfach verarbeitet, aber in heißer RS-Form ein echter Kompaktsportler. Anfang der Achtziger erfolgte die Umstellung auf Frontantrieb, was damals der Escort, heißt heute Focus.

Echte Sportwagen bot Ford (D) lange nicht an. Neben dem nur kurzzeitig verkauften und in Italien zusammengeschraubten Ford OSI auf 26-M-Basis schlossen sich Sport und Ford lange Jahre gegenseitig aus. Das änderte sich erst nach der Präsentation des Capri. Zwischen 1969 und 1987 gebaut, kombinierte diese deutsch-englische Gemeinschaftsentwicklung robuste Großserientechnik, klassische Sportwagenoptik, ein kleinfamilientaugliches Platzangebot und volkstümliche Preise. Die V4- und V6-Motoren stammten aus dem Taunus-Programm, das Angebot reichte vom Basis-1300er mit 50 PS bis zu dem auf Rundstreckenrennen und im Tourenwagensport eingesetzten RS 2600 mit 150 PS. Insbesondere die Vierzylinder waren aber bereits zum Zeitpunkt der Capri-Premiere veraltet; nach 1972 kamen neue Reihen-Vierzylinder zum Einsatz. Diese begleiteten auch die zweite Capri-Generation (1974–1978) mit großer Heckklappe und deutlich geglätteter Linienführung. Der Wechsel zum Capri III (1978) bescherte der Baureihe im Wesentlichen lediglich eine geänderte Frontgestaltung mit Doppelscheinwerfern; die Baureihe lief bis 1984, wurde aber in Saarlouis für den britischen Markt noch bis 1987 produziert. Spitzenmodell war der 2,8 Turbo gewesen mit 188 PS bei 5500/min. Er blieb bis heute ohne Nachfolger.

Der Eifel-Roadster mit Karmann-Karosserie hatte einen 1,2-Liter-Motor mit 34 PS. Er wurde zwischen 1937 und 1939 gebaut. (Foto: © Ford)

Der Ford 12M wurde zwischen 1952 und 1962 gebaut. Hier die letzte Ausführung, gebaut zwischen 1959 und 1962. (Foto: © Lothar Spurzem/cc-by-sa 2.0)

Deutsch-britische Gemeinschaftsentwicklung: Der Capri wurde, technisch kaum verändert, zwischen 1969 und 1987 gebaut. Hier ein Capri I bis 1974. (Foto: © Ford)

Der »Knudsen«-Taunus (1970–1975), so benannt wegen seiner Sicke auf der Haube, war in Deutschland sehr populär. Hier die GT-Ausführung mit 1,6-Liter-Vierzylinder und 88 PS. (Foto: © Ford)

Das Hanomag Sturm Cabriolet von 1934 war ein gediegener Sechszylinder mit 2,25 Litern Hubraum und 55 PS. (Foto: Lothar Spurzem, © CC)

Der Hanomag Kurier von 1935 mit 1,1-Liter-Motor leistete 23 PS und war nur als geschlossene Limousine zu haben. (Foto: Chiemsee Man)

Hanomag 2/10 PS von 1927. Der im Volksmund »Kommissbrot« genannte Kleinwagen wurde von 1925 bis 1928 gebaut. (Foto: Christian Jäger, © CC)

HANOMAG

Der Hanomag 1,3 Liter von 1938 sah von hinten dem Käfer ziemlich ähnlich. Dabei hätte er womöglich sogar das Zeug dazu gehabt, diesem den Rang abzulaufen.
(Foto: Dr. Paul Simsa)

Im Zeitalter der Industrialisierung nach 1850 war der Eisenbahnbau die Zugmaschine der wirtschaftlichen Entwicklung Deutschlands. Zuerst stammten die Lokomotiven aus England, bald bauten die Deutschen ihr rollendes Material im eigenen Lande. Zu den größten Anbietern gehörte die »Eisengießerei und Maschinenfabrik Georg Egestorff« aus Hannover, aus der dann in den 1870er Jahren die »Hannoversche Maschinenbau Actien-Gesellschaft« entstand. Die Hannoveraner bauten nicht nur Lokomotiven, sondern auch stationäre Dampfmaschinen, Pumpen und Heizanlagen, sogar mit Verbrennungsmotoren wurde experimentiert.

Ab 1912 begann man – inzwischen war der Name auf das handlichere »Hanomag« verkürzt worden – mit der Herstellung von Landmaschinen, und mit dieser Vergangenheit lag der Schritt zum Personenwagenbau nahe: Die Zielgruppe ist einfach größer. Der Ingenieur (und spätere Hanomag-Chefkonstrukteur) Carl Pollich entwickelte in den 1920ern dann für seine Arbeitgeber einen Kleinstwagen, der als »Komissbrot« bekannt werden sollte. Der Zweisitzer baute auf einem Leiterrahmenchassis auf und hatte im Heck einen kopfgesteuerten Einzylinder-Viertaktmotor mit 499 Kubik, der quer vor der starren Hinterachse eingebaut war. Stoßdämpfer gab es keine, hinten fanden sich lediglich Schraubenfedern, vorne Querblattfedern. Das Gewicht des offenen Zweisitzers (der nur eine Tür hatte) lag bei 320 Kilogramm, die Spitze lag bei 60 km/h. Der Hanomag 2/10, wegen seiner Pontonform im Volksmund auch »Kommissbrot« genannt, war einfach, robust und mit 2175 Mark (1927) auch vergleichsweise günstig; knapp 16.000 Stück entstanden.

Enttäuschend konventionell dagegen waren die Nachfolger des Kommissbrots, die zwischen 1929 und 1931 gebauten Hanomag 3/16 PS und 4/20 PS mit 751, 797 und 1100 Kubik großen Vierzylindermotoren und Differenzial, angeblocktem Dreiganggetriebe und verschiedenen Stahlblech-Aufbauten über einem Hartholzgerippe. Auch die rund 12.000 Mal gebauten Nachfolgetypen 3/17 PS und 4/23 PS (1931–1934) boten ebenso wie die Garant- und Kurier-Typen (1934–1938) lediglich solide Hausmannskost, waren aber Indiz dafür, dass die mit Finanznöten kämpfende Firma ihre Zukunft auf der Straße sah: Den Lokomotivbau stellte man 1931 ein und begann, in den Lastwagenbau zu investieren.

Personenwagen, Lastwagen, Schlepper und dann die Rüstungsproduktion bildeten das Kerngeschäft. Mit den Jahren entfernte sich Hanomag vom Kleinstwagen-Gedanken, der Hanomag 1,3 Liter von 1939 war eine moderne, stromlinienförmige Konstruktion, die das Zeug dazu gehabt hätte, dem Volkswagen den Rang abzulaufen; der Hanomag Sturm war eine Sechszylinder-Limousine für die besseren Kreise und der Hanomag Rekord ein Pionier auf dem Gebiet des Diesel-Pkw. Technische Meisterleistung hin, ausgereifte Konstruktionen her: 1941 wurde die Serienfertigung von Personenwagen ein- und ganz auf Rüstungsproduktion umgestellt.

Nach dem Krieg hatte sich das mit den Haubitzen und Granaten erledigt. Jetzt waren wieder Schlepper angesagt und Lastwagen für den Wiederaufbau. Pollichs größter Wurf – er blieb bis 1962 Chefkonstrukteur von Hanomag – war der Schnelllastwagen L 28; kein Glück hatte sein zur IAA 1951 präsentierter Personenwagen Hanomag Partner mit Dreizylinder-Zweitaktmotor (wiewohl er dafür auch einen Zweizylinder-Boxermotor in der Schublade gehabt hätte) und selbsttragender Ganzstahlkarosserie. Der Partner mit Einzelradaufhängung und fünf Sitzen (Dreierbank vorne) hatte eine amerikanischen Tendenzen nachempfundene Pontonkarosserie, fiel beim IAA-Publikum aber durch – und das wollte schon etwas heißen in einer Zeit, da jeder fahrbare Untersatz heiß begehrt wurde. Die Hannoveraner ließen daraufhin die Finger vom Personenwagengeschäft und widmeten sich den größeren Kalibern. Das Unternehmen ging 1952 in der neu gegründeten Rheinstahl-Union auf, nach einer Reihe von Namensänderungen und Umfirmierungen war die Rheinstahl-Hanomag AG dann bis 1971 im Schlepperbau tätig. Nach diversen Transaktionen, Kooperationen und Gemeinschaftsentwicklungen hatte der Mutterkonzern Rheinstahl bereits 1970 seine Nutzfahrzeugsparte (zu der auch Henschel gehörte) an Daimler-Benz abgetreten. In Hannover entstehen heute die Komatsu-Radlader.

HORCH

August Horch hatte 1896 als Betriebsleiter in der Mannheimer »Gasmotorenfabrik« von Carl Benz gearbeitet, machte sich dann aber 1899 in Köln selbstständig. Sein erster eigener Wagen, der Horch 4/5 PS, war das erste deutsche Fahrzeug mit Frontmotor und Heckantrieb. Die zweite Neuerung, die mithalf, Horchs Namen rasch zu verbreiten, fand sich in seinem zweiten Wagen: Der 10/16 PS von 1902 benutzte zur Kraftübertragung zum ersten Mal in einem deutschen Auto einen Kardanantrieb. Nach diesen beiden Zweiliter-Automobilen entstand 1903 in Zwickau, wohin er mittlerweile seinen Betrieb verlegt hatte, mit dem 22/30 PS ein Vierliter-Modell. Dieses bildete mit weiteren Vierliter-Modellen die Grundlage für Horchs weitere Konstruktionen. Im folgenden Jahr wandelte Horch seine Firma in ein Aktienunternehmen um, die »August Horch + Cie. Motorwagenwerke AG Zwickau«. Der neue kaufmännische Vorstand Jacob Holler achtete aber strikt auf die Kosten, und nachdem Horchs neu entwickelte Sechsliter-Autos weder mit Renn- (beim Kaiserpreisrennen 1907 fielen sie bereits im Training aus) noch mit Verkaufserfolgen aufwarten konnten, sorgte Holler dafür, dass der Aufsichtsrat den Gründer 1909 schasste. Horch gründete danach, ebenfalls in Zwickau, die »Audi-Werke«, nachdem er den Rechtsstreit um seinen Namen »Horch« verloren hatte.

Holler hatte von nun an im Aufsichtsrat das Sagen und behielt Horchs konservative Produktpolitik mit maßvollen Weiterentwicklungen bei. Die Automobile wurden etwas leistungsstärker, es gab neue Zwischen- und neue Einstiegsmodelle. 1912 erfolgte der Einstieg in den Nutzfahrzeugbau. Denn bereits im gleichen Jahr setzte das kaiserliche Heer auf Horchs neue Lkw-Palette, so etwa auf den 25/42 PS. Und das sollte auch während der ganzen folgenden Kriegsjahre so bleiben.

Nach Kriegsende konnten die »Horchwerke AG«, die den »August« unterdessen auch aus dem Firmennamen verbannt hatten, ihr Vorkriegsmodellprogramm erfolgreich neu auflegen – zunächst. Denn zu Beginn der 20er-Jahre wehte ein schärferer Wind auf dem Automarkt. Zum einen drängten verstärkt billige Automobile aus den USA auf den deutschen Markt. Zum anderen verschlechterte sich die Wirtschaftslage infolge der Inflation. Und nicht zuletzt war die Modellpalette von Horch mittlerweile veraltet. Holler wurde von Moritz Straus, der für den Berliner Flugmotorenhersteller Argus die Aktienmehrheit der Horchwerke AG erwarb, aus der Firma gedrängt. Der neue Chef erneuerte die Modellpalette und legte mit dem 10/35 PS einen Einheitstyp auf, der aber noch ein wenig Feinschliff vertrug. Für den sorgte dann 1924 Paul Daimler, der Sohn des Stuttgarter Autokonstrukteurs, der 1922 als Technischer Direktor zu Horch gekommen war. Der nunmehrige Horch 10/50 PS war ein Verkaufsschlager und half, 1927 den ersten deutschen Achtzylinder-Serienwagen auf den Markt zu bringen, der Horch an die Spitze der deutschen Luxuswagenhersteller katapultierte. Der Typ 350 von 1928 wurde besonders erfolgreich, galt damals als schönster deutscher Serienwagen und außerdem als sehr zuverlässig. Nebenbei besaß dieser Wagen erstmals die neue Kühlerfigur – einen geflügelten Pfeil (später wurde daraus eine geflügelte Weltkugel). Und die Einführung der Fließbandmontage erhöhte die Produktivität.

Nach Daimlers Weggang 1929 arbeitete sein Nachfolger Fritz Fiedler den Achtzylinder zum günstigeren Typ 400 um. Mit der hereinbrechenden Weltwirtschaftskrise trat Horch dann die Flucht nach vorne an: Während andere Hersteller auf billigere Fahrzeuge setzten, brachte Horch den Horch 12 Typ 670, einen Zwölfzylinder-Luxuswagen mit 120 PS und einer Spitzengeschwindigkeit von 130 km/h. Wunderschön und technisch auf Spitzenleistung getrimmt, entstanden davon bis 1934 nicht mehr als 81 Stück. Dieser Misserfolg verschärfte die wirtschaftliche Situation von Horch, die Banken sorgten dafür, dass die Horchwerke AG 1932 im neu zu gründenden Automobilkonzern »Auto Union« aufgingen. Innerhalb dieses Verbundes deckte Horch dann das Luxussegment ab, in der zweiten Hälfte der Dreißiger Jahre entstanden einige der schönsten Fahrzeuge, die je in Deutschland gebaut worden sind. Im Krieg Teil der Rüstungsindustrie, geriet Horch, wie die anderen Marken der Auto Union auch, in sowjetischen Besitz und war nach 1945 Teil der DDR-Fahrzeugindustrie. Die Markenrechte liegen heute bei der VW-Tochter Audi.

Macht und Pracht: Der Horch 400, hier im Audi museum mobile, diente seinerzeit nicht zuletzt als veritable Staatskarosse. Gebaut wurde der Wagen von 1928–1931.
(Foto: © Audi AG)

Bernd Rosemeyer und sein Horch 853 Coupé von 1937 mit Erdmann-&-Rossi-Karosserie. (Foto: © Audi AG)

Der letzte Horch 1953: Einzelstück für Geschäftsführer Dr. Bruhn. (Foto: © Audi AG)

Garagengold: Horch 854 Roadster von 1939 – schon damals ein Traumwagen, heute einer der schönsten und seltensten Vorkriegs-Roadster weltweit. Der Wagen stand 2015 über die Firma Cargold zum Verkauf. (Foto: © Beuerberg-Collection)

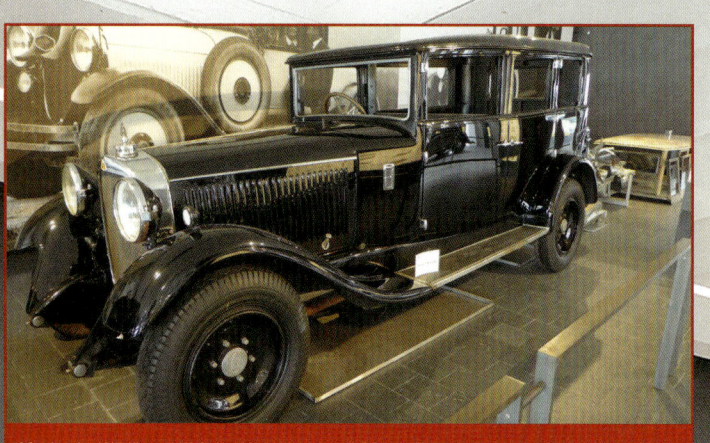

Maybachs W5 löste 1926 den W 3 ab, der W5 SG mit Schnellganggetriebe erschien 1928. Diese SG-Getriebe reduzierte die Drehzahl im höchsten Gang. Die Höchstgeschwindigkeit lag bei 135 km/h. (Foto: © Bahnfrend, CC-BY-SA-4.0)

Maybach DS8 Zeppelin, 1938. Den Sport-Aufbau für das 200 PS starke Zwölfzylinder-Cabriolet fertigte die Firma Hermann Spohn in Ravensburg. Daneben bot Maybach noch weitere Karosserien anderer Hersteller an. (Foto: © Daimler AG)

Maybach-Ausstellung im Museum für historische Maybach-Fahrzeuge. (Foto: © Erich Spahn, CC-BY-3.0)

MAYBACH

Wilhelm Maybach, der »König der Konstrukteure«, verließ im April 1907 die von ihm mitgegründete Daimler Motoren Gesellschaft DMG, die nach Daimlers Tod unter anderer Leitung stand. Sein Ältester, Karl, war schon im Vorjahr gegangen und hatte für ein französisches Unternehmen einen 150-PS-Rennmotor entwickelt. Vater und Sohn machten dann gemeinsam weiter, konstruierten aber nicht, wie ursprünglich geplant, Autos für Opel, sondern zuverlässige Sechszylinder-Motoren für den Antrieb von Luftschiffen. Karl, Wilhelm und Graf Zeppelin gründeten 1909 gemeinsam eine »Luftfahrzeug-Motorenbau GmbH« mit Karl Maybach als technischem Direktor. Im Mai 1910 fand die Jungfernfahrt des ersten mit einem Maybach-Motor ausgerüsteten Zeppelins statt, den Reihensechszylinder hatte Karl selbst konstruiert. Seit 1912 am Bodensee beheimatet, wandte man sich nach dem Ersten Weltkrieg – der Luftschiffbau war kein Thema mehr – dem Motorenbau für Lokomotiven und Automobile zu. 1919 stellte Karl Maybach dann einen Prototypen auf Mercedes-Chassis vor, an eine Serienfertigung dachte er nicht, Maybach sah sich als Motorenlieferant. Doch es kam anders. Der niederländische Hersteller Spyker bestellte bei Maybach gleich 1000 seitengesteuerte Sechszylindermotoren für seine C4-Luxuslimousine, übernahm aber nicht mehr als 150 Motoren davon, und noch nicht einmal die bezahlte er alle. Jetzt standen die Friedrichshafener vor der Notwendigkeit, für die überschüssigen Kapazitäten irgendeine Verwendung zu finden. Und wenn ein Maybach etwas konnte, dann war es der Bau von Automobilen: Im Februar 1921, bei der ersten großen Autoschau nach dem Krieg, rollte der erste Wagen mit dem doppelten M in die Halle am Kaiserdamm. Die Konkurrenz war beeindruckt – Maybach: »Ich werde den teuersten Wagen bauen!« – von diesem Luxusliner Typ W 3 mit seinem 70 PS starken 5,8-Liter-Sechszylinder und angeblocktem, zweistufigem Planetengetriebe. Auch die Fahrgestelle baute Maybach selbst, die Aufbauten lieferten Karosseriebauer wie Spohn, Erdmann & Rossi und andere. Bei einem Radstand von 3660 mm und einer Spurbreite von 1480 mm war der Maybach der erste Traumwagen der Weimarer Republik, der Preis für einen vollständigen Wagen kletterte leicht über die 30.000-Mark-Schwelle. In den folgenden Jahren wurden die Maybachs immer leistungsstärker, größer und teurer, die Krönung stellte die Zeppelin-Baureihe des Jahres 1930 dar.

Karl Maybachs Zeppelin-DS-Modelle gab es als Typen DS 7 und DS 8, jewiels mit V12-Motor und sieben bzw. acht Liter Hubraum und 150 bzw. 200 PS. Allein die Karosserie kostete über 33.000 Reichsmark. Die Zeppeline entstanden in Handarbeit, die Karosserieaufbauten dann nach Kundenwünschen. Jeder Maybach war ein Einzelstück, geliefert wurde, was der Kunde mochte. Der teuerste Maybach war allerdings kein Zeppelin, glänzte dafür aber mit Juwelen und Brillanten (und hatte die Kleinigkeit von 186.000 Reichsmark gekostet). Von den legendären DS-Zeppelinen wurden insgesamt nur 183 Exemplare verkauft, rund 1.800 Maybach entstanden insgesamt, 152 Automobile haben die Zeitläufe überdauert. Der Automobilbau bei Maybach endete 1941.

1960 übernahm Daimler-Benz mit der Maybach-Motorenbau GmbH auch die Markenrechte und nutzt den Namen zwischen 2002 und 2012 für die Luxus-Modelle 57 und 62. Die Bezeichnung schmückt inzwischen Topmodelle der S-Klasse-Baureihe.

Dieser Maybach SW 38 überlebte den Zweiten Weltkrieg, wurde 1950 mit einem neuen 4,2-Liter-Motor bestückt und erhielt bei dieser Gelegenheit auch eine neue Karosserie im zeitgenössischen Pontonstil. (Foto: © Bahnfrend, CC-BY-SA-4.0)

Maybachs Zeppelin DS 8 war der ultimative deutsche Luxuswagen der Dreißiger. Unter der ellenlangen Haube saß ein 7,9-Liter-V12. (Foto: © Daimler AG)

MERCEDES-BENZ

Mit dem Zusammenschluss von Daimler und Benz 1926 begann der steile Aufstieg der Nobelwagen-Marke mit dem Stern. Ferdinand Porsche hatte bereits 1924 die Nachfolge von Paul Daimler in der damaligen Daimler-Motoren-Gesellschaft übernommen. Im Jahr des Zusammenschlusses mit Benz entwickelte er eine elegante Sportwagenbaureihe mit Kompressor-Motoren, die »weißen Elefanten«, mit denen später u. a. der Rennfahrer Caracciola Siege feierte. Eher widerwillig kümmerte Porsche sich auch um den Bau von preiswerten Gebrauchswagen, die das Unternehmen noch dringend benötigen sollte, weil sie mithalfen, die Weltwirtschaftskrise zu meistern. Diese Alltagswagen vom Typ 170 V wurden die meistverkauften vor dem Zweiten Weltkrieg, doch Mercedes-Benz hatte sich lange vorher bereits wegen Unstimmigkeiten von Porsche getrennt. Vor seinem Abgang hatte Porsche jedoch noch mit dem Mercedes-Benz »Nürburg« auf die unerwartete Konkurrenz in Form eines Achtzylinder-Horchs aus der Feder von Paul Daimler reagiert. Der Nachfolger mit der Bezeichnung Typ 500 wurde in drei gepanzerten Versionen auch an Hitler geliefert. Als eines der ersten serienmäßigen Diesel-Autos wurde 1936 der Mercedes-Benz Typ 260 D vorgestellt. Er sollte nicht das letzte Vorpreschen Daimlers im Bereich der Dieseltechnologie markieren.

Der »Große Mercedes« W 07 löste 1930 den Typ 460 Nürburg ab. Diese Staatskarosse mit 7,7-Liter-Achtzylinder war wahlweise mit und ohne Kompressor zu haben. Der Wagen des japanischen Kaiser steht heute im Mercedes-Benz-Museum. (Foto: © Daimler AG)

In den Dreißigern untermauerte der Autohersteller seinen Anspruch auf einen Platz in der automobilen Oberklasse mit dem Typ 770. Dieser war wegen seiner imposanten Größe bei Staatslenkern in der ganzen Welt als Repräsentationswagen gefragt, natürlich auch bei der NS-Prominenz. Im Krieg fungierte Daimler – wie andere deutsche Automobilhersteller auch – als Rüstungszulieferer und baute unter anderem Panzer. 1946 lief in Stuttgart wieder ein erster Mercedes-Benz vom Band, es war das Vorkriegsmodell 170 V. Drei Jahre später erschien mit dem 170 D der erste Nachkriegsdiesel, und die Version 170 S wies den Weg in die Oberklasse, die über den 220 S (W 187) von 1951 zur heutigen S-Klasse führt.

1951 erschien auch der große Typ 300, besser bekannt als »Adenauer«-Wagen, der außer vom ersten deutschen Bundeskanzler auch von zahlreichen anderen Staatsmännern weltweit als Repräsentationsauto geschätzt wurde. Besonders populär wurde der »Flügeltürer« 300 SL, der nach der Anregung des Mercedes-Benz-US-Importeurs Maxie Hoffman von 1954 bis 1957 gebaut wurde. Von 1958 bis 1963 kam der 300 SL mit neuentwickeltem Karosseriegerüst als Roadster-Version auf den Markt; die SL-Baureihe gehört bis heute zur Marken-DNA.

Im Jahr 1964 kam mit dem Mercedes-Benz 600 aus der Baureihe W 100 die Ablösung. Verwendet wurde er von Politikern und Showgrößen aus aller Welt, sogar von Papst Paul VI. Zu den exklusiven technischen Ausstattungen zählten Luftfederung, Automatikgetriebe und Servolenkung. Genauso exklusiv war der 6,3-Liter-V8-Einspritzmotor mit einer Leistung von 250 PS, der den 600er zu einem der schnellsten Serienfahrzeuge machte.

Volkstümlicher ausgepreist waren die Mittelklasse-Baureihen, die »Ponton«-Modelle (W 120), die anfangs der Sechziger durch die »Heckflossen« der Baureihe W 110 abgelöst wurden. Die Sechszylinder-Motoren leisteten zwischen 80 und 120 PS, die Dieselmotoren 55 PS. Herausragend war auch die neue Sicherheitsausstattung mit Knautschzonen, einer steifen Fahrgastzelle und Keilzapfentürschlössern. 1967 kamen die Baureihen W 114/115 auf den Markt, besser bekannt als »Strich-Achter«; die weitere Entwicklung führte über die Baureihen W 123 (1976–1984) und W 124 (1984–1995) zur E-Klasse der Jetztzeit.

Mit Beginn der 80er-Jahre bekam die längst in der Oberklasse verankerte Marke zunehmend Konkurrenz durch BMW und Audi. Als »Mercedes-Benz AG« von Ende des Jahrzehnts bis 1997 als eigenständiges Unternehmen innerhalb der Daimler AG fungierend, versuchte Mercedes deshalb zu Beginn der 90er-Jahre, den mit dem »Baby-Benz« Typ 190 (W 201, die Nachfolger werden heute als C-Klasse verkauft) begonnenen Ansatz, neue Kundengruppen zu erschließen, wieder aufzugreifen: A- und B-Klasse sind heute im Programm ebenso fest verankert wie die in Kooperation mit Renault entstandenen Smart-Stadtwagen.

Der technisch auf der Ponton-Reihe basierende Roadster 190 SL kam 1955 zu den Händlern.
(Foto: © Daimler AG)

Dauerläufer: Der Mercedes-Benz SL – hier mit aufgesetztem Coupédach – der Baureihe 107 wurde von 1971 bis 1989 gebaut. Nur die Geländewagen der G-Klasse brachten es auf eine längere Dienstzeit.
(Foto: © Schwab/ Slg. Kuch)

Die Baureihe W 108/109 trat ab 1965 die Nachfolge der Heckflossen-Mercedes an. Die Leistung reichte von 130 PS im 250 S mit Sechszylindern bis hin zu 250 PS in der Langversion 300 SEL 6.3.
(Foto: © Daimler AG)

NSU 6/30 PS von 1928. (Foto: Joachim Köhler, © GLFD)

Der NSU Prinz II wurde von 1957 bis 1960 gebaut. Der Kleinwagen besaß einen Viertaktmotor, die Prinz-Reihe wurde recht erfolgreich. (Foto: © Audi AG)

NSU-Kompressor-Rennwagen 6/60 PS von 1926. (Foto: © Audi AG)

NSU

Heute ein Klassiker: Der technisch innovative NSU Ro 80 kam 1967 mit Wankelmotor und Vorderradantrieb auf den Markt. (Foto: © Audi AG)

Strickmaschinen waren es, die in dem 1873 von Christian Schmidt und Heinrich Stoll in Riedlingen gegründeten Werk hergestellt wurden. 1880 erfolgte der Umzug nach Neckarsulm, die Aufnahme der Fahrradproduktion und dann, 1901, die Motorradfertigung.

Der nächste Schritt der Firma, die nach dem neuen Standort Neckarsulm unter »NSU« firmierte, bestand in der Aufnahme der Automobilherstellung. Um nicht ins kalte Wasser zu springen, erwarb sie 1905 die Lizenz zum Bau der bewährten belgischen Pipe-Automobile. Diese teuren Luxusautos wurden bis 1914 gebaut und bildeten die Speerspitze eines neuen Programms, das auch eigene Konstruktionen umfasste. 1905 entstand so zuerst als Versuch das Dreirad Sulmobil und ein Jahr später dann die vierrädrigen Motorwagen NSU 6/8 PS bzw. 6/10 PS. Die nächsten drei Jahre bauten die »Neckarsulmer Fahrradwerke«, wie sie immer noch hießen, ihre Modellpalette aus und nahmen mit dem neuen NSU 10/20 PS an Prestigeveranstaltungen wie dem »Prinz-Heinrich-Rennen« 1909 statt.

Als echter Verkaufsrenner entpuppte sich der NSU 5/10 PS von 1910, der erste Kleinwagen des Unternehmens. Dessen Nachfolger, der 5/15 PS, avancierte zum beliebtesten Kleinwagen der 20er-Jahre. Auch im Motorsport schlug sich NSU mit Bravour. 1925 gab es einen Klassensieg auf der AVUS gegen die Konkurrenz von Mercedes, Bugatti und NAG. Die Erfolgssträhne endete mit der Umstellung vom Erfolgsmodell 5/15 PS auf ein wenig rentables 6-PS-Nachfolgemodell sowie dem teuren Bau eines zweiten Werkes in Heilbronn, dazu musste 1926 der in Schwierigkeiten geratene Karosserie-Zulieferer Schebera übernommen werden: NSU ging das Geld aus und verlor 1928 dann das Heilbronner Werk samt Markenname »NSU« an Fiat, das Stammwerk Neckarsulm konzentrierte sich auf die Fertigung von Fahr- und Motorrädern. Fiat nahm 1931 den letzten NSU, den 7/34 PS, vom Band und begann dann 1934 mit der Fertigung des Fiat 508 Balilla als NSU/Fiat 1000, ab 1937 dann des Fiat 500 Topolino als NSU/Fiat 500, wobei die entzückende Spider-Variante mit Weinsberg-Karosserie als besonders gelungen galt. Die Italiener montierten auch nach dem Krieg bis 1969 in Heilbronn Lizenz-Fiats, wobei die mehr oder weniger unveränderten Originale als NSU-Fiat vermarktet und die in Heilbronn auf Fiat-Basis entstandenen Eigenentwicklungen als Neckar vermarktet wurden, so den Neckar Jagst Riviera mit Vignale-Karosserie auf Fiat-600-Basis oder die Weinsberg-Coupés mit Technik des Fiat 500.

Die Neckarsulmer entwickelten sich bis Mitte der 50er-Jahre zum größten Motorradhersteller der Welt. Als der Boom endete, begann NSU mit dem Bau von Kleinwagen. Die Kleinwagen-Konstruktion mit Zweizylinder-Heckmotor war sparsam, gefällig und flott, wurde seit 1958 unter der Bezeichnung Prinz in verschiedenen Generationen und Ausführungen verkauft, ab 1964 – Prinz 1000 – dann mit Vierzylindern und zuletzt (bis August 1971) in heißer TTS-Version mit 70 PS.

Knapp zehn Jahre zuvor, 1964, war der NSU Wankel-Spider erschienen, das erste Fahrzeug mit dem neuartigen »Wankel-Kreiskolbenmotor«. Drei Jahre später folgte mit dem technisch innovativen, richtungsweisenden und ungewöhnlich gestylten Ro 80 eine Oberklasse-Limousine mit diesem – theoretisch zumindest – genialen Antriebskonzept. Die Wankel-Hype war aber nur von kurzer Dauer, das Aggregat war defektanfällig und sehr durstig, und die Neckarsulmer waren letztlich zu klein, um auf Dauer überleben zu können. Daher kam es 1969 zur Fusion zwischen NSU und der zur Volkswagen AG gehörenden Auto Union. Was NSU für die Wolfsburger so interessant machte, war die Tatsache, dass die Neckarsulmer eine moderne Limousine mit wassergekühltem Vierzylinder-Frontmotor serienreif hatten und VW dringend einen Ersatz für seine Autos mit luftgekühltem Boxermotor im Heck suchte. Dass der K 70 nicht ausgereift war, erheblich nachgebessert werden musste und nicht in das geplante Produktprogramm passte, merkte man erst danach. Und auch der Ro 80 taugte wegen der technischen Mängel nicht als Imageträger, VW ließ den Wankel aber noch bis 1977 weiterlaufen, die Prinzen wie auch der K 70 waren zu dem Zeitpunkt schon längst Geschichte. 1984 verschwand der Name »NSU« endgültig.

OPEL

Adam Opel, 1837 in Rüsselsheim geboren, war mit seiner Nähmaschinfabrik so erfolgreich, dass er expandierte und in den 1880er Jahren Fahrräder und dann, um die Jahrhundertwende – in Gestalt seiner Söhne – sich mit Autos befasste. Diese kauften 1899 die Anhaltische Motorwagenfabrik des Mechanikers Friedrich Lutzmann samt Konstruktionsrechten und brachten ihren ersten Motorwagen unter dem Namen »Opel Patent-Motorwagen System Lutzmann« heraus. Lutzmanns Konstruktion erwies sich jedoch als Sackgasse, daraufhin baute Opel von 1902 bis 1907 die Lizenzausgabe des französischen Motorwagen-Produzenten Darracq als »Opel-Darracq«. Gleichzeitig entstand mit dem Modell 10/12 PS bereits die erste selbständige Opel-Konstruktion. Der Verkauf sowohl der Lizenz- wie auch der ständig ausgeweiteten eigenen Modelle lief so gut, dass Opel nun auch auf dem Automobilsektor einen Namen hatte und sich von Darracq trennte. Der neue 4/8 PS »Doktorwagen« von 1908 war so erfolgreich, dass Opel an die Grenze seiner Fertigungskapazität gelangte. Glücklicherweise brannte 1911 das Opelwerk ab, den Wiederaufbau nutzte Opel zu einem größeren und moderneren Neubau. Das erhöhte die Produktivität und senkte die Preise, der günstige Opel 5/14 »Puppchen« von 1912 war Deutschlands erster Volkswagen. Während des Ersten Weltkriegs lieferte Opel vorwiegend Lastwagen und Flugmotoren, die Personenwagenproduktion lief 1919 wieder an, ein Mischung aus modernisierten Vorkriegsentwürfen und Neuentwicklungen. Topmodell war der Sechszylinder-Opel 30/75 PS mit 7,8 Liter Hubraum, mit dem Opel in einer Liga mit Mercedes, Maybach oder Stoewer spielte. Die Inflation brachte Opel, wie alle anderen Hersteller auch, in Schwierigkeiten, doch mit dem Opel 4/12 PS von 1924 hatten die Rüsselsheimer einen echter Verkaufsschlager zu bieten. Der »Laubfrosch«, eine kaum bemäntelte Citroën-5CV-Kopie war das erste Auto, das auf dem Fließband entstand und verkaufte sich prächtig. Opel investierte kräftig und auf Pump weiter in den Ausbau der Produktionsanlagen, doch die Krisen in der zweiten Hälfte der 20er Jahre zwangen zur Suche nach einem finanzkräftigen Partner. Opel, nunmehr größter Fahrzeughersteller Deutschlands, seit 1928 Aktiengesellschaft, wurde dann ab 1929 unter Beibehaltung des Namens sukzessive an den US-amerikanischen Autobauer General Motors verkauft, die Übernahme war 1931 abgeschlossen.

Dank GM überstand Opel die schwierigen Jahre Anfang der Dreißiger. Das neue Regime und gelungene Konstruktionen aber sorgten rasch für bessere Zeiten. Mit dem P4 und dem im neuen brandenburgischen Werk hergestellten Blitz-Lkw (dort war der spätere VW-General Heinrich Nordhoff verantwortlich) stieg Opel zur Mitte des Jahrzehnts zeitweise zum größten Autohersteller Europas auf. Zu den wichtigsten Konstruktionen gehörten der eindeutig amerikanisch beeinflusste Oberklassewagen Super 6 und der Olympia von 1935, das erste in Großserie gebaute Auto der Welt mit selbsttragender Ganzstahlkarosserie. Der Kadett von 1936 war die kleinere Ausführung davon; das Ende dieser Epoche markierten, neben dem Kapitän, der 75 PS starke Admiral von 1938 mit dem 3,6-Liter-Sechszylinder aus dem Opel Blitz. Die Modellnamen sollten nach dem Krieg wieder aufleben.

Der Opel Olympia wurde zwischen 1947 und 1953 wieder aufgelegt. Zu dem Zeitpunkt erfolgte die Ablösung durch den Typ Olympia Rekord mit neuer Ponton-Karosserie im US-Stil, der als erste echte Nachkriegskonstruktion des Rüsselsheimer gelten darf. Diverse Rekord-Generationen folgten, sie standen stets für solide Mittelklasse: »Opel, die Zuverlässigen« lautete ein Werbeslogan damals, und der passte.

Der allgegenwärtigen Käferplage setzte Opel 1961 den im flammneuen Werk Bochum gebauten A-Kadett entgegen. Dem Volkswagen machte er zwar nicht den Garaus, doch der Kadett und seine Nachfolger – die Modellbezeichnung lautet längst schon Astar – sind eine feste Größe in der Kompaktklasse. Das gilt allerdings nicht für die Sechs- und Achtzylindertypen. Das Dreigestirn Kapitän, Admiral und Diplomat ist ebenso Geschichte wie die Versuche im Coupé-Sektor, die zu solchen Ikonen wie Opel GT und Manta führten. Nach turbulenten Jahren, geprägt durch Negativschlagzeilen, Werksschließungen und Qualitätsproblemen, die den Markenruf arg ramponierten, ist Opel heute wieder auf dem Weg nach vorne.

Opel 6/14 PS HP Touring aus dem Jahr 1910. (Foto: © Alf van Beem)

Der Opel 4/12 »Laubfrosch« von 1924 war Deutschlands erster Volkswagen.
(Foto: © GM Corp.)

Der Opel Olympia von 1952 war die nur mäßig modifizierte Neuauflage des ersten Großserienautos der Welt mit selbsttragender Karosserie.
(Foto: © Alf van Beem)

Der Opel Diplomat mit amerikanischem 4,6-Liter-V8 war das Spitzenmodell des Herstellers. Noch exklusiver war das Coupé mit 5,4-L-V8, gebaut zwischen Ende 1965 und Anfang 1967.
(Foto: © GM Corp.)

Der Porsche 356, hier als C-Coupé steht am Anfang der Geschichte von Porsche als Sportwagenhersteller. (Foto: © Dr. Ing. h.c. F. Porsche AG)

Den Porsche 911 als 356-Nachfolger gab es ab 1967 auch in Targa-Ausführung und – bis zu den Werksferien 1968 – mit herausnehmbarer Heckscheibe. (Foto: © Dr. Ing. h.c. F. Porsche AG)

Kein Porsche, aber eine echte Porsche-Konstruktion: Nachbau des benzin-elektrischen Lohner-Porsche von 1900 mit Radnabenmotoren. (Foto: © Dr. Ing. h.c. F. Porsche AG)

PORSCHE

Der VW-Porsche 914 von 1969 war eine Gemeinschaftsentwicklung von Porsche und Volkswagen. (Foto: © Dr. Ing. h.c. F. Porsche AG)

Ferdinand Porsche war keineswegs neu im Automobilgeschäft, als er Ende 1930 ein eigenes Unternehmen gründete. Am 25. April 1931 wurde seine neue Firma in das Stuttgarter Handelsregister eingetragen, ihr Name lautete damals: »Dr. Ing. h.c. F. Porsche Gesellschaft mit beschränkter Haftung, Konstruktionen und Beratungen für Motoren- und Fahrzeugbau«. Schon 1932 trat auch sein Sohn Ferdinand (Ferry) Porsche in das Unternehmen ein, das 1938 nach Stuttgart-Zuffenhausen umzog.

Die Arbeit war in den ersten Jahren vor allem von Fremdaufträgen bestimmt, unter anderem wurden so der legendäre Volkswagen und der berühmte Auto-Union-Rennwagen entwickelt. Im Herbst 1944 zog das Unternehmen nach Gmünd in Kärnten, um eventuellen Bombenangriffen seitens der Alliierten zu entgehen. Dort entstand auch unter der Leitung von Ferry Porsche das erste Auto, das den Namen Porsche trug. Dieser erste echte Porsche war ein Roadster mit Mittelmotor, trug die Chassis-Nummer 356 001 und wurde am 8. Juni 1948 in Österreich zum Straßenverkehr zugelassen. Der Wagen blieb aber ein Einzelstück. Zwar wurden in Gmünd noch weitere 52 Wagen (44 Coupes und 8 Cabriolets) mit Leichtmetall-Karosserien gebaut, doch ab dem 356 002 rückte der Motor ins Heck: Er wurde hinter der Hinterachse eingebaut, und dort ist er bei der berühmtesten aller Porsche-Modellreihen, beim 911, bis heute geblieben.

An Ostern 1949 – das Porsche-Werk in Zuffenhausen wurde von den Amerikanern als Reparaturwerk für Jeeps und Army-Lastwagen benutzt – rollte aus einer angemieteten Halle der gegenüberliegenden Karosseriebaufirma Reutter & Co. der erste 356 made in Germany. Im November des gleichen Jahres erhielt die Firma Reutter den Auftrag zum Bau von 500 weiteren Stahlkarosserien für den 356, und schon Anfang März 1951 war der 500. Porsche 356 fertiggestellt. Im März 1956 erschien zum 25-jährigen Firmenjubiläum auch der 10.000ste Porsche. Und die Produktionszahlen stiegen rapide: Schon zwei Jahre später waren 25.000 Porsche entstanden. Im Jahr 1961 übernahm Ferdinand Alexander Porsche im Unternehmen die Leitung des Design-Studios. Er begann mit der Arbeit an der Gestaltung eines Nachfolgers für den 356, der auf der IAA in Frankfurt im Herbst 1963 als 901 der Öffentlichkeit vorgestellt wurde. Vom Band lief der erste 901 am 14. September 1964, es dauerte aber nicht lange, da wurde er umbenannt in 911, weil Peugeot sich lange zuvor die Rechte an Modellbezeichnungen gesichert hatte, die aus drei Ziffern bestehen, von denen die mittlere eine Null ist.

Einige Monate wurde auch der 356 noch neben dem neuen 911 weiter produziert, der letzte Serien-356 rollte am 28. April 1965 vom Band. (Ein Jahr später wurden noch einmal 10 Exemplare für die holländische Reichspolizei gefertigt.)

Der 911 ist längst zu einer Legende unter den Sportwagen geworden. Seit über 50 Jahren gebaut, wurde er ständig überarbeitet, erhielt ein Facelift nach dem anderen und kam in etwas größeren zeitlichen Abständen immer wieder als mehr oder weniger komplette Neukonstruktion auf den Markt, aber immer mit Sechszylinder-Boxermotor im Heck, inzwischen jedoch längst mit Wasserkühlung. Kurzeitig gab es den Elfer auch mit Vierzylinder. Diese Ausführung hieß 912 und wurde nur zwischen 1965 und 1969 gebaut, der abgespeckte 911 war kein Erfolg. Als Ersatz dafür wurde auf der IAA in Frankfurt 1969 mit dem Porsche 914 das Ergebnis eines Gemeinschaftsprojekts mit Volkswagen präsentiert, der dann auch bei Volkswagen zu haben war. Der Zweisitzer mit Mittelmotor und Targadach war sowohl beim Porsche- als auch beim Volkswagen-Händler zu bekommen; die Motorausstattung machte den Unterschied. Nach dem Auslaufen des »Volks-Porsche« kam, ebenfalls als Resultat einer Gemeinschaftsentwicklung mit VW, mit dem 924 der erste nach dem Transaxle-Konzept (Motor vorn, Getriebe an der Hinterachse) gebaute Porsche auf den Markt, er lief bei Audi in Neckarsulm vom Band. Er hatte einen Audi-Motor, wurde aber, anders als geplant, niemals unter dem VW-Logo verkauft. 1977 produzierte Porsche den 250.000sten Sportwagen, im gleichen Jahr lief der erste 928 vom Band. Der Achtzylinder-Sportwagen war 1978 der erste und ist bis heute der einzige Sportwagen, der zum »Auto des Jahres« gewählt wurde.

STOEWER

Ihre Achtzylinder-Luxuswagen zu Beginn der 30er-Jahre zählten mit ihrem amerikanisch inspirierten und doch unverwechselbar eigenen Styling in den Augen nicht weniger Betrachter zu den schönsten und elegantesten Automobilen, die seinerzeit von einem deutschen Autohersteller gebaut wurden. Möglicherweise könnte Stoewer heute noch eine eindrucksvolle Rolle in der Automobilbranche spielen, hätte der Stettiner Autobaupionier den Zweiten Weltkrieg überlebt.

Der Vater, Bernhard Stoewer, hatte bereits zwei Werke in Stettin gegründet, als seine beiden Söhne, Emil und Bernhard Junior, eines davon übernahmen, um dort aus ihren bisherigen Automobilbasteleien ein ernsthaftes Geschäft zu machen. Stoewer Senior besaß seit 1858 eine Reparaturwerkstatt für Feinmechanik, später stellte er zusätzlich Nähmaschinen und Fahrräder her. Zur Bewerkstelligung all dieser Aufgaben war das zweite »Stettiner Eisenwerk« eigentlich gedacht gewesen, doch seine Söhne überzeugten ihn, dass die Zukunft im Automobilbau liegen würde, und so wurde daraus 1899 die »Gebrüder Stoewer, Fabrik für Motorfahrzeuge«.

Im selben Jahr stellten sie ihre erste Eigenschöpfung vor, den Großen Stoewer Motorwagen. Ihm folgten bald weitere Modelle, darunter auch Vierzylinderfahrzeuge und sogar ein Elektromobil. Die beiden Brüder schreckten auch vor ersten Versuchen mit Lastwagen und Omnibussen nicht zurück. Um 1905 bemühten sie sich, ihr mittlerweile weitgespreiztes Fahrzeugangebot zu vereinheitlichen.

Von Anfang an legte Stoewer Wert auf Qualität und fortschrittliche Technik, der Name »Stoewer« stand bald für besonders ausgereifte Konstruktionen mit langer Lebensdauer. Die Stettiner bedienten sofort die Oberklasse, nicht ohne gelegentliche Ausflüge in das Luxussegment zu unternehmen, so bereits 1906 mit einem aufsehenerregenden 60-PS-Sechszylinder. Noch publikumswirksamer war im Jahr 1911 der Einbau eines Flugzeugmotors – Stoewer war mittlerweile auch in die Herstellung von Flugmotoren eingestiegen – in den Tourenwagen F4 33/100 PS, der mit einer Geschwindigkeit von 120 km/h zu den schnellsten deutschen Autos gehörte.

Nach dem Ersten Weltkrieg setzte die neue D-Reihe diese Tradition fort. Wieder diente ein Flugzeugmotor als Antrieb für einen neuen robusten, mit fortschrittlichster Technik ausgestatteten Sportwagen, verlieh diesem D7 eine für damalige Verhältnisse sagenhafte Spitzengeschwindigkeit von 160 km/h und verwandelte die neue Luxuskonstruktion so in das schnellste Automobil aus deutscher Fertigung.

Mitte der Zwanziger beeilten sich die Stettiner, mit einer Reihe herausragender Achtzylindermodelle in Kleinserie die Nische zwischen Marken wie Adler und Horch zu besetzen. Die Optik erinnerte an zeitgenössische US-Konstruktionen; die außergewöhnlich eleganten Autos mit dem Greif als Kühlerfigur – dem Wappen der Stadt Stettin – gewannen viele Schönheitspreise. Dabei waren sie hochmodern und grundsolide gebaut, allerdings etwas untermotorisiert.

Was dieser noblen Baureihe – dem Höhepunkt der Stoewerschen Automobilproduktion – allerdings wirklich zum Verhängnis wurde, war die wirtschaftliche Lage zu Beginn der 30er-Jahre. Der Markt für derartige Luxuskarossen brach ein, und damit auch der Umsatz. Schon seit einiger Zeit hatten die Stoewer-Brüder an die Herstellung eines preiswerten Kleinwagens gedacht, doch um die Zeit bis dahin zu überbrücken, stellten sie mit den Spitzenmodellen Gigant, Marschall und Repräsentant weiterentwickelte Sondermodelle ihrer Achtzylinder für den exklusivsten Geschmack (und Geldbeutel) her.

Als dann zu Beginn der 30er-Jahre die Fertigung von Kleinwagen anlief, hatten diese zwar einige Innovationen aufzuweisen (z. B. erster serienmäßiger Frontantrieb in einem deutschen Automobil), doch die technische Unausgereiftheit der Modelle und die vielen Veränderungen, die an ihnen vorgenommen wurden, verärgerten die Käufer und kratzten beträchtlich am bisher makellosen Image des Stettiner Autobauers, an dem seit 1916 die Stadt Stettin Mehrheitseigner war. Im Zweiten Weltkrieg in die Rüstungsproduktion eingespannt, wurde Stettin nach dem Zweiten Weltkrieg Polen zugeschlagen. Die Stoewer-Produktionsanlagen wurden demontiert und verschwanden in der UdSSR, in der ehemaligen Fabrik produzierte später Polski-Fiat.

Stoewer LT4 von 1910. (Foto: Lglswe, © GLFD)

Stoewer D9 8/32 Tourenwagen von 1923. Unter der Haube saß ein 2,3-Liter-Vierzylinder mit seitlich stehenden Ventilen. (Foto: © Bahnfrend, CC-BY-SA-4.0)

Stoewer Greif Junior, gebaut von 1935 bis 1939. (Foto: Buch-t, © GLFD)

1937 brachte Stoewer eine neue Modellreihe mit Vier- (Sedina) und Sechszylinder- (Arkona) Motoren auf den Markt. Die Fertigung endete kriegsbedingt 1940, das Werk wurde nach der Kapitulation demontiert. (Foto: © Lothar Spurzem, CC-BY-SA-4.0)

Heinz Melkus in einem Veritas 1500-cm³-Sportwagen beim 6. Leipziger Stadtparkrennen. (Foto: Deutsche Fotothek, © CC)

Veritas C 90 Coupé von 1949. (Foto: MartinHansV, © GLFD)

Der Veritas Meteor »Avus Stromlinie«, gebaut für das Avus-Rennen 1952, erhielt eine Karosserie von Spohn in Ravensburg. Der Wagen wurde aber bei einem Trainingsunfall irreparabel beschädigt. (Foto: © Archiv Motorbuch Verlag/Zumbrunn)

VERITAS

Zum Scheitern verurteilt: Veritas Dyna von 1951. (Foto: Buch-t)

Gegründet wurde die Firma mit dem lateinischen Namen von rennsportbegeisterten ehemaligen BMW-Mitarbeitern, die sich nach dem Krieg in der französischen Besatzungszone trafen. Dort, in Südbaden, fanden sich der Techniker und ehemalige Rennleiter Ernst Loof, der Kaufmann und Frankreich-Kenner Lorenz Dietrich sowie die Rennlegende Georg »Schorsch« Meier zusammen. Der vierte im Bunde hieß Werner Miethe.

Da damals laut Besatzungsstatut die Gründung einer Automobilfirma noch nicht zulässig war, hoben die vier im März die »Veritas-Arbeitsgemeinschaft für Sport- und Rennwagenbau« aus der Taufe. Glücklicherweise hatte Loof einen BMW 328 mit einer Stromlinienkarosserie, die für die Mille-Miglia 1940 gebaut worden war, retten können. Mit viel Not, reichlich Gebrauchtteilen und viel Improvisationsgeschick entstand dann im Juni 1947 ein erster Sportwagen-Prototyp auf 328-Basis mit einer pontonförmigen Stromlinienkarosserie aus Aluminium. Ein zweiter dieser BMW-Veritas folgte, diese beiden Wagen gingen bei einigen kleineren Rennen an den Start (Motorsport fand damals vorwiegend in der französischen Besatzungszone statt) und sorgten für eine Menge Aufsehen. Es kam zu ersten Anfragen von Kunden, die ihre alten 328 mitbrachten und entsprechend umbauen ließen. Allerdings hatte es nie mehr als 462 Sportwagen vom Typ 328 gegeben, es war klar, dass die Basis auf weitere BMW-Typen ausgeweitet werden musste. Partner Miethe sorgte dafür, dass sechs Veritas an reiche US-Kunden gingen, das spülte so viel Geld in die Kasse, dass ein Umzug in große Räumlichkeiten stattfinden konnte.

Am 1. März 1948 wurde dann die Veritas GmbH gegründet, die Sportwagenmanufaktur schien auf einem guten Weg zu sein. Den ersten großen, auch überregional beachteten Auftritt hatte die Marke auf dem Hockenheimring, BMW-Veritas brachte vier Wagen an den Start, gewann überlegen und war mit einem Mal landesweit bekannt. Was die BMW-Mannen ziemlich ärgerte, weshalb sie Veritas die Benutzung ihrer drei Buchstaben verboten. Das wiederum veranlasste Veritas, mit der Entwicklung eigener Motoren zu beginnen. Das waren Leichtmetall-Sechszylinder mit obenliegender Nockenwelle und hohem Leistungsvermögen, aber erbärmlicher Standfestigkeit. Im Herbst 1949 hielt man sie dennoch für einsatzbereit.

Solange BMW-Motoren zur Verfügung standen, waren die Badener eine Macht in der deutschen Rennsportszene. Rund 30 RS wurden gebaut und vor allem an devisenstarke ausländische Kunden verkauft. Neben diesen Tourensportwagen verfeinerte Cheftechniker Loof seinen Meteor-Formel-Rennwagen, von dem 1948 bereits vier Stück gegen Vorkasse verkauft worden waren, die aber allesamt immer noch nicht liefen. Auf Druck der Kunden wurden diese dann im Mai 1950 endlich ausgeliefert, entpuppten sich aber sämtlich als rollende Baustellen, weil die 140 PS starken Motoren nicht standfest waren. Das Desaster mit den Monoposto-Rennwagen war eine Katastrophe für das Firmenimage. Trotz des Imageschadens feilte Loof weiter an seinem RS-Coupé, dass den Namen »Comet« erhielt. Die Karosserie lieferte die Karosseriefabrik Spohn. Trotz guter Kritiken wurde das mit 24.000 Mark seinerzeit teuerste deutsche Serienautomobil schlussendlich nur acht Mal verkauft.

Im März 1950 erfolgte der Umzug ins badische Muggensturm bei Rastatt. Dort sollte der Serienbau der Luxuscoupés vom Typ Comet – noch immer mit BMW-Motor – beginnen. In Kleinserie gebaut wurde auch die neue Baureihe Saturn/Scorpion, von der dürften aber auch nicht mehr als acht entstanden sein. Auch die Zusammenarbeit mit dem französischen Hersteller Panhard war kein Erfolg. Die kleine, zweisitzige Limousine auf Panhard-Basis mit Baur-Karosserie und luftgekühltem Zweizylinder-Motor im Heck war im Mai 1950 fertig, verkaufte sich aber nicht.

Die Koreakrise brachte das Aus, im Oktober 1950 war der Sportwagenhersteller pleite, die beiden verbliebenen Gründungsmitglieder gingen getrennt Wege: Loof zog sich in eine Werkstatt am Nürburgring zurück, baute dort einige Luxussportwagen vom Typ Veritas Nürburgring RS und arbeitete dann für BMW, während Dietrich zwischen März 1951 und April 1952 mit dem neu aufgelegten Dyna-Veritas und dem Panhard-Import sein Glück versuchte. Beide scheiterten.

VOLKSWAGEN

Die Idee, einen Volkswagen zu bauen, existierte schon lange, hatte sich allerdings nie so recht durchsetzen können. Im Deutschland der 30er Jahre bemächtigten sich dann die Nationalsozialisten dieser Idee und machten daraus eine der größten Propagandaaktionen jener Zeit.

Professor Ferdinand Porsche gilt als eigentlicher Vater des Volkswagens. Der österreichische Ingenieur, der sich 1931 in Stuttgart mit einem Konstruktionsbüro selbständig gemacht hatte, entwarf letztlich nach bekannten Konstruktionsprinzipien einen Wagen, der ab 1940 in einer aus dem Boden gestampften gigantischen Fabrik in riesigen Stückzahlen gebaut und für 999 Reichsmark verkauft werden sollte. Das Werk für den neuen »KdF-Wagen« entstand unweit von Fallersleben in Niedersachsen. In diesem dünn besiedelten Landstrich im Herzen Deutschlands (wo früher auch die »Wolfsburg« gestanden hatte) nahm nach 1938 das neue Musterwerk Gestalt an. »KDF« stand für »Kraft durch Freude« und für den Versuch, auch die Freizeit der Deutschen staatlich zu organisieren. Wer einen Wagen haben wollte, musste fleißig Rabattmarken kaufen, diese auf eine Sparkarte kleben und sollte dann, wenn diese Sparkarte vollgeklebt war, in den Genuss eines solchen KdF-Wagens gelangen – zumindest in der Theorie, denn keiner der während des Krieges gebauten 630 zivilen Volkswagen gelangte in die Hände eines Volkswagen-Sparers. Die Technik des KdF-Wagens diente nicht nur als Basis des Kübelwagens und weiterer Varianten für das Militär, sondern auch für einen Rennwagen, den »Paris-Rom-Wagen«, ein Stromliniencoupé, das Porsche als Typ 64 in drei Exemplaren für ein – kriegbedingt nicht mehr ausgetragenes – Langstreckenrennen diente.

Die ersten Käfer-Limousinen wurden 1945/46 ausschließlich an Behörden geliefert, der Erwerb für Privatpersonen war nur auf Bezugsschein möglich. Am 14. Oktober lief der 10.000 Käfer vom Band. Danach kannten die Produktionszahlen nur noch eine Richtung, sie stiegen steil nach oben, nicht zuletzt auch, weil adrette Sonderkarosserien wie das Hebmüller-Cabriolet für positive Schlagzeilen sorgten. Bereits am 5. August 1955 rollte der 1.000.000. Volkswagen vom Band.

In den folgenden Jahrzehnten entwickelte sich ein reges Kommen und Gehen von Motor- und Ausstattungsvarianten, am Ende hatte der Superkäfer 1303 kaum mehr als eine Handvoll Teile mit dem Stammvater gemeinsam. Ende Januar 1978 endete die Produktion des VW Käfers in Deutschland; die Fertigung des Einfachmodells VW 1200 war zuvor von Wolfsburg nach Emden verlegt worden; die bis 1985 verkauften Neuwagen stammten aus dem mexikanischen VW-Werk, wo die Produktion erst im Juli 2003 nach rund 21,5 Millionen Stück endete.

Die erste echte Neuentwicklung neben dem VW Transporter erschien 1961 in Form des VW 1500 Typ 3, des Ponton-Volkswagens mit Käfer-Technik; 1968 folgte dann der Typ 4, der »Große Volkswagen.« Wirklich modern waren sie nicht. Die Käufer hatten mehr erwartet als aufgeblasene Käfer. Diese leise Enttäuschung zieht sich wie ein roter Faden durch die Volkswagen-Geschichte der Sechziger und frühen Siebziger: Das Dogma des luftgekühlten Boxermotors war zur Belastung geworden. Heinrich Nordhoff, der seit Kriegsende die Geschicke des Konzerns gelenkt hatte, starb völlig überraschend am Karfreitag des Jahres 1968. Unter seiner Ägide waren die Versuche, einen Käfer-Nachfolger zu entwickeln, bislang bestenfalls halbherzig erfolgt. Lediglich die von Porsche für 1971 entwickelte Mittelmotorlimousine EA 266 befand sich in der Pipeline, und diesen Typ ließ der neue VW-Chef Lotz gleich wieder einstampfen. Der fast verzweifelte Versuch, schnell zu zukunftsweisenden Konzepten zu gelangen, führte 1969 zum Zukauf der Firma NSU, doch weder der Wankel-Ro 80 noch der Frontmotor-K-70 waren zukunftsweisende Erfolgsmodelle. Diese hatte VW-Tochter Audi in der Entwicklung: Frontmotor, Frontantrieb und Wasserkühlung gehörten zu den Merkmalen der neuen Baukasten-Reihe. Während der Passat 1973 nichts anderes war als ein umetikettierter Audi 80 mit Heckklappe, stellten der von Giugiaro gezeichnet Golf und sein sportlicher Ableger Scirocco eigenständige Neuentwicklungen dar: Mit dem Golf schuf Volkswagen 1974 den einzig wahren Käfer-Nachfolger, und sein Konzept sollte sich als bahnbrechend erweisen.

Wie alles begann: Der W30 (im Original von 1936 bis 1938 in Kleinserie gebaut, hier der Nachbau von 2004) gehört zu den Vorläufern des Kdf-Wagens, der wiederum zum Käfer mutierte. (Foto: © Volkswagen AG)

Der VW 181 »Kurierwagen« machte die Bundeswehr mobil. Dank der Portal-Achse aus dem Transporterbau war die Geländegängigkeit überraschend gut, auch ohne Allrad-Abtrieb. (Foto: © Volkswagen AG)

Zur IAA 1961 stellte Volkswagen mit dem Typ 3 (VW 1500) eine zweite PKW-Baureihe vor. Auf dem Messestand präsentierte sich eine komplette Modellfamilie, darunter auch ein Cabriolet, das nicht in Serie ging. (Foto: © Volkswagen AG)

Der Typ 60 K10 war die Sportversion des Volkswagen und entstand in drei Exemplaren für das (nie durchgeführte) Rennen Berlin-Rom 1939. Dieser VW gilt als »Ur-Porsche«. (Foto: © Volkswagen AG)

Wanderer W3, 5/12 PS, Vierzylindermotor in Reihe 1,2 Liter, 12 PS, gebaut von 1914 bis 1919. (Foto: © Audi AG)

Der Wanderer W11, hier als offener Tourenwagen, kam mit seinem 2,5 Liter großen und 50 PS starken Sechszylinder-Reihenmotor 1928 zu einem ungünstigen Zeitpunkt auf den Markt. (Foto: © Audi AG)

Der Wanderer W45 von 1936 kombinierte den großen 55-PS-Sechszylinder aus dem W50 mit der Karosserie der kleineren Vierzylinder-Typen W40. Alle Modelle verfügten über eine Einzelradaufhängung (»Vollschwingachser«). (Foto: © Mario Nussbaumer, CC-BY-SA-4.0)

WANDERER

Drei Exemplare dieses Wanderer W24 wurden 1938 für die 4700 km lange Fernfahrt Lüttich-Rom-Lüttich gebaut. Die Originale sind verschollen, die Audi AG hat die drei Siegerwagen nachbauen lassen. (Foto: © Audi AG)

Am Anfang der Wanderer-Geschichte stehen zwei Fahrradenthusiasten: Johann Baptist Winklhofer aus München und Nähmaschinenhändler Richard Adolf Jaenicke fanden sich im Februar 1885 im sächsischen Chemnitz zu einer Gesellschaft zusammen, die vor allem mit dem Verkauf und der Reparatur von Fahrrädern ihr Geld verdiente. Die »Chemnitzer Velociped-Depôt Winklhofer & Jaenicke« profitierte vom einsetzenden Fahrradboom und schraubte zuerst nur wenige, dann immer mehr eigene Hochräder selbst zusammen, die den Markennamen »Wanderer« erhielten. Als der Markt die modischen und sicheren Niederräder verlangte (die im Grunde genommen unseren heutigen Fahrrädern entsprachen), waren die »Wanderer« nicht mehr zu stoppen: Um die Jahrhundertwende gehörten die Sachsen zu den wichtigsten Fahrradanbietern im Deutschen Reich, hielten verschiedene Patente – unter anderem eines für die erste deutsche Zweigang-Nabenschaltung – und bauten außerdem Werkzeugmaschinen und die »Continental«-Büromaschinen.

Der Weg zum Motorrad lag nahe. 1902 fing man damit an, knapp drei Jahrzehnte später, 1929, hörte man damit auf: Die Marke JAWA verdankt den Wanderer-Motorradkonstruktionen ihre Existenz. Vom motorisierten Zweirad war es dann aber nicht mehr weit zum Auto, und nachdem man lange genug herumgebastelt hatte, konnte man 1911 auf dem Berliner Autosalon den Wanderer 5/12 PS Typ W1 zeigen. Ein weiterer Prototyp folgte, die Serienausführung hieß W3 5/15 PS, war 1,5 m breit, 3 m lang und hatte zwei hintereinander liegende Sitze. Dieser erste Wanderer wurde der erfolgreichste, er wurde bis 1926 in verschiedenen Weiterentwicklungen rund 9000 Mal gebaut, zuletzt als W8 5/15 PS mit drei bis vier Sitzen und einer Tür auf der linken Seite.

Im Krieg rüsteten die Chemnitzer (die Produktion war ins benachbarte Schönau verlegt worden, wo jede Menge Raum zur Erweiterung der Werksanlage bestand) des Kaisers Heer aus. Die beiden Gründer hatten sich inzwischen zurückgezogen, Winklhofer, zurück in München, baute im Bayerischen dann eine Munitionsfabrik auf – bis 1918 eine echte Goldgrube. Danach produzierte Winklhofer dort Ketten, die JWIS-Ketten gibt es auch heute noch.

Nach dem Krieg investierte Wanderer kräftig weiter, nur kurz zerzaust von der Hyperinflation 1923. Doch wer Mitte der Zwanziger eine Autofirma besaß, hatte ein Problem: Die ausländischen Automobilhersteller, allen voran die aus den USA, die ihre Fahrzeuge in Großserie produzierten, brachten ihre Autos für billiges Geld ins Land, die Deutschen mit ihren veralteten Fertigungsmethoden sahen steinalt aus. Wanderer machte aus der Not eine Tugend, stellte auf Fließbandfertigung um und pumpte Geld in ein neues Automobilwerk. Die erste komplette Nachkriegs-Neuentwicklung, der 1,5-Liter-Vierzylinder-Viersitzer W6 6/18 PS aus dem Jahre 1921, und deren Nachfolger W9 6/24 PS von 1923 erschienen. Sie waren solide und konventionell, aber auch richtig gut verarbeitet. Ende 1925 kam der relativ moderne W10/I 6/30 PS auf den Markt, im Folgejahr der W10/II 8/40 PS.

Mit der Weltwirtschaftskrise 1929 kam ein weiterer neuer Wanderer, das Timing hätte nicht schlechter sein können: Der Oberklasse-Sechszylinder-Typ W11 gelangte just zu einer Zeit auf den Markt, als jeder sein Geld zusammenhielt. Aus diesem Typ entstand der Typ W14, den Wanderer bei Ferdinand Porsche entwickeln ließ: Der Österreicher hatte sich gerade in Stuttgart mit seinem Konstruktionsbüro selbständig gemacht, Wanderer war sein erster namhafter Kunde. Er brachte die Sachsen in Sachen Technik auf Vordermann, entwickelte moderne OHV-Vierzylinder in verschiedenen Hubraum- und Leistungsstufen und dann, als Krönung, einen Dreiliter-Sechszylinder mit 65 PS, der auf dem Pariser Salon 1931 als W14 Sport Premiere feierte: Ein hinreißendes, rund 100 km/h schnelles Cabriolet mit Gläser-Karosserie, aber mit 12.400 Reichsmark so teuer, dass sich das keiner leisten wollte: 24 Autos wurden gebaut.

Mit seinen Fahrzeugen bot Wanderer solide Mittelklasse, kam aber auf keinen grünen Zweig, daher musste auf Druck der Gläubiger die Autosparte am 1. Januar 1932 an die Auto Union abgegeben werden – Wanderer wurde zum vierten Ring des neuen Autokonzerns und fährt als solcher noch heute am Kühlergrill eines jeden neuen Audi mit.

47

WEITERE MARKEN

AMPHICAR

Hinter dieser Entwicklung stand Hanns Trippel (1908-2001), der Pionier im Bau von Amphibienfahrzeugen und Schwimmwagen. Zwischen 1941 und 1944 hatte er für seine Entwürfe die Bugatti-Werkanlagen in Molsheim zur Verfügung, nach dem Zusammenbruch saß er in Haft und begann danach wieder mit dem Bau diverser Kleinwagen, etwa dem Weidner Condor. Der Amphicar-Schwimmwagen entstand Ende der Fünfziger im Auftrag eines US-Unternehmens, die Produktion erfolgte Ende 1961 bei den Deutschen Waggon- und Maschinenfabriken GmbH in Berlin. Die selbsttragende Cabriokarosserie aus Stahlblech ruhte auf einem Längsträger/Rohrrahmen-Unterbau, und der im Heck eingebaute Motor aus dem Triumph Herald 1200 mit 38 PS trieb wahlweise zwei Wasserschrauben an (Spitze 110/10 km/h). Die Produktion des vor allem für die USA bestimmten Amphicar endete 1964, die Restbestände und Teilevorräte waren aber erst 1968 abgebaut. Insgesamt entstanden 3878 Amphicar, zwei davon kaufte die Hamburger Polizei nach der großen Flutkatastrophe 1962 an, schätzte sie aber nicht besonders, weil sie sehr reparaturanfällig waren. 1971 wurden sie daher wieder ausgemustert, sieben Jahre nach der Auslieferung.

Der Amphicar wurde zwischen 1961 und 1964 gebaut, der Motor stammte von Triumph.
(Foto: © Dontworry, CC-BY-SA-3.0)

FULDAMOBIL

In der Not der Nachkriegsjahre war jedes Fahrzeug, dass ein Dach über dem Kopf versprach, willkommen. 1950 entstand so der erste Prototyp des Fuldamobils – zwei Räder vorne, eines hinten – mit einem Einzylinder-Zündappmotor. Diverse Weiterentwicklungen schlossen sich an, 1956 kam dann ein zweites Hinterrad und damit ein gewisses Maß an Fahrstabilität. Das Rollermobil mit Kunststoff-Karosserie (von dem es diverse ausländische Lizenzversionen gab) erhielt 1965 den zehn PS starken 0,2-Liter-Viertaktmotor von Heinkel und wurde in Deutschland bis 1969 in rund 2900 Exemplaren verkauft.

GLAS / GOGGOMOBIL

Hans Glas, der unter der Bezeichnung Isaria Landmaschinen produzierte, wandte sich in der Nachkriegszeit der Produktion von Rollermobilen zu und landete mit dem Goggomobil von 1955 einen Volltreffer im boomenden Deutschland der Wirtschaftswunderzeit. Der Kleinstwagen verfügte, wie der Volkswagen, über einen Plattformrahmen und einen luftgekühlten Heckmotor. Für Vortrieb sorgte zunächst ein Zweizylinder-Zweitakter mit 0,25 Liter Hubraum, optional war ein Triebwerk mit 0,3 Liter. Drei Jahre später erschien mit dem T 600 Isar – Kennzeichen: modischer Zweifarbenlack und Panoramascheibe – der erste Wagen, der unter der Markenbezeichnung Glas verkauft wurde. Für Vortrieb sorgte ein Zweizylinder-Viertaktmotor. Er wurde 1961 durch den größeren S 1004 ersetzt, den es als Coupé und Cabriolet gab. Mit dem Glas 1500, dessen Design von Frua stammte, zielten die Dingolfinger direkt auf den BMW 1500, die »neue Klasse«. 1965 kam das 4,60 m lange Oberklassecoupé 2600 V8 mit De-Dion-Hinterachse hinzu, 1966 stellte Glas mit der Typenreihe 1004/1304 CL als einer der ersten Hersteller seinen Händlern Fahrzeuge mit Heckklappe in die Schauräume. Der wirtschaftliche Erfolg blieb aber aus, Glas wurde von BMW übernommen. Die neuen Eigentümer bauten bestimmte Modelle, insbesondere in Südafrika, unter eigenem Markenzeichen weiter.

LLOYD

»Lloyd« war ursprünglich eine zwischen 1906 und 1914 von der Bremer Namag verwendete Markenbezeichnung für solide 3,7-, 2,6- und 5,5-Liter-Vierzylinderwagen. 1950 belebte Carl F. W. Borgward die Markenbezeichnung wieder und nutzte sie für seine Kleinwagen-Familie. Der erste neue Lloyd erschien Mitte 1950, hatte einen 0,3-Liter-Zweizylinder-Zweitaktmotor und Frontantrieb. Die Karosserie bestand aus Holz, der Bezug aus Kunstleder, was ihm den Beinamen »Leukoplastbomber« eintrug. Es folgten Neu- und Weiterentwicklungen, zuletzt mit Vierzylinder-Viertaktmotoren

Das bis 1969 gebaute Goggomobil war das bekannteste Erzeugnis der ehemaligen Isaria-Landmaschinenfabrik. (Foto: © Cherubino, CC-BY-SA-4.0)

Der Leukoplastbomber: Früher Lloyd 300, gebaut zwischen 1950 und 1953. Der Kofferraum war nur von innen aus zugänglich. (Foto: © Spurzem, CC-BY-SA-2.0)

Das Fuldamobil S-7 von 1963, hier ein Lizenzbau der schwedischen Firma Fram King. (Foto: © Archiv Motorbuch Verlag/Zumbrunn)

NAG Rennwagen von 1913 in Berlin Plötzensee (2010).
(Foto: © Morten Schwend, CC-BY-SA-2.0)

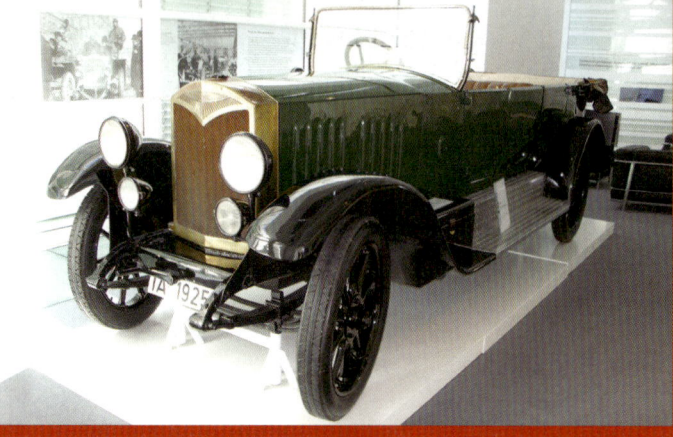

Protos Typ C 10/30 PS von 1925 mit offener Tourenwagen-Karosserie. Charakteristisch für den Hersteller war die Kühlermaske.
(Foto: © Buch-t)

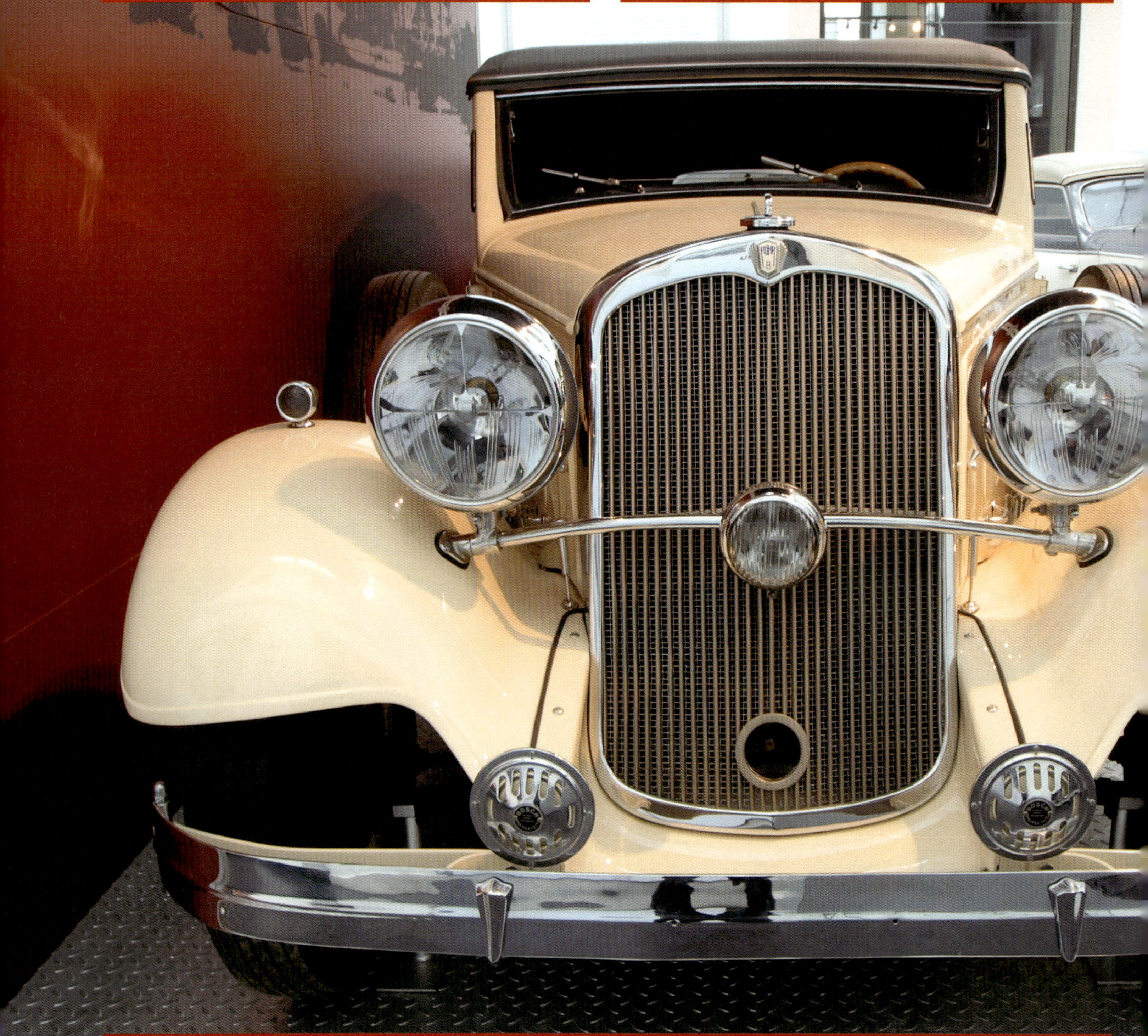

Röhr 8 Typ F Cabriolet 4-Fenster im Verkehrsmuseum Dresden (1933). Dieser Typ 13/75 PS mit 3,8-Liter-Achtzylinder kostete 10.800 Reichsmark.

WEITERE MARKEN

Der Spatz mit seiner zweiteiligen Kunststoff-Karosserie wurde von verschiedenen Herstellern in insgesamt 1588 Exemplaren gebaut.
(Foto: © Archiv Motorbuch Verlag/Zumbrunn))

und Ganzstahl-Karosserie. Der letzte Lloyd war der 1959 lancierte Arabella, der kurz vor dem Konkurs 1961 noch zum Borgward umetikettiert wurde.

NAG

Zu den großen Visionären der Automobilgeschichte gehörte auch der Generaldirektor des Elektrounternehmens »AEG«, Emil Rathenau, der 1901 einen ersten kleinen Autobauer kaufte und daraus die »NAG – Neue Automobil-Gesellschaft« formte. 1903 erschienen die ersten Wagen, die von Anfang an als ausgereift und zuverlässig galten. Sogar der deutsche Kaiser fuhr NAG. 1912 zur Aktiengesellschaft umgewandelt, begann das Unternehmen 1920 mit der Produktion des ersten Nachkriegstyps. Bei diesem NAG Typ C 10/30 PS handelte es sich um eine aufgewärmte Vorkriegsentwicklung, es gab davon auch eine Rennversion Typ C4b. Die Zahlen waren schlecht, NAG schloss sich nach General-Motors-Vorbild mit den Automobilherstellern Brennabor, Hansa und Hansa-Lloyd zur »GDA« (»Gemeinschaft Deutscher Automobilfabriken«) zusammen. Die GDA scheiterte, NAG versuchte, durch Zukauf der Marken »Presto« und »Protos« 1926/27 zu überleben. Zwischen 1926 bis 1933 entstanden unter sehr hohen Entwicklungskosten der NAG-Protos Sechszylinder und später der NAG V8. Letzterer wurde aber in seinen beiden Ausführungen 218 und 219 lediglich 50 Mal verkauft, und der überhastet 1933 auf den Markt gebrachte kostengünstige Kleinwagen NAG Voran Typ 220 ruinierte den guten Ruf der Marke vollends: Der Mutterkonzern AEG zog 1934 bei NAG den Stecker.

PROTOS

Mit der Übernahme durch NAG verschwand Protos 1927 vom Markt. Das Unternehmen hatte 1900 einen ersten, sehr aufwändigen Kleinwagen präsentiert, die Weiterentwicklung von 1904 hatte einen weit weniger komplizierten Vierzylindermotor und war erfolgreicher. Es folgten diverse Sechszylindermodelle. Bei der weltweit beachteten ersten Langstreckenrallye von New York westwärts und durch Asien nach Paris belegte eine Protos 17/35 hinter dem siegreichen Itala den zweiten Rang. Der Prestigeerfolg verhinderte aber nicht die Übernahme 1909 durch Siemens-Schuckert. Deren Chefkonstrukteur verpasste den Protos ein neues Kühlerdesign und setzte dahinter neue Vier- und Sechszylindermotoren. Topmodell war der 6,8-Liter-Achtzylinder mit elektrischem Anlasser von 1913. Nach dem Krieg fasste die Marke nie wieder richtig Fuß, was zum Einstieg von NAG führte.

RÖHR

Die Firma Röhr war eine Gründung des ehemaligen Flugzeugkonstrukteurs Hans Gustav Röhr, der mit innovativen Ideen den Autobau revolutionierte: Er entwickelte eine vordere Einzelradaufhängung und einen neuen, schwerpunktgünstigeren Tiefbettrahmen. Mit diesen Konstruktionsmerkmalen erschien 1927 der Röhr 8 mit Zweiliter-Achtzylindermotor und Autenrieth-Karosserie. Der »sicherste Wagen der Welt« wurde aber nur drei Jahre lang gebaut, es folgte 1930 der Konkurs und 1931 die Neugründung als Neue Röhr Werke AG mit einem neuen 3,3-Liter-Aluminium-Achtzylindertyp. Die Kleinwagen-Kunden sollte der Röhr Junior von 1933 bedienen, ein Wagen nach Tatra-Lizenz mit luftgekühltem 1,5-Liter-Vierzylinder-Boxermotor. 1935 kam es erneut zum Konkurs. Produktionseinrichtungen und Tatra-Lizenz gingen an Stoewer, Stettin.

VICTORIA

Egon Brütsch, Erbe einer Strumpfwarenfabrik, Rennfahrer und Erfinder aus Stuttgart, beschäftigte sich seit 1954 mit der Entwicklung von Kleinwagen mit zweiteiliger Kunststoff-Karosserie. Die bekannteste Weiterentwicklung hieß Spatz, erschien 1956 und wurde bei den Bayerischen Automobil-Werke (BAG) gebaut. 1957 übernahm dann BAG-Partner Victoria, ein Motorradwerk in Nürnberg, den Bau, ersetzte den bisherigen 0,2-Liter-Einzylinder-Zweitakter von Fichtel & Sachs mit 10 PS durch einen eigenen 250er mit 14 PS und verkaufte ihn bis 1959 unter eigenem Namen.

FRANKREICH

Der französische Einfluss auf die Automobilgeschichte kann nicht hoch genug eingeschätzt werden – technisch wie optisch. Nach der Erfindung des Automobils durch die Deutschen waren es die aufgeschlossenen Franzosen, die im Herzen Europas das Auto zum funktionsfähigen Gebrauchsgegenstand machten und mit zahlreichen Innovationen ihm den Weg bereiteten. Sie bescherten der Automobilwelt aber nicht nur die ersten leistungsfähigen Großserienmotoren oder den Frontantrieb, sondern schenkten ihr Stil, Glamour und Visionen. Die beiden heute noch existierenden Konzerne versuchen verzweifelt, die große Tradition von Individualität und Esprit aufrecht zu erhalten.

(Foto: © Citroën)

BUGATTI

In der Regel ist ein Autobauer entweder Designer oder Techniker, Konstrukteur oder Designer. Ettore Bugatti (1882–1947) war beides, und beides in Vollendung. Der gebürtige Italiener machte sich 1909 im damals noch deutschen Molsheim im Elsass selbstständig. Sein erstes eigenes Auto war der leichtgewichtige Typ 10 mit seinem 1,2-l-OHC-Motor mit 10, später 15 PS, der 80 km/h lief. 1912 verkaufte er die ersten fünf Fahrzeuge vom Typ 13, als Markenzeichen wählte er seinen Namensschriftzug in einem Oval. Mit seinem Wagen besetzte Bugatti eine richtungsweisende Marktnische: Er entwickelte in erster Linie Hochleistungssportwagen, und da in jener Frühzeit jedes Auto auch ein potenzielles Sportgerät war, gelang mühelos ein Imagetransfer. Bugatti ließ keine Gelegenheit aus, seine Autos bei sportlichen Veranstaltungen einzusetzen, wo seine Wagen regelmäßig Kreise um die viel stärkeren und bekannteren Konkurrenten fuhren.

Im Ersten Weltkrieg baute Bugatti dann Flugmotoren und ähnliches Rüstungsgerät. Bei Kriegsende wurde das Elsass dann wieder französisch, und Bugatti zu einem französischen Unternehmen, das Vierzylinder-Renn- und Straßenwagen auf Basis des Typ 13 baute.

In den ersten Jahren nach dem Krieg waren Achtzylinderwagen reiner Luxus, was Bugatti nicht daran hinderte, das Lieferprogramm um solche Wagen mit zwei und drei Litern Hubraum zu erweitern, indem er zwei Typ-13-Vierzylinder koppelte. Der kleine Motor leistete im Serientrimm 75 PS und machte dann ganz große Karriere in der nach 1924 gebauten Rennwagen-Reihe 35, wobei insbesondere der Typ 35 B mit 2,3 Liter Hubraum, Roots-Kompressor und 140 PS unglaublich erfolgreich war. Dieser Renn- und Grand-Prix-Wagen mit all seinen Varianten gilt als Meilenstein in der Renngeschichte, er kostete 28.800 Mark. Neben den Vier- und Achtzylinder-Rennwagen bot Bugatti auch zahmere Straßenausführungen an. Während der Drei-Liter-Tourer Stückzahlen brachte – 11.000 Fahrzeuge wurden gebaut – sorgten die von Jean Bugatti entworfenen Coupés der Baureihe 50 für Aufsehen. Jean, Jahrgang 1909, prägte das Bugatti-Design der 30er Jahre. Sein 4,9-l-Typ hatte nicht nur eine außerordentlich gelungene Linienführung und mit zum Teil zweifarbig lackierter Karosserie, sondern auch einen neuen DOHC-Motor mit Kompressor, die Leistung lag dann bei 225 PS, in Rennausführung 275 PS. Waren diese schon Aufsehen erregend, so war der 1928 lancierte Typ 41 mit 12,8-Liter-Achtzylindermotor und mindestens 300 PS eine Sensation: Der Royale war das Nonplusultra in der Luxusklasse, neben ihm verblassten alle Spitzenmodelle der Konkurrenz, von Hispano-Suiza über Isotta-Fraschini bis Maybach. Allein das Chassis dieses von einem aufgerichteten Elefanten auf dem Kühler geschmückten Traumwagens kostete eine halbe Million Francs (etwa 40.000 Goldmark). Allerdings interessierten sich weder Adelshäuser noch gekrönte Häupter dafür, lediglich sechs Autos entstanden. Der Motor machte dann Karriere als Eisenbahn-Triebwerk.

In der Fabrik des »Zauberers von Molsheim« entstanden in den Dreißigern einige der schönsten und berühmtesten Automobile aller Zeiten. Nicht jeder war ein Erfolg, der Allrad-Rennwagen Typ 53 (1932) ging nicht in Serie, und die 1933 präsentierten Wagen der Baureihe 57 waren – trotz atemberaubender Eleganz und je nach Ausstattung bis zu 210 PS stark, mit Starrachsen vorne und hinten – nicht mehr zeitgemäß. Diese Achtzylinder-Typen mit 3,3-l-DOHC-Motor waren mit Serien- wie auch Sonderaufbauten etwa von Gangloff oder Graber erhältlich; keiner aber wurde berühmter als der nur drei Mal gebaute Bugatti 57 SC Atlantic mit seiner zusammengenieteten Aluminium-Karosserie von 1938.

Entwicklung und Betrieb von Rennwagen hatten Unsummen verschlungen, der Zweite Weltkrieg versetzte der Firma dann den Gnadenstoß. Ettore Bugattis Tod 1947 beendete seine Pläne bezüglich eines Kleinwagens. 1951 versuchte die neue Leitung mit dem Typ 101 mit Typ-57-Chassis ein Comeback und scheiterte; letztes Lebenszeichen waren die GP-Rennwagenprojekte 251 und 252 (1955–1959). Nach diversen Besitzwechseln und Konkursen landete Bugatti 1998 schließlich im Schoße von VW und schreibt unter den neuen Eignern die Legende fort.

Den Bugatti 57 (1934-1940) hatte Jean Bugatti entworfen. Er hatte einen 3,3-Liter-DOHC-Achtzylinder. (Foto: © Jorbasa Fotographie, CC-BY-SA-2.0)

Der Bugatti Royale Typ 41 mit 12,8-Liter-Achtzylinder wurde zwischen 1928 und 1933 nur sechs Mal gebaut. (Foto: © Bugatti Automobiles S.A.S.)

Der Bugatti 101, hier als Cabriolet, war ein Typ 57 mit neuer Karosserie und wurde 1951/52 gebaut. Der Versuch, die Marke wiederzubeleben, scheiterte. (Foto: © Alf van Beem)

Alle Bugatti Typ 35 (1924–1931) wurden als Rennsportmodelle ausgeliefert. Die für einen Straßenbetrieb notwendigen Kotflügel und Beleuchtung ließen sich leicht anbauen. Hier der Typ 35 T von 1926 aus dem Bestand der Autostadt Wolfsburg. (Foto: © automedienportal.net/Volkswagen)

Der Sechszylinder-Autobau begann bei Citroën im Oktober 1928 mit der Einführung des Citroën C6, dem vier Jahre später der »Citroën 15« folgte. 1938 erschien der Citroën Traction Avant, der »15-Six«. (Foto: © Citroën)

Der 2 CV, die »Ente« war Frankreichs Volkswagen. Er wurde zwischen 1949 und 1992 in Serie gebaut. Hier das Sondermodell »Charleston« von 1982. (Foto: © Citroën)

Frankreichs Staatspräsident Jacques Chirac 1995 an Bord des SM Presidentelle. Die 5,66 m lange Staatslimousine auf Basis des Maserati-Citroën SM war eine Sonderanfertigung von Chapron. (Foto: © Citroën)

CITROËN

Die Göttliche: Citroën präsentierte 1955 die DS-Reihe, die bis zur Produktionseinstellung 1975 rund 1,45 Millionen Mal gebaut werden sollte. (Foto: © Citroën)

André Citroën (1878–1935) verdiente im Ersten Weltkrieg durch die Munitionsproduktion immense Summen, die er 1919 dann in den Aufbau einer Automobilfertigung steckte: Für seinen ersten Wagen, den Typ A 10 HP, führte er die Fließbandfertigung ein und war damit seiner europäischen Konkurrenz weit voraus. Auch in Sachen Werbung, Finanzierung und dem Aufbau eines Handelsnetzes war er Vorreiter. Er ließ beispielsweise insgesamt 150.000 Verkehrsschilder mit dem Markenschriftzug Citroën aufstellen, organisierte Werbekarawanen zur Präsentation neuer Modelle und simulierte mit seinen Fahrzeugen Unfälle, lange bevor das Wort »Crashtest« im Vokabular der Automobilindustrie auftauchte. Und doch half das alles nichts, seine Firma verlor 1975 ihre Unabhängigkeit und bildet seitdem mit Peugeot die PSA-Gruppe. Der letzte eigenständig entwickelte Citroën war der CX von 1974.

Doch das lag bei der Präsentation des 5 HP – auch Citroën 5 CV, Trèfle (Kleeblatt) oder Citroën Typ C genannt – noch in weiter Ferne. Dieser wurde 1921 auf dem Pariser Automobilsalon vorgestellt und war Frankreichs erster Volkswagen. Zumeist hellgelb lackiert, wurde die rund 60 km/h schnelle »kleine Zitrone« zwischen 1922 und 1926 rund 81.000 Mal produziert.

Mitte der 20er Jahre eröffnete Citroën in Köln ein deutsches Montagewerk und stellte außerdem mit dem B12 das erste Großserienautomobil mit Ganzstahl-Karosserie und Vierradbremsen vor – in dieser Preisklasse damals ein absolutes Novum. Überhaupt übernahm Citroën in vielerlei Beziehung die Vorreiterrolle, bot er doch als Erster ein Auto mit verstellbaren Vordersitzen und mit Bremsleuchten an.

Während aber diese Innovationen heute genauso vergessen sind wie der 8CV Rosalie, der Weltrekordhalter in Sachen Dauerbetrieb und Haltbarkeit von 1933, so ist es der am 18. April 1934 vorgestellte 7A nicht: Das erste Modell der Citroën Traction Avant-Reihe war der erste europäische Fronttriebler und wurde auch als Typ »Front« im Werk Köln-Poll gebaut. Das Getriebe saß vor Motor und Vorderachse, die starre Hinterachse wurde an zwei Längslenkern mit Torsionsstabfedern geführt. Nicht weniger Aufsehen erzielten weitere Neuerungen wie die hydraulischen Bremsen, Einzelradaufhängung vorn oder die erstmals 1936 eingebaute Zahnstangenlenkung. Er hatte einen 32 PS starken 1,3-Liter-Motor, Dreigang-Getriebe und eine Höchstgeschwindigkeit von 95 km/h. Der Typ 7A wurde schon bald durch die stärker motorisierten Typen 7B und 7C abgelöst. Der Typ 7S (»Sport«) führte dann zum 11A und 11B, die dann später auch als »7CV« und »11CV« bekannt wurden. Ab 1938 entstand der 15-Six mit 2,8-Liter-Reihen-6-Zylinder, der dann 1954 als 15-Six H die hydropneumatisch gefederte Hinterachse des späteren DS aufwies. Die Produktion lief bis 1957, insgesamt waren 759.123 Fahrzeuge entstanden.

Fast fünf Mal so viel, knapp 3,9 Millionen Exemplare, entstanden vom Citroën 2CV, jenem legendären Volkswagen, der »Platz für zwei Bauern in Stiefeln und einen Zentner Kartoffeln oder ein Fässchen Wein bietet, mindestens 60 km/h schnell ist und dabei nur drei Liter auf 100 km verbraucht«, so soll es das Lastenheft verlangt haben. Am 7. Oktober 1948 wurde der Citroën 2CV auf dem Pariser Salon präsentiert. Der hässliche Vogel wurde auf Anhieb ein Erfolg. Das Billigmobil mit viertürigem Stahlaufbau, separatem Kastenrahmen und Rollverdeck hatte einen luftgekühlten Boxermotor im Heck und leistete zuletzt 29 PS. Am 27. Juli 1990 lief im Werk Mangualde in Portugal um genau 16 Uhr die letzte »Ente« vom Band. Nicht weniger kultig ist »La Déesse«, »die Göttin«, deren Design und Hydropneumatik sie ab Oktober 1955 zur Legende machten. Zwischen 1955 und 1975 wurden 1.456.115 Fahrzeuge gebaut.

Ähnlich aufsehenerregend war im Jahr 1970 auf dem Genfer Automobilsalon der Citroën SM, der einen Hauch von Sciencefiction auf die Straße brachte und über Sechszylindermotoren von Maserati mit 2,7- und 3-Liter Hubraum verfügte. Mit einer Spitze von 220 km/h galt der Citroën SM lange als schnellster Fronttriebler überhaupt, aber ein Verkaufserfolg war der bis 1975 gebaute Citroen ebenso wenig wie der Wankel-Citroën. Auf Basis des SM realisierte der Pariser Karosseriebauer Henri Chapron den Présidentielle, ein viertüriges Cabriolet für den französischen Staat, der von François Mitterand oder Jacques Chirac zu offiziellen Anlässen genutzt wurde.

DELAGE

Drei Jahrzehnte genügten Delage, um unsterblich zu machen Die französische Edelmarke existierte zwar nur zwischen 1905 und 1935, doch wird sie noch heute in einem Atemzug mit Bugatti oder Hispano-Suiza genannt.

Gründer und Namensgeber war Louis Delage, Jahrgang 1874, in einfachsten Verhältnissen aufgewachsen, der es zum Ingenieur brachte und letztlich bei Peugeot in Entwicklung und Versuch arbeitete. Dort traf er Augustin Legros, und beide machten sich 1905 selbständig, um eigene Autos zu bauen. Die Anfänge waren bescheiden, die Autos aber anspruchsvoll. Die neue Firma in Levallois bei Paris baute den außerordentlich soliden Delage 9cv (Typ A) mit De-Dion-Bouton-Einzylindermotor und stellte in rascher Folge Ein- und Zweizylinder-Modelle vor. Bis 1909 fertigte Delage seine eigenen Motoren – auch Vierzylinder – nach Ballot-Lizenzen, danach entstanden Eigenkonstruktionen, später auch mit obenliegender Nockenwelle, Königswellenantrieb und Doppelzündung: Delage wurde rasch zum Synonym für außergewöhnliche Straßen- und Rennfahrzeuge.

Der Delage TR von 1911/12 war typisch für die Zeit. Der 14-PS-Wagen wurde 89 Mal gebaut. (Foto: © J.H. Janßen, CC-BY-SA-3.0)

Steigende Ab- und Umsätze führten dazu, dass das Werk rasch zu klein wurde, Delage bezog ein neues Werk und richtete in Paris einen Schauraum ein, der als einer der schönsten in der Hauptstadt galt. In den Jahren zwischen 1910 und 1914 wurde Delage international bekannt, das lag vor allem an drei Faktoren: An Rennerfolgen (Doppelsieg beim GP Frankreich in Le Mans 1913 mit 6,2-l-Vierzylinder Typ Y, Sieg mit dem Y bei den 500 Meilen von Indianapolis 1914), der Qualität und am Marketing. Im Jahr 1914 erhöhte Louis Delage den Druck auf die Konkurrenz und entwickelte mit dem in Rennsport erfolgreichen S-Typ einen neuen Sechszylinder-Luxuswagen, der die Basis für die CO-Modelle der Nachkriegszeit bildete. Der CO hatte einen Motor mit 4524 cm³ (84 PS) und Vorderradbremsen, ein Traumauto, das über die amerikanische Dependance für 12.000 Dollar angeboten wurde – nur das Fahrgestell, selbstverständlich, die Karosserie kostete extra. Mit einem CO2 legte Louis Delage die knapp 1000 Kilometer lange Strecke Paris-Nizza in 16 Stunden zurück, der Schnitt lag bei 67 km/h.

Die Zwanziger waren am kreativsten für den Hersteller, in diesem Jahrzehnt entstanden einige der schönsten und spektakulärsten Vier- und Sechszylinderkonstruktionen mit 3174 cm³ und 62 PS (1926-1930, Typ DM) beziehungsweise 2516 cm³ (DR). Außerdem erschien ein V12-Rennwagen, der 2LCV mit Doppelkompressor und bis zu 190 PS. Der Sieg 1924 beim GP von Europa in Lyon und der beim Großen Preis des ACF in Montlhéry 1925 gehen auf das Konto des V12. Als das Reglement sich änderte, entwickelte Delage den 1,5-Liter-Reihenachtzylinder mit 170 PS bei 8000/min. Mit diesem »15 S8«, wobei die »15« für den Hubraum stand, gewann Delage 1927 nach vier Siegen die Grand-Prix-Weltmeisterschaft. Und der Delage-V12 (Hubraum 10,5 l) stellte 1924 mit 230,14 km/h den absoluten Geschwindigkeits-Weltrekord für Straßenfahrzeuge auf. Eine Woche später egalisierte Fiat mit dem Mephistopheles (21,5 Liter Hubraum) diesen Erfolg wieder, doch immerhin: Für eine Woche war ein Delage das schnellste Auto der Welt. Während der V12 ein Einzelstück blieb (sein Motor sollte dann Flugzeuge befeuern), folgte ein stetiger Strom von Sechs- und Achtzylinder-Typen. In den Dreißigern verlegte sich Delage zusehends auf wunderbar gestylte und vorzüglich gebaute Luxusmodelle, die D8-Reihe bzw. D8-S (Sport) mit Reihen-Achtzylinder (4061 cm³) galten als überaus gelungen, erschienen aber zur Unzeit: Im Gefolge des Börsencrashs brach der Markt für Luxusfahrzeuge zusammen, und keine der Neuentwicklungen – weder der D6-11 von 1932, ein Sechszylinder mit 2101 cm³, noch der 1934er Achtzylinder D8-15 (2768 cm³), jeweils mit vorderer Einzelradaufhängung an Dreiecksquerlenkern und zahlreichen innovativen Details – vermochten daran etwas zu ändern. Die Situation des Unternehmens verschlechterte sich zusehends, trotz stetig neuer D6-/D8-Versionen. Louis Delage entglitten die Zügel, er entschloss, seine Firma, die zeitweise rund 3500 Menschen beschäftigt hatte, zu liquidieren. Konkurrent Delahaye kaufte die Reste auf und baute den D8 bis 1939 weiter, zuletzt mit 4750 cm³. Louis Delage selbst scheint noch bis 1940 einen neuen D6 entwickelt zu haben, der vor allem im Rennsport eingesetzt werden sollte.

1936 Delage D8 120 Chapron Cabriolet. (Foto: © Craig Howell, CC-BY-2.0)

Nach dem Krieg versuchte das Unternehmen mit dem D6 3 Litre die Rückkehr in den Rennsport. Fünf Exemplare wurden gebaut und zwischen 1947 und 1949 im GP-Sport eingesetzt. (Foto: © Thesupermat, CC-BY-SA-3.0)

Der Delage D8-120 wurde 1936 eingeführt und basierte auf dem modifizierten Delahaye-Chassis. Der Motor war ein um zwei Zylinder erweiterter Delahaye-135-Sechszylinder mit 115 PS. Der Aufbau des Aerosport Coupe stammt von Letourneur & Marchand. (Foto: © Rex Gray, CC-BY-2.0)

Delahaye 6HP Type O Vis-à-Vis von 1902. (Foto: © Thesupermat, CC-BY-SA-3.0)

Ein Delahaye 165 Cabriolet mit 4,5-l-V12-Motor und Karosserie von Figoni & Falaschi repräsentierte Frankreich bei der Weltausstellung in New York 1939. (Foto: © Thesupermat, CC-BY-SA-3.0)

Die berühmtesten Karosseriers kleideten den Delahaye Type 135 ein: Franay, Letourner & Marchard, Chapron, Guillore. Dieser 135 M Roadster mit Figoni & Falaschi-Aufbau wechselte 2013 für 6,5 Millionen Dollar den Besitzer. (Foto: © Thesupermat, CC-BY-SA-3.0)

DELAHAYE

Der Delahaye 135 MS (»Modifie Speciale«) erschien 1938 als Topversion des 135 von 1935. Im MS hatte der 3,5-l-Sechszylinder 125 PS. Hier ein Nachkriegsmodell von 1947.
(Foto: © Rex Gray, CC-BY-2.0)

Emile Delahaye wurde 1843 in Tours geboren und übernahm 1879 eine Firma zum Bau von Anlagen und Öfen für die Keramikindustrie, wandte sich dann dem Bau von Dampf- und Verbrennungsmotoren zu und entwickelte 1888 einen Schiffsantrieb. Diesem ließ er, keine zwei Jahre später, einen ersten Entwurf für einen Automotor folgen. Der Rest ergab sich von selbst, 1894 baute er seine erste eigene Motorkutsche und stellte sie auf dem Automobilsalon in Paris aus. Die Resonanz war gut, aber nicht gut genug, und um bekannt zu werden, beteiligte er sich 1896 an der Fernfahrt Paris-Marseille. Jetzt hagelte es Bestellungen, und nun hatte Delahaye ein Problem: Er konnte nicht liefern, er hatte weder Geld noch Platz noch Kapazitäten. Einer seiner Kunden, Georges Morane, der schon Delahaye fuhr, half ihm aus der Klemme: Morane hatte Geld – wie praktisch jeder Autofahrer jener Jahre – und eine Firma, und beides zusammen führte 1898 zur Gründung der Société des Automobiles Delahaye in Paris. Emile Delahaye setzte sich kurz darauf an der Riviera zur Ruhe.

Das neue Unternehmen produzierte in den folgenden Jahren fortschrittliche Autos, die für ihre Robustheit und Ausdauer bekannt waren. 1903 bot Delahaye bereits abnehmbare Zylinderköpfe und beim 4,9-l-Vierzylinder-Topmodell ein wassergekühltes Auspuffsystem; der 1911 präsentierte 3,2-l-Delahaye hatte den ersten V6-Motor der Automobilgeschichte. Das Unternehmen verkaufte Lizenzen nach Deutschland und in die USA, baute auch Lastkraftwagen, Industriemotoren und Motorboote. Zwischen 1927 und 1932 gehörte Delahaye einem Zusammenschluss von kleineren französischen Automobilherstellern wie Chenard & Walker und Donnet-Zedel an – was dazu führte, dass etwa der C&N 14cv einen Delahaye-Motor hatte. Nach dem Ende der Zusammenarbeit übernahmen die Pariser den kleinen Automobilhersteller Chaigneau-Brasier. Das war 1933, und in jenem Jahr beschloss die Eigentümerfamilie Morane auch, Delahaye komplett neu aufzustellen. Im Fahrzeugbereich lag der neue Schwerpunkt auf Nutzfahrzeugen und Luxusautos, und da passte die 1935 übernommene Edelmarke Delage gut ins Profil.

Delahaye-Fahrzeuge waren in den Dreißigern bei nahezu jeder Art von Motorsport erfolgreich. Der bekannteste Erfolg war der Gewinn von einer Million Franc als Preisgeld für einen neuen durchschnittlichen Rundenrekord von 146,654 km/h in Montlhéry, und als der Rekordpilot Dreyfus beim Pau-GP im Jahr darauf, 1938, mit seinem Zwölfzylinder-Typ 145 sogar den übermächtigen Kompressor-Mercedes unter Rudolf Caracciola besiegte, kannte die Begeisterung keine Grenzen mehr. Auch die Sechszylinder waren eine Macht im Rennsport, Le Mans 1938 sah drei 135 MS auf den ersten vier Rängen. In den letzten Jahren vor Ausbruch des Krieges war Delahaye eine der angesagtesten Marken Frankreichs, Könige und Showgrößen, Playboys und Großindustrielle fuhren die Traumwagen aus Paris.

Das Modell, das am meisten zum guten Ruf der Marke beitrug, war der berühmte Typ 135. Entwickelt im Jahre 1934, entstanden auf diesem Chassis einige der schönsten Autos aller Zeiten, die besten und berühmtesten Karosseriebauer entwarfen Aufbauten für die französische Luxusmarke. Den Höhepunkt verkörperte der ab 1938 in wenigen Exemplaren gebaute Typ 165 mit 4,5-l-V12 und Karosserie von Figoni & Falaschi.

Den Zweiten Weltkrieg und die harten Nachkriegsjahre überlebte die Firma vor allem dank ihrer Nutzfahrzeuge und des leichten Aufklärungspanzers VLR, den die Armee einführte. Daneben versuchten sich die Franzosen auch wieder am Bau von Luxuswagen, zunächst auf Basis des 135, dann auch des 1949 präsentierten und hoch gelobten Typ 175 mit 4,5-l-Sechszylindermotor und De-Dion-Hinterachse. Noch immer formten Karosseriebauer auf den Kastenrahmenchassis atemberaubende Kreationen, aber leisten konnte sich die kaum jemand. Ein letztes Aufbäumen führte zum Typ 235 von 1951 mit 3,6-Liter-Motor, doch auch diese Weiterentwicklung des Vorkriegstyps 135 mit ovaler Kühleröffnung war zwar elegant, robust und schnell, aber teuer und technisch überholt.

Die Familie Morane verkaufte das Unternehmen dann 1954 an den Lastwagen- und Panzerfahrzeughersteller Hotchkiss, die Pkw-Fertigung endete 1955.

FACEL-VEGA

Auf dem Pariser Autosalon von 1954 zeigte sich Frankreichs damals kleinste Autofabrik mit dem Facel Vega FV zum ersten Mal in der Öffentlichkeit. Der sportliche Zweisitzer mit einer bestechend aussehenden Karosserie und einem amerikanischen, 4,8 Liter großen und 180 PS starken V8-Motor von Chrysler lief 205 km/h. Der Name »Facel« leitete sich aus den Anfangsbuchstaben von Forges et Ateliers de Construction d'Eure-et-Loir ab (Werkstätten und Entwurfs-Ateliers im Departement Eure-et-Loir), einer kleinen Fabrik für Stanzteile aus Metall, zunächst für Küchenmöbel, dann für Flugzeuge, später für Autokarossen. Deren Gründer war Designer Jean Daninos, der einst als Konstrukteur bei Citroën gearbeitet hatte und 1951 auf einem Bentley-Fahrgestell ein eigenes elegantes Auto für sich privat bauen ließ.

Auf den Geschmack gekommen, konstruierte Daninos 1953 den Rahmen für einen Sportwagen mit aufgeschraubter Karosserie, der laufend verbessert wurde. Gleichzeitig geriet die Ausstattung immer luxuriöser. Schließlich war das Fahrzeug reif genug, um als Facel Vega FV in den Verkauf zu gehen. Vier Jahre lang produzierte Facel den Vega FV mit unterschiedlich starker Motorisierung und begründete mit ihm seinen guten Ruf als Edelsportwagenhersteller.

Als nächstes Modell folgte 1958 der Facel Vega HK 500, die letzte Entwicklungsstufe des sportlichen Coupés. Die Zahl 500 sollte auf das stolze Leistungsgewicht von fünf Kilogramm pro PS hinweisen, das zum wirtschaftlicher Erfolg des Herstellers maßgeblich beitrug. Bis zur Einstellung der Baureihe im Mai 1961 entstanden rund 490 Exemplare. Der HK 500 gilt heute vielen Fans als der Facel schlechthin. Äußerlich stark an den Vorgänger angelehnt und technisch nicht wesentlich verändert, erhielt er zunächst einen V8-Motor mit 5,8 Litern Hubraum und bis zu 360 PS sowie ab Frühjahr 1959 einen Chrysler-Motor Typ 383 mit 6,3 Litern Hubraum und bis zu 395 PS. Die vier Scheibenbremsen gab es serienmäßig, aber die Servolenkung und das Automatikgetriebe mussten als Extra gesondert bezahlt werden.

Der HK 500 beschleunigte in 8,6 Sekunden (drei Zehntel weniger als ein Mercedes 300 SL) von null auf 100 km/h, auf 100 Kilometer verbrauchte er 16,5 Liter Super, 1,2 Liter mehr als der SL. Gleichzeitig mit ihm stellte Facel als einzigen Viertürer den Facel Vega Excellence in den Salon an der Avenue George V. Das mehr als fünf Meter lange Auto brachte es auf einen gewaltigen Radstand von über drei Metern und kam dennoch ohne B-Säule in der Mitte aus. Ähnlich teuer wie ein Rolls-Royce, aber ohne dessen sprichwörtliche Qualität, brachte es der Wagen innerhalb von vier Jahren nur auf eine Stückzahl von 152 Exemplaren. Ein Opfer des superschnellen Facel-Wagens wurde der französische Schriftsteller und Nobelpreisträger Albert Camus. Er starb am 4. Januar 1960, als sein Excellence mit 145 km/h auf der Landstraße Paris-Nizza bei Villeblevin gegen einen Baum prallte.

Da zu Beginn der 1960er-Jahre der Gewinn des Unternehmens erheblich zu wünschen übrig ließ, stellte Daninos 1960 seinen Sportwagen Facellia vor. Seine Konstrukteure hatten dem Gefährt einen Eigenbau-Motor unter die Haube gepackt, der innerhalb von nur zwei Jahren entwickelt worden war. In der Absicht, die Grande Nation auch auf Rädern heller strahlen zu lassen, leistete die Regierung Charles de Gaulle Verkaufshilfe. Sie steckte in den damals einzigen Sportwagen französischer Machart einen Exportfinanzierungs-Kredit von 1,6 Millionen Mark. Die Hoffnungen auf weltweite Reputation blieben jedoch unerfüllt, denn der französische Export-Renner kam nur selten ans Ziel: Seine Leistung war lediglich durch hohe Kompression erzielt worden; die Kolben des Motors hielten den Druck nicht aus. Mit schweren Zylinderschäden kehrten etliche der Fahrzeuge in die Werkstätten zurück.

Der Misserfolg des Facellia brachte die ganze Facel-Vega-Familie in Verruf. Um den Facellia-Makel loszuwerden, stellte Daninos 1963 die Produktion eigener Motoren wieder ein. Als Nachfolger des Facellia brachte er den Facel III mit dem Volvo-B18-Motor. Das relativ schwere Fahrzeug erreichte zwar 180 km/h, beschleunigte aber recht lahm. Das Ende der Edelwagen-Manufaktur leitete schließlich eine neue französische Luxussteuer ein, die auch den Marken Bugatti und Delahaye den Garaus machte. (Text: Kuch unter Verwendung von ampnet/hrr)

Der FV1 vom März 1955 war ein überarbeiteter FV mit längerem Radstand und stärkerem V8. (Foto: © Rex Gray, CC-BY-2.0)

Der Versuch, mit dem Facellia von 1961 eine breitere Zielgruppe anzusprechen, scheiterte. Die von Facel gebauten DOHC-Motoren waren unzuverlässig und beschleunigten das Aus. (Foto: © Rex Gray, CC-BY-2.0)

Der Excellence war die in nur wenigen Exemplaren gebaute viertürige Variante des Facel Vega. Hier ein Serie-1-Exemplar von 1958 mit dem verbesserten 5,4-l-Chrysler/DeSoto-V8. (Foto: © Motohide Miwa, CC-BY-2.0)

Der HK500 (hier ein Modell von 1961) löste 1959 den FVS ab. Vom Design her eine organische Weiterentwicklung der bisherigen Linie, kam zunächst ein 5,8-l-V8, dann ein 6,3-Liter zum Einsatz.

Ettore Bugatti hatte den BP1 Bebe 1911 als Typ 19 für Wanderer entwickelt, Peugeot hat ihn dann zwischen 1912 und 1914 gebaut. (Foto: © Peugeot)

Der Peugeot 401 Eclipse von 1935 war das erste Auto mit einem elektrisch voll versenkbaren Stahldach. (Foto: © Peugeot)

Der Peugeot 202 erschien 1938. Sein Markenzeichen waren die hinter dem Kühlergrill befindlichen Scheinwerfer. Nach dem Krieg lief die Fertigung bis 1949 weiter. (Foto: © questa-ta, CC-BY-2.0)

PEUGEOT

Der Peugeot 204 wurde zwischen 1965 und 1976 gebaut. Den ersten Fronttriebler der Marke gab es 1967 bis 1970 auch als Cabriolet. (Foto: © Peugeot)

1889 baute Armand Peugeot (1849–1915) das erste Auto der damals bereits 80 jährigen Löwenmarke, die sich zuletzt einen Namen als Hersteller von Fahrrädern gemacht hatte. Als neuen Geschäftszweig etablierte Peugeot die Sparte Automobilbau. Bei dem ersten Peugeot handelte es sich um einen dreirädrigen Dampfwagen mit einem Motor von Dampfmaschinen-Spezialist Léon Serpollet. Insgesamt entstanden von diesem Wagen vier Exemplare, doch Monsieur Peugeot war kein Freund der Dampfmaschine: zu kompliziert, zu unpraktisch, daher baute er im März 1890 das erste Auto mit Benzinmotor, einen nach Daimler-Lizenz gebauten Zweizylinder. Der erste mit einem eigenen, selbst konstruierten Verbrennungsmotor ausgestattete Peugeot war der Typ 14 (1897).

1905 ging der Peugeot Bébé als Typ 69 an den Start, der in seiner zweiten Auflage von 1911 als BP1 sich zum ersten großen Bestseller entwickelte. Den nur 2,62 Meter langen Zweisitzer, den Ettore Bugatti konstruiert hatte, beflügelte ein ebenso kräftiger wie sparsamer 0,9-Liter-Vierzylinder-Motor. Er wog 350 Kilogramm und schaffte eine Spitze von 60 km/h. Der Bébé BP1 war mit über 3000 verkauften Einheiten ein früher Bestseller.

Zu den Meilensteinen der Zwischenkriegsjahre gehörte der Peugeot 201, das erste Fahrzeug mit Einzelaufhängung an der Vorderachse. Unvergessen ist auch der Peugeot 402, den Peugeot im Oktober 1935 vorstellte. Charakteristisch für ihn waren die hinter dem Kühlergrill platzierten Hauptscheinwerfer. Ein besonderes Kennzeichen bildete die Karosserie im Stromlinien-Design ohne seitliche Trittbretter. An der Vorderachse waren die Räder erstmals unabhängig voneinander aufgehängt. Der in der ersten Version 55 PS starke Zweiliter-Vierzylindermotor verfügte über hängende Ventile und war auf Wunsch mit einem Cotal-Getriebe – einem elektrisch betätigten, automatisierten Schaltgetriebe – zu haben. Den 402 gab es in vielen Modellversionen, zu dem auch solche mit bis zu acht Sitzplätzen gehörten. Der 402 Eclipse hatte ein elektrisch versenkbares Dach, wobei das versenkbare Metalldach zum ersten Mal beim Vorgängertyp 401 zu sehen gewesen war. Und es war ein 402, in dem Peugeot 1938 erstmals den Einsatz von Dieselmotoren in einem Pkw testete. Peugeot war bis zum Zweiten Weltkrieg im Wesentlichen auf Frankreich und seine Kolonien beschränkt. In Deutschland gab es seit 1925 lediglich eine Vertretung in Berlin als Stützpunkt, nach dem Krieg bildete das Saarland das Sprungbrett für die Löwen aus Sochaux, die mit dem 403 den ersten Großserien-Selbstzünder der Welt vorstellten. Sein Nachfolger, der Typ 404 von 1960 mit Pininfarina-Karosserie, setzte die Erfolgsgeschichte fort. Mit ihm begann eine außergewöhnlich lange und bunte Modellgeschichte innerhalb der Peugeot-Familie. Das elegante Cabrio (ab 1961) und das Coupé (ab 1962) entstanden auf den Bändern von Pininfarina in Italien. Mit dem 404 gewann Peugeot insgesamt vier Mal die berüchtigte Ostafrika-Rallye, die starke Marktpräsenz in Afrika verdanken die Franzosen jenem Typ. Im Oktober 1975, also 15 Jahre nach der Premiere, endete die Produktion des 404 als Limousine und Kombi in Europa. Die Erfolgsgeschichte des Modells war damit jedoch noch lange nicht vorbei. Der 1967 vorgestellte Pick-up wurde noch bis 1978 in hiesigen Breitengraden weiter gebaut. Und in Afrika lief der letzte 404 Pick-up sogar erst 1988 vom Band. Insgesamt wurden in 28 Produktionsjahren rund 2,88 Millionen Einheiten des Peugeot 404 produziert. Zu den Erfolgsmodellen der Sechziger gehörte die von Pininfarina gestylten Kleinwagen-Baureihe 204 von 1965, die mit modernster Technik aufwartete, vordere Scheibenbremsen aufwies und nach 1968 auch mit Dieselmotor lieferbar war. Der 204 ebenso wie die größere Ausgabe 304 galten als typische Franzosen: Gute Straßenlage und spritzige Motoren einerseits, störrische Getriebe und eine schlechte Rostvorsorge standen auf der anderen.

1976 vollzog Peugeot die Übernahme des in Schwierigkeiten geratenen Unternehmens Citroën. Kooperationsgespräche führte der Konzern auch mit Chrysler, der Versuch, mit diesem Partner dann in Nordamerika neue Absatzmärkte zu erschließen, scheiterte. Immerhin: Nach der Übernahme von Chrysler-Europe avancierte das Familienunternehmen Peugeot 1978 zum größten Autobauer Europas.

RENAULT

Eine schöne Bescherung: Ausgerechnet am Weihnachtsabend des Jahres 1898 erhielt Louis Renault Aufträge zum Bau von zwölf Fahrzeugen seines selbst entwickelten »Typs A«, der anstelle des üblichen Kettenantriebs über eine Kardanwelle samt Umlenkgetriebe verfügte. Diese Kombination hatte Renault zum Patent angemeldet, und die dadurch reichlich sprudelnden Einnahmen erlaubten ihm und seinen beiden Brüdern Fernand und Marcel die Gründung ihres eigenen Unternehmens.

In den Jahren vor dem großen Krieg bediente Renault mit Modellen wie dem Typ AR des Jahres 1902 mit sagenhaften 50CV vor allem den Luxusmarkt, daneben auch den Taximarkt. Der Typ AG von 1905 avancierte zum Liebling der Pariser Droschkenkutscher, und es waren 1200 Pariser Renault-Taxen, welche im September 1914 französische Truppen an die Front schafften: Durch die berühmten »Taxi de la Marne« kannte in Frankreich die Autos von Renault jedes Kind.

Die 1920er-Jahre standen ganz im Zeichen der Expansion, zu Beginn des neuen Jahrzehnts begann Renault, auf der Seine-Insel Séguin das modernste und leistungsstärkste Werk Europas – 1500 Meter lang war das Fließband – zu errichten. Es ging 1929, wenige Wochen nach dem schwarzen Donnerstag, in Betrieb. Die Kosten dafür hatte Renault aus eigenen Mitteln bestritten, daher war er in der Lage, die folgende Weltwirtschaftskrise besser zu überstehen als die meisten anderen Hersteller.

Andererseits wuchsen auch in Billancourt die Bäume nicht in den Himmel, weder der Renault Reinastelle noch der nachfolgende Reinasport mit Siebenliter-Achtzylinder (110–130 PS) noch der Nachfolger Reinasport (1932–1934) waren kommerziell erfolgreich: Es waren keine guten Jahre für Luxusfahrzeuge und Staatskarossen.

Mitte der 30er-Jahre ging es daher mit Renault wieder aufwärts, das Unternehmen war autark und stellte alles selbst her. Und zwar wirklich alles, außer Reifen. Fahrzeugtechnisch stand dieses Jahrzehnt im Zeichen kleiner Vierzylinder-Modelle wie dem 1,5-Liter-Celtaquatre (1934–1938, 34 PS). Auf Geheiß von Louis Renault begann in der zweiten Hälfte des Jahrzehnts die Vorabarbeiten an einem Kleinwagen-Projekt, der dann als Renault 4CV – Spitzname »Cremeschnittchen« – in den Nachkriegsjahren, zusammen mit Citroën 2CV, Frankreich mobil machen sollte.

Dazwischen lag aber der Zweite Weltkrieg, und der brachte für Renault die Verstaatlichung: Nachdem Louis Renault im Zuge der Befreiung und des innenpolitischen Klimas in Frankreich als angeblicher Kollaborateur inhaftiert worden war und in Haft starb, wurde sein Unternehmen zum Staatsbetrieb erklärt. Das zuständige Ministerium ernannte Pierre Lefaucheux (1898–1955) zum neuen Direktor der nunmehrigen »Régie Nationale des Usines Renault«. Unter seiner Ägide erschienen die Modelle Colorale, Frégate, Estafette und Dauphine, ohne aber an die Tradition der Oberklassen-Renault anzuknüpfen: Renault war nun ein Hersteller von Kleinwagen und Mittelklasse-Wagen; und Renault-Chef Pierre Dreyfus (1907–1994) führte diesen Weg fort. In der Zeit von Dreyfus erschienen Ikonen wie der R4 (vorgestellt 1961, gebaut bis 1992) und die Typen Floride (später Caravelle), Renault 8 und 10, Renault 16, 6, 12, 15 und 17, 5, 14, 20 und 30. Der heutige Chef, Charles Ghosn, war die treibende Kraft hinter der Fusion mit Nissan.

Dieser Renault DG von 1913 entstand für die Bankiers-Dynastie Rothschild. Typisch für Renault war die Front mit dem hinter dem Motor liegenden Kühler und der Kardanwelle.
(Foto: © Thesupermat, CC-BY-SA-3.0)

Auf dem Pariser Automobilsalon des Jahres 1946 wurde der 4CV der Öffentlichkeit vorgestellt, am 6. Juli 1961 lief der letzte der 1.105.543 »Creméschnittchen« vom Band.
(Foto: © A1AA1A, CC-BY-SA-3.0)

Die Dauphine (1956-1968) löste den 4CV ab und hatte einen Heckmotor. Es gab sie auch als heiße »Gordini«-Version. (Foto: © Brian Snelson, CC-BY-2.0)

Die Caravelle mit einer Frua-Karosserie entstand auf Dauphine-Basis und war in erster Linie für den US-Export bestimmt. (Foto: © besopha, CC-BY-SA-2.0)

Die »Quatrelle«, der Renault 4, kam 1961 auf den Markt und wurde über fünf Millionen Mal gebaut. (Foto: © Pyromaniak45, CC-BY-SA-3.0)

Der Simca Aronde mit selbsttragender Ganzstahl-Karosserie erschien 1951, bereits zwei Jahre später rollte das 100.000. Fahrzeug vom Band. Hier ein Aronde P60 1963 De luxe.
(Foto: © besopha, CC-BY-SA-2.0)

1977 Simca 1000 Rallye 2.

Der Chambord war eine Spielart des Simca Vedette, des Simca-Angebots in der Oberklasse. Simca hatte 1954 die französische Ford-Tochter übernommen und deren V8-Modell weiterentwickelt.
(Foto: © cjp 24, CC-BY-SA-4.0)

SIMCA

Der Simca 1200 S von 1967 war die Coupé-Variante des kastigen Simca 1000 und war mit 85 PS doppelt so stark wie die Limousine. Die Karosserie stammte von Bertone.

Simca ging auf ein Fiat-Unternehmen (SAFAF) zurück, das 1924 in Paris gegründet worden war und 1932 mit der Montage von Fiat-Modellen begann. 29.000 Fiat Française entstanden, bevor am 2. November 1934 der französische Staat, zusammen mit Fiat, die »Société industrielle de Méchanique et Carosserie automobile« (SIMCA) ins Leben rief. Die ersten Lizenz-Fiat »Made by Simca« erschienen im Frühjahr 1935. Produziert wurden Fiat Topolino (Simca Cinq) und Fiat Ballila (Simca 8) in verschiedenen Ausführungen.

Mit diesen beiden Modellen begann 1946 auch wieder die Nachkriegsgeschichte, es folgte der Simca 6 von 1947, der dem überarbeiteten Topolino B entsprach. Eine Eigenkonstruktion stellte das bildschöne Simca 8 Cabriolet dar, das Simca 1948 präsentierte. Dem Simca 8 folgte der Simca 9 »Aronde« von 1951 mit 45 PS/1,2-Liter-Motor, der ohne Anlehnung an Fiat entstanden war. Simca bereicherte die Modellpalette um zahlreiche Varianten, knapp zwei Jahre nach der Premiere – am 17. März 1953 – verließ die 100.000. Aronde das Werk.

Abhilfe für die akute Platznot schaffte im Juli 1954 die Fusion mit der französischen Ford-Tochter SAF. Dadurch verfügte nun Simca über ein hochmodernes Automobilwerk bei Poissy sowie eine weitere Modellreihe: Vedette & Co. 1948 erstmals vorgestellt, beeindruckte dieser »französische Mercedes« mit einem 2,2-Liter-V8-Motor. Die Modellreihen Vedette und Aronde bildeten die beiden Standbeine der Produktion. Und Simca – seit Ende 1958 Besitzer von Talbot – wurde in den 60er Jahren zum viertgrößten französischen Automobilhersteller.

1958 übernahm die Chrysler-Corporation den 25-prozentigen Simca-Anteil von Ford. Der zielstrebige weitere Ausbau der Unternehmensbeteiligung führte dazu, dass Fiat als zweiter Großaktionär ausstieg und dabei einen neuen Motor und das notwendige Kapital für die Erneuerung der Produktpalette mitnahm.

Die neue Fahrzeugfamilie 1300/1500 von 1963 erhielt daher eine Weiterentwicklung des bekannten, wenn auch antiquierten Aronde-Motors. Abgesehen davon handelte es sich um eine komplette Neukonstruktion mit Frontmotor und Heckantrieb, die wahlweise mit 52 wie auch 66 PS lieferbar war. Im Gegensatz zum 1300er verfügte der 1500er über vordere Scheibenbremsen, einen anderen Kühlergrill und andere Stoßfänger. 1967 verlängerte Simca die Karosserie, installierte ein neues Armaturenbrett, neue Sitze und eine bessere Entlüftung. Insgesamt waren sieben 01-Varianten verfügbar, darunter zwei Kombi-Versionen. Bis zum Auslaufen der Modellreihe im Juli 1975 gab es, Simca-typisch, ein virtuoses Verwirrspiel mit Motor-, Karosserie- und Ausstattungsvarianten, ohne dass sich Wesentliches getan hätte.

In Deutschland gelang Simca nach 1962 mit dem Simca 1000 der Durchbruch, ein viertüriger Heckmotor-Kleinwagen mit wassergekühltem Vierzylinder-Reihenmotor mit 944 cm^3 Hubraum und zunächst 32, bald darauf 39 PS im Heck. Das Angebot umfasste im Laufe der Zeit Varianten mit bis zu 85 PS in der Rallye 2. Die letzte größere Modelländerung fand 1976 statt, sie brachte Rechteck-Scheinwerfer und neue Modellbezeichnungen.

Als außerordentlich gut gelungen galt auch der Simca 1100, der erste Wagen, der unter Chrysler-Regie entstand. Von der Konzeption her – Vorderradantrieb, quer eingebauter Frontmotor, Heckklappe – erinnerte er stark an zeitgenössische Konstruktionen wie den Autobianchi Primula, die BMC-Typen 1100/1800 oder den Peugeot 204. Ebenso modern war das Fahrwerk mit Einzelradaufhängung mit doppelten Querlenkern und Schräglenkern hinten sowie den Drehfederstäben. Auch der Motor war neu. Das ab November 1967 lieferbare zweitürige Grundmodell kostete zwischen 5900 und 6600 Mark; in den folgenden Jahren folgten viele Motor- und Modellvarianten, jedoch ohne wesentliche technische Änderungen.

In den trostlosen 70er Jahren trugen vor allem die französischen Simca das Europa-Geschäft von Chrysler. Doch die von Chrysler France und Chrysler UK entwickelten Modelle Chrysler 160/180 hatten gegen Ford und Opel keine Chance, und die Schrägheck-Limousinen 1307/1308 überzeugten nur auf dem Papier. Im August 1978 schließlich verkaufte Chrysler seine europäischen Firmen an die Peugeot-Gruppe.

TALBOT-LAGO

Major Charles Henry John Chetwynd-Talbot, 20. Earl of Shrewsbury, 5. Earl Talbot und 20. Earl of Waterford war einziger Sohn und Erbe einer der führenden Grafschaften in England. Der Adelsspross hatte viel Geld, einen skandalösen Lebenswandel – und den richtigen Riecher: Der Mann von Welt war der Richtige, um der britischen Importfirma für die französischen Clement-Wagen die notwendige Noblesse zu verleihen. Die Firma Clément-Talbot, im Oktober 1902 ins Handelsregister eingetragen, beschränkte sich aber nicht nur auf den Import der originalen Clément-Bayard aus Frankreich, sondern montierte sie nach 1905 aus französischen Teilen auch selbst. Der Schritt zu eigenen Konstruktionen war nicht weit. Das Portfolio bestand zunächst aus sieben Modellen vom kleinen 8-10 HP bis zum Luxusmodell 50-60 HP, wobei die kleineren Ausführungen Wellen- und die größeren Kettenantrieb hatten. Gleichzeitig übernahm das französische Stammwerk M.A. Clement einige britische Konstruktionen und bot sie als Clement-Talbot auch auf dem Kontinent an.

Dieses T26 Grand Sport Saoutchik Coupé von 1951 blieb ein Einzelstück.
(Foto: © Gregory Moine, CC-BY-2.0)

Nach 1906 agierten der britische und der französische Zweig der Firma weitgehend eigenständig, die Briten steigerten ihre Produktion auf 50 bis 60 Autos pro Monat und verkauften ihre Autos unter dem Markennamen Talbot. Und so war es ein Talbot, der 1913 als erstes Auto die 100-Meilen-Marke (160 km/h) knackte; und der (britische) Talbot 25/50 HP kam gar zu Rennerfolgen.

Im Ersten Weltkrieg entstand beiderseits des Kanals Rüstungsmaterial für die jeweiligen Armeen, die Briten etwa spezialisierten sich auf Krankenwagen, die Franzosen auf Munition. Nach dem Krieg dann, 1919, kam es zur Übernahme des britisch-französischen Unternehmens durch die französische Firma Darracq, Paris, die dann zunächst unter dem Markennamen Talbot-Darracq verkaufte.

1920 erfolgte der Zusammenschluss mit dem britischen Hersteller Sunbeam zur STD-Gruppe, die an den Standorten Wolverhampton (Sunbeam), London (Talbot) und Suresnes (Darracq) produzierte. Die Verwendung von gleichen Teilen oder Motoren fand aber nicht statt, jeder der Partner wurstelte weiter, und das war nicht das richtige Rezept, um die Folgen der Weltwirtschaftskrise zu überstehen: Der Zusammenbruch war unvermeidlich: Der britische Teil ging 1935 an die Rootes-Gruppe, der Markenname Talbot verschwand, es gab nur noch Sunbeams.

Der französische Zweig hatte bereits 1934 begonnen, sich herauszuziehen, nachdem der Italo-Engländer Anthony C. Lago, bislang Chef der französischen Dependance, die Mehrheit der Société des Automobiles Talbot übernahm. In diesem halben Jahrzehnt bis Kriegsausbruch wurde die Automobile von Talbot-Lago zum Inbegriff von Luxus, Eleganz und Schönheit.

Der erste der neuen Wagen nach der Übernahme durch den bisherigen Werksleiter Lago war der Dreiliter-Sechszylindertyp Baby von 1934 mit 90 PS; nach dieser Vorlage entstanden weitere OHV-Vier- und Sechszylinderwagen mit verschiedenen Radständen, Hubräumen und Leistungsstufen. Kleinstes Sechszylinder-Modell war der T105 mit 1,8-Liter-Motor, die absolute Krönung bildeten die Talbot Lago Spécial und SS von 1936 mit Vierliter-Motor und bis zu 140 PS. In der Höchstgeschwindigkeit lagen die Talbot-Lago bei rund 175 km/h – und preislich in Bugatti-Regionen. Zu den bekanntesten Fahrzeugen gehören das T 150 SS Coupé von 1937 mit Karosserie von Figoni & Falaschi, weitere Maßkarosserien kamen etwa von Saoutchik.

Nach dem Zweiten Weltkrieg erschien der Talbot Lago Record mit einem neuen 4,5-l-Motor und 190 PS; auf dieser Basis entstanden auch Formel-1-Rennwagen und Sportwagen für Langstreckenrennen, etwa 1950 in Le-Mans (wo der Talbot gewann). Bis zuletzt bot Talbot auch die Möglichkeit, nur Fahrgestelle zu beziehen.

Der letzte große Entwurf von Talbot Lago war der in 54 Exemplaren gebaute 2500 Sport von 1955 mit 2,5-l-Reihen-Vierzylinder, wobei die Modelle für den US-Export BMW-V8-Motoren und mehr Chrom erhielten. Letztlich ging das Werk Ende 1958 an Simca, die Marke erlosch. Die Übernahme durch Chrysler und später Peugeot führte dazu, dass im Juli 1979 die französischen Chrysler-Typen in Talbot umbenannt wurden, der 1307/08 mutierte so zum Talbot 1510. Diese hatten nun aber wahrhaft überhaupt nichts mehr mit den aristokratischen Kreationen des Antony Lago zu tun.

Insgesamt wurden rund 750 T26 gebaut, darunter auch 1947 dieser Prototyp eines Record Cabriolets. (Foto: © Thesupermat, CC-BY-SA-3.0)

Acht Rennsportwagen T26 GS LM entstanden mit dem auf 265 cm verkürzten Radstand der GP-Rennwagen. Diese Barchetta ist von 1950. (Foto: © Thesupermat, CC-BY-SA-3.0)

Zwischen 1937 und 1939 entstanden auf Basis des Talbot-Lago T150C SS – mutmaßlich wurden nicht mehr als 30 Chassis gebaut – wahrhaft atemberaubende Schönheiten, so wie dieses 1938er Stromlinien-Coupé von Figoni & Falaschi. (Foto: © BMW AG)

Der Voisin C23 von 1931 hatte einen Dreiliter-Reihensechszylinder und leistete 90 PS. Diesen Aufbau nannte Voison »Myra«, warum auch immer.

Der C7 wurde 1924 bis 1928 gebaut. Es gab ihn in vier Ausführungen, darunter auch, so wie hier, mit seitlichen Kofferräumen. (Foto: © Thesupermat, CC-BY-SA-3.0)

Der Voisin C25 feierte 1934 auf dem Paris Salon Premiere. 28 Stück wurden gebaut, die Aufbauten hießen Aerodyne, Cimier und Clariere. Das hier ist ein Cimier.
(Foto: © Thesupermat, CC-BY-SA-3.0)

VOISIN

Angeblich war es während eines Dinners im berühmten Maxim´s, als Gabriel Voisin den Entschluss fasste, Luxusautomobile zu bauen. Der Selfmade-Millionär und Flugzeughersteller übernahm die Pläne für einen Luxuswagen mit Vierzylinder-Knight-Motor – ventillos, Steuerung über Drehschieber. Der fünfte dieser Prototypen, noch vor Kriegsende 1918 gebaut, war der erste mit Namen »Avions Voisin«. Angeblich war es auch bei diesem Prototyp mit falsch eingebautem Hinterachsdifferential so, dass Voisin bei der Probefahrt vier Rückwärts-, aber nur einen Vorwärtsgang zur Verfügung hatte. Das wiederum überzeugte ihn von den Vorzügen einer Bremsanlage an allen vier Rädern, der Vierliter-Voisin M1 von 1919 und 80 PS hatte sie. 1920 erschien eine verbesserte Ausführung mit 100 PS und der Typbezeichnung C1; mit dem Buchstaben C bezeichnete Voisin fortan alle seine Entwürfe.

Voisins Ruf, zwar sehr teure, aber außerordentlich schnelle und zuverlässige Fahrzeuge zu bauen, rührt von diversen Wettfahrten her. Typisch für die Fahrzeuge des Flugzeugherstellers waren die Verwendung von Aluminium, die Fertigungsqualität, der günstige Schwerpunkt und das Handling. Zwischen 1920 und 1925 errangen Vosin-Fahrzeuge über 90 Siege bei großen Rennen, der größte Erfolg war der Dreifachsieg des C3 S (3969 cm³, 120 PS, 1134 kg) beim GP de Strasbourg. Bis 1926 bot Voisin Vierzylinder-Wagen mit 1,2 bis 1,6 Liter Hubraum an, nach 1926 folgte eine Reihe von Sechszylinder-Voisin mit 2,3 bis 4,5 Litern, in Montlhéry schaffte dann der Stromlinien-Voisin mit 7,9-Liter-Reihen-Achtzylindermotor und 200 PS zahlreiche Rekorde. Der Wagen verunglückte im Jahr darauf bei einer weiteren Rekordjagd in Lugano bei Tempo 230 nach einem Reifenplatzer. Ein Folge der Rekordjagd waren auch die neuen Luxusliner von 1929: der C 16 mit 5,8-Liter-Sechszylinder (120 PS) und der C 19 mit 3,9-Liter-V12 (105 PS), wobei der 250 PS starke V12 in Rennausführung (Hubraum 11,7 Liter) im September 1929 in Montlhéry einen Weltrekord aufstellte und 31.965 Kilometer nonstop mit einem Schnitt von 133,19 km/h zurücklegte. Als Straßenfahrzeug erschien 1930 dann ein 4,9-Liter-V12 mit 115 PS, doch sein Erscheinen fiel mit dem Ausbruch der Weltwirtschaftskrise zusammen, und da sich Voisin auf die vermögende Kundschaft konzentrierte, litt die Marke darunter ganz besonders, wiewohl kein Konkurrent so futuristische Fahrzeuge anbot wie die vom Star-Architekten Le Corbusier entworfene Limousine von 1927, die Modelle Myra von 1930/31 oder Aérodyne von 1934/35. Der 1935 auf einem V12-Unterbau entstandene zweitürige Aerosport vereinte bereits Stromlinie und Pontonform, steht aber zugleich auch für das Ende einer Ära: Die Avions Voisin gingen 1938 an den Flugmotoren-Hersteller Gnome-Rhône, nach rund 11.000 Fahrzeugen – gut ein Drittel entfiel auf die 2,3-Liter-Sechszylinder C11 und C 14 – endete die Produktion. Voisin selbst entwickelte nach 1945 noch einmal einen Kleinwagen mit Frontantrieb, den Biscuter, der 1949 vorgestellt und zwischen 1953 und 1960 in Spanien gebaut wurde.

Vom Voisin C25 Aerodyne wurden nur acht Stück gebaut. Einer davon ging 2013 bei einer Auktion für $1.925.000 weg. (Foto: © Thesupermat, CC-BY-SA-3.0)

Nach 1945 wandte sich Voisin der Entwicklung von Kleinwagen zu. Dieses Biscúter Coupé 200-F Sport »Pegasín« von 1958 entstand im spanischen Katalonien. (Foto: © Peprovira, CC-BY-SA-3.0)

WEITERE MARKEN

BUCCIALI

Den Brüdern Paul-Albert und Angelo Bucciali gebührt der Ruhm, das erste französische Automobil mit Frontantrieb entwickelt zu haben. Erste Erfahrung im Autobau hatten sie mit den sogenannten Cycle-Cars gesammelt, 1926 machten sie sich dann daran, die zahlreichen technischen Probleme – etwa in der Lenkung –, die ein Frontantrieb so mit sich brachte, zu lösen. Im Jahr 1926 rollten die ersten beiden Prototypen, 1928 kam dann eine überarbeitete Ausführung mit 2,4-Liter-Sechszylinder-Motor von Continental. Der Verzicht auf eine Kardanwelle zur Hinterachse erlaubte eine tiefe Schwerpunktlage, der Bucciali TAV wirkte wesentlich eleganter als zeitgenössische Wagen. Höhepunkt war der TAV Doppel Huit (Doppel Acht), der auf dem Paris Salon 1931 zu sehen war: Der V16-Zylinder-Motor mit 7,8 Liter Hubraum und einer Leistung von 155 PS soll aber nicht funktionsfähig gewesen sein, stattdessen kam letztlich ein V12-Motor von Voisin unter die ellenlange Motorhaube des mutmaßlich einzigen Wagens, der überhaupt im Kundenauftrag entstand. Mehr als acht Bucciali dürften nicht entstanden sein. 1932 präsentierte sich die Marke ein letztes Mal in Paris.

De-Dion-Bouton Landaulet (1908) beim Oldtimertreffen in Mering (Bayern).
(Foto: © MartinHansV, CC-BY-3.0)

DE DION BOUTON

Marquis Albert De Dion gehörte zu den ersten, welche das Potenzial der neuen aufkommenden Verbrennungsmaschine erkannten. Er entwickelte mit Georges Bouton 1882 einen Dampfwagen mit besonderer Hinterachse und verkaufte diese in Lizenz. Im Jahre 1890 erhielt ihre Firma das Patent auch für einen Einzylinder-Benzinmotor, die Rechte daran verkauften sie an über 150 Firmen. Um 1900 war De Dion Bouton mit 400 Autos und 3200 Motoren der größte Automobilhersteller der Welt, drei Jahre später waren bereits über 40.000 Motoren gebaut worden. Namhafte Unternehmen wie Renault, Delage und Pierce-Arrow kauften bei De Dion Bouton, das Unternehmen brachte 1910 einen Achtzylinder-Motor in »V«-Konfiguration, der bis 1923 in Produktion blieb und dann einem neuen OHV-Zwölfzylinder mit Aluminium-Kolben wich. In den Zwanzigern ging es rapide bergab, 1927 kam es zu mehrmonatiger Produktionsunterbrechung. Die danach gezeigten neuen 2,5-Liter-Achtzylinder- und 2-Liter-Vierzylinder-Modelle kamen nicht so gut an wie erhofft, die Pkw-Fertigung endete 1932, die der Nutzfahrzeuge nach dem Zweiten Weltkrieg.

MATRA

Die Firma Matra war ein Rüstungskonzern, der Anfang der Sechziger aus Imagegründen auch eine Automobilsparte angliederte. Deren Ursprung bildete die »Automobile René Bonnet«, die in Kleinserie den »Djet«-Sportwagen herstellte. Später wurde der Fahrzeugbereich, der als »Matra Automobile« firmierte, an Chrysler abgegeben. Die kam somit in den Besitz des Matra M 530 mit Ford-Technik, der 1967 in Genf seine Premiere feierte. Ungewöhnlich war die Karosserie mit Klappscheinwerfern und zweiteiligem Targa-Dach, sie bestand aus Kunststoff. Allerdings sahen die Matra stets schneller aus, als sie waren. Ab 1970 übernahm Chrysler-Simca den Matra-Vertrieb. Beim Verkauf von Chrysler-Simca an Peugeot begann Matra eine Zusammenarbeit mit Renault, die zum Espace führte. Dessen Ende 2002 besiegelte Matras Untergang.

PANHARD

1889 nahmen die Franzosen René Panhard und Emile Levassor in ihrer Maschinenfabrik in Paris den Automobilbau auf. Die ersten Motoren entstanden nach Daimler-Lizenz, bis 1900 war die Firma neben De Dion zum größten Hersteller der Welt aufgestiegen. In den Jahren zwischen den Kriegen baute das Unternehmen Luxuswagen mit Sechs- und Achtzylindermotoren. Nach 1945 begann das Unternehmen (das jetzt unter Panhard firmierte) mit dem Bau eines Frontantriebs-Kleinwagens mit luftgekühltem Zweizylinder-Boxermotor, dem 1954 eine ähnlich aufgebaute Neukonstruktion mit 0,85-Liter-Motor folgte. Dieser Dyna (der dann PL-17 hieß) bildete Panhards Mitgift bei der Hochzeit mit Citroën 1955; die Marke erlosch 1967, nachdem zuletzt nur noch die zweitürigen Panhard-Limousinen und -Coupés der Serie 24 hergestellt worden waren.

Der Matra Bagheera (1973-1980) trug unter seinem Kunststoff die Technik des Simca 1100. (Foto: © Schwab/ Slg Kuch)

Der Panhard Dyna Z (1953–1960) hatte ursprünglich eine Aluminium-Karosserie. Der 0,85-l-Zweiylinder-Boxermotor trieb die Vorderräder an. (Foto: © Klaus Nahr, cc-by-sa-2.0)

Bucciali TAV 8 Saoutchik Roadster. (Foto: © Kobac, CC-BY-2.0)

GROSSBRITANNIEN

Die englische Automobilindustrie ist heute nur noch ein Schatten ihrer Selbst: Es gibt keinen britischen Hersteller mehr von Belang, auch wenn er auf der britischen Insel produziert. Die Kronjuwelen der britischen Automobilhistorie befinden sich in der Hand ausländischer Eigentümer. Jaguar und Land Rover gehören Indern, Vauxhall und Ford Amerikanern, und dass hinter Mini, Rolls Royce und Bentley deutsche Firmen stehen, ist ebenfalls hinlänglich bekannt. Die größten Automobilfirmen auf britischem Boden betreiben Toyota und Nissan. Von der bis in die Siebziger des vorherigen Jahrhunderts herrschenden Markenvielfalt und der großen Tradition ist nur noch die Erinnerung geblieben.

(Foto: © Bentley Motors)

ALVIS

Nach der Übernahme eines kleinen Vergaserherstellers in Coventry, der Firma Holley Bros., entstand 1919 eine Firma, die zunächst Stationärmotoren, Vergasergehäuse und Motorroller produzierte. Der Gründer, ein Schiffsbauingenieur, erhielt dann von einem gewissen Geoffrey de Freville, Chef der Firma Aluminium Alloy Pistons, den Auftrag, einen fortschrittlichen 1,5-Liter-Vierzylinder-Motor mit Aluminium-Kolben und Druckumlaufschmierung zu entwickeln. De Freville war nicht irgendwer, er hatte einen Namen in der britischen Metallindustrie, und er hielt auch die Rechte am Namen Alvis, einem Kunstwort, zusammengesetzt aus »Aluminium« und dem lateinischen Wort »Vis«, Stärke. Und de Freville war es auch, der um diesen Motor herum ein Auto entwarf. Das war der 10/30 von 1920, bis Jahresende wurden zwei Fahrzeuge pro Woche gebaut, was damals durchaus ein Erfolg war. Die Autos erwarben sich rasch einen guten Ruf für Qualität und Leistung; nach Protesten der Firma Avro Aviation wurde die Alvis-Schwinge durch ein umgekehrtes rotes Dreieckslogo mit Schriftzug ersetzt. Das rote Dreieck war für de Freville geschützt und schmückte alle Fahrzeuge der 1921 gegründeten Alvis Cars Ltd. in Coventry. 1922 wechselte G.T. Smith-Clarke, bislang bei Daimler als Chefingenieur, zur aufstrebenden jungen Marke. Zusammen mit dem ebenfalls angeheuerten Gestalter W.M. Dunn sollte er für die nächsten 25 Jahre die Geschicke des Unternehmens bestimmen. Die erste Großtat des neuen Duos bestand in der Entwicklung des ersten 10/30 Seitenventilers und 1923 des berühmten 12/50 mit obenhängenden Ventilen, dieser bis 1932 produzierte Wagen wurde zur Legende und gilt als einer der berühmtesten Sportwagen aller Zeiten. Nach Rennerfolgen in Le Mans 1928 produzierte Alvis – eine weitere Pioniertat – Fahrzeuge mit Frontantrieb und OHC-Motor, der mit Kompressor aufgeladen werden konnte. Am Ende der 1920er Jahre ging der erste Sechszylinder-Motor in Produktion und wurde zur Grundlage für die in den 1930er Jahren und bis zum Zweiten Weltkrieg produzierten großen Sechszylinder-Typen wie dem Speed 20, dem Speed 25 und dem Alvis 4.3-Litre. In bester Tradition waren diese Autos technisch außerordentlich fortschrittlich, unter anderem mit dem weltweit ersten vollsynchronisierten Getriebe, vorderer Einzelradaufhängung und Servobremsen. 1936 wurde das Produktportfolio um Flugmotoren und gepanzerte Fahrzeuge erweitert, die nunmehrige Alvis Ltd. wurde Teil der britischen Rüstungsindustrie. Die Fahrzeugproduktion lief auf kleiner Flamme bis 1940 weiter, bis zuletzt gebaut wurden 12/70, Speed 25 und der 4,3 Litre. Beim berüchtigten deutschen Luftangriff auf Coventry wurde die Fahrzeugproduktion schwer in Mitleidenschaft gezogen, erst Ende 1946 konnte die Autofertigung wieder aufgenommen werden. Erstes neues Modell war der Vierzylinder-TA 14 auf Grundlage der Vorkriegs-12/70 mit 1892-cm³-Motor und Mulliner-Karosserie.

1950 erschien auch ein neues Chassis mit einem Dreiliter-Sechszylinder, und diese Neukonstruktion. Der neue Typ hieß TA 21, hatte einen Zweiliter-Sechszylinder und leistete 83 PS. Die Karosserien kamen von Mulliner und Tickford, berühmt wurden auch die Karosserien von Graber, Alvis baute sie kurzzeitig 1955 in Lizenz. Der TF 21 von 1966 war dann der letzte, 109 Mal gebaute Alvis. Die Marke gehörte seit 1965 zu Rove und verschwand 1967. Die Rüstungssparte wurde weitergeführt, wechselte verschiedentlich die Besitzer und ging 2004 im Rüstungskonzern BAE Systems auf.

Der Typ 12/50 HP (1923–1929) begründete den Ruf von Alvis als Sportwagenhersteller. (Foto: © JLPG / cc-by-sa 3.0)

Ein Alvis 4.3 Litre von 1934 mit Vanden Plas-Aufbau. Die Tourer der Speed Twenty-Serie hatten 87 PS und schafften 150 km/h. (Foto: © Thesupermat, CC-BY-3.0)

Alvis baute auch Limousinen, die wirkten aber nach 1945 etwas altmodisch: Alvis TC 21/100 »Grey Lady« Saloon (1953–1956). (Foto: © Mick, CC-BY-2.0)

Ein von Graber im Schweizerischen Wichtrach karossierter Alvis TC 108 von 1957. Von diesem Coupé Special wurden 15 Stück gebaut. (Foto: © Akela NDE, CC-BY-SA-2.0-FR)

Der Alvis Speed 25 wurde zwischen 1936 und 1939 gebaut. Die Zentralverschlussräder waren serienmäßig, die Blinker in den Kotflügeln wurden später nachgerüstet. Rund 400 Stück mit 3,5- und 4,3-Liter-Sechszylinder entstanden. (Foto: © Grryfindor, CC-BY-SA-3.0)

Den DB 2/4 von 1953 gab es geschlossen (»Saloon«) und als Cabriolet »DHC«, »Drophead Coupé. (Foto: © Rex Gray, CC-BY-2.0)

Der DB4 ist der Aston Martin schlechthin. Diese GT-Variante war kürzer, leichter, stärker (302 PS) und schneller (246 km/h) als die Standardausführung. (Foto: © Aston Martin)

Der bekannteste Aston Martin der Vorkriegszeit war der Ulster, der seinen Namen einem legendären Sieg verdankt. Der 1,5-Liter-Wagen wurde von 1934 bis 1936 in 21 Exemplaren gebaut. Hier der Wagen mit der Chassis-Nr. LM19. (Foto: © Auto-Medienportal.Net/Bonhams)

ASTON-MARTIN

Der ursprüngliche DBS V8 hieß ab der Series 2 1972 nur noch AM V8 und verlor seine Doppelscheinwerfer. Der bis zu 320 PS starke 5,3-l-V8 blieb.
(Foto: © Spanish coches, CC-BY-2.0)

Im Jahre 1912 fanden sich zwei Herren, Lionel Martin und Robert Bamford, zusammen, wobei Martin die Leidenschaft für den Rennsport mitbrachte und Bamford das Gespür für die Zahlen. Gemeinsam eröffneten sie eine Werkstatt, verkauften Fahrzeuge von Singer und spezialisierten sich auf den Service der Marken GWK und Calthorpe. Martin startete im Mai 1914 mit einem selbst aufgebauten Singer beim Bergrennen am Aston Hill, dem Wahrzeichen des Örtchens Aston Clinton, und gewann. Von diesem Eigenbau zur Serie war es nur ein kleiner Schritt, der erste Aston-Martin war 1915 fertig. 1919 trat mit Graf Louis Zborowski ein neuer Investor auf den Plan, ließ einen Brookslands-Rennwagen aufbauen und stellte mit seinem Aston-Martin diverse Geschwindigkeitsrekorde auf. Nach seinem Todessturz im Oktober 1924 war die Firma pleite, allerdings war der Ruf so gut, dass Lady Benson Aston-Martin ihren Sohn als neuen Leiter installierte. Im November 1925 war aber einmal mehr auch hier Schicht im Schacht und Mr. Martin verließ die Firma. Dafür fand sich ein neuer Investor, und mit diesem Geld konnte 1926 im ehemaligen Citroën-Montagewerk in Feltham die neue Aston Martin Motors wiederauferstehen. Jetzt entstanden einige der besten britischen Vorkriegs-Rennwagen, der Aston Martin International von 1929 wie auch seine Nachfolger Le Mans und Ulster gehörten dazu. Allerdings brachte die Weltwirtschaftskrise beinahe das Aus, und nach erneutem Besitzerwechsel 1933 versuchte man sich am Bau von Straßenfahrzeugen. Bis Kriegsbeginn hatte Aston Martin (jetzt ohne Bindestrich geschrieben) nicht mehr als 700 Fahrzeuge produziert. 1947 kaufte das Maschinenbauunternehmen David Brown and Sons für 20.000 Pfund die Firma; der Fahrzeugbau wurde zum persönlichen Steckenpferd des Inhabers, Sir David Brown, der später im Jahr auch die marode Firma Lagonda übernahm. Der erste Wagen unter neuer Leitung war ein 2-Litre, ein Sportwagen mit Alu-Karosserie, der die 24 Stunden von Spa gewann. Bestückt mit einem Zweiliter-Vierzylinder, war der 90 PS starke 2-Litre 150 km/h schnell, aber exorbitant teuer, was die Verbreitung erheblich einschränkte. Erfolgreicher war der DB2, ein dreisitziges Sportcoupé mit dem 2,5-Liter-Sechszylinder – dem halben V12 – von Lagonda. Von diesem Typ gab es verschiedene Karosserie- und Leistungsvarianten, gebaut wurde er bis 1959. Handelte es sich dabei um einen Wagen in konventioneller Rahmenbauweise, so war der DB3 (1951–56) die bis zu 180 PS starke Rennsportausführung mit Gitterrohrrahmen und De-Dion-Hinterachse. Der DB4 (und seine Nachfolger DB5 und DB6) waren komplette Neukonstruktionen mit zunächst 3,7-, später dann auf 4,0-Liter aufgebohrtem Leichtmetall-Sechszylinder und komplett neuem Design, das die italienische Firma Touring entwickelt hatte. Der DB5 wurde zum James-Bond-Auto schlechthin und verhalf dem Unternehmen zu weltweiter Bekanntheit. Die Reihe lief 1970 aus. Alternativ dazu hatte Aston Martin seit Ende der 1960er Jahre die kantiger gezeichnete DBS-Reihe, eine Reihe von viersitzigen Luxuscoupés, im Angebot; die V8-Familie lief bis 1989. Die Firma selbst befand sich schon längst wieder in neuen Händen.

1955 hatte David Brown and Sons die Karosseriebaufirma Tickford gekauft und produzierte dann seine berühmten DB-Fahrzeuge in der Tickford Street in Newport Pagnell. Höhepunkt war der Doppelsieg bei den 24 Stunden von Le Mans 1959 und der Gewinn der Sportwagen-Weltmeisterschaft. Das Rennsport-Programm wurde 1963 beendet und die alten Werkshallen in Feltham geräumt. David Brown and Sons geriet 1972 in schwere Fahrwasser und stieß seine defizitären Beteiligungen ab, dazu gehörte auch die Automobilsparte Aston Martin Lagonda Ltd:, der neue Investor agierte glücklos; die Firma meldete dann im Gefolge der Ölkrise am 31.12. 1974 Konkurs an. 1975 fand sich ein amerikanisch-kanadisches Konsortium, das dringend benötigtes Geld zuschoss, der Virage von 1989 sollte die erste komplette Neuentwicklung seit dem DBS von 1967 werden. Inzwischen hielt Ford die Mehrheitsanteile und war 1994 alleiniger Herr im Hause Aston Martin. Es begann eine zweite Blütezeit für die Briten, die in Gaydon ein neues Werk in Betrieb nehmen konnten, und dieser Aufschwung hält auch noch nach dem Verkauf von Aston Martin 2007 weiter an: David Browns Sportwagen sind eine feste Größe in der internationalen Automobilszene.

AUSTIN

Als Herbert Austin (1866–1941) Wolseley verließ, gründete er zusammen mit drei weiteren Männern eine neue Firma, die sich mit dem Bau von Automobilen beschäftigte. Die erste Eigenkonstruktion unter eigenem Dach erschien 1906; es handelte sich um den 25-30 HP mit 5.182 cm³ großem Vierzylinder und Kettenantrieb, der aber bald auf einen ruhigeren Wellenantrieb umgestellt wurde. Die Absatzzahlen waren bescheiden, rund zwei Autos pro Woche waren es, im ersten vollen Produktionsjahr entstanden 120 Autos, darunter auch ein kleinerer 15/20-PS Kardanwagen. In dieser Frühzeit des Automobils wurde viel ausprobiert und rumexperimentiert, und wenn Austin im Jahre 1907 bereits 17 verschiedene Modelle im Angebot hatte, reden wir hier nicht von einer Serienproduktion im heutigen Sinne: Autobau war Handarbeit, und kaum ein Vehikel sah aus wie das andere. In den folgenden Jahren wurde die Vielfalt erheblich reduziert, dennoch vervierfachten sich bis zum Kriegsausbruch 1914 die Produktionszahlen. Bestseller war der Austin 10 von 1911 mit seinem Vierzylinder-Reihenmotor (Hubraum 1.145 cm³). Zum Ruf der Firma trug auch das gute Abschneiden bei diversen Rennveranstaltungen bei. 1908 meldete Austin für den Grand Prix in Dieppe vier 100-PS-Rennwagen mit 9.657 cm³ Hubraum. Zwei dieser Sechszylinder hatten Ketten-, zwei Kardanantrieb. Auch bei einer internationalen Wettfahrt in Russland beeindruckten die Austin, was sich später noch auszahlen sollte: Nach der Umstellung der Produktion 1914 auf Rüstungsgüter bestellte die russische Regierung bei Austin 48 Panzerfahrzeuge, Werkstatt-, Last- und Tankwagen sowie diverse Sanitätsfahrzeuge. Austin profitierte vom Krieg, baute Munitionsfabriken, hatte seine Hände im Flugzeugbau und diversifizierte weiter. Am Ende des Krieges hatte das nunmehr stark angewachsene Unternehmen rund acht Millionen Geschosse, knapp 5.000 Flugzeuge und Flugmotoren, Lastwagen, Panzer und viele andere Fahrzeuge geliefert. 1919 beschloss Austin dann, gemäß dem Vorbild von Henry Ford nur einen Typ zu bauen, den Austin Twenty. Dessen Motor sollte dann auch Traktoren und Lastkraftwagen antreiben. Der Plan scheiterte, die Firma ging 1921 in Konkurs, wurde aber mit staatlicher Hilfe restrukturiert. Mit dem genialen Austin Seven von 1922 wendete sich das Blatt: Der Kleinwagen, von Firmengründer Austin in weiten Teilen höchstselbst konstruiert, sorgte weltweit für Furore und erschloss völlig neue Käuferschichten: Man musste kein reicher Mann mehr sein, um sich einen Wagen leisten zu können. Der Austin für den kleinen Geldbeutel wurde in Lizenz von BMW/Dixi, Datsun in Japan, Bantam in den USA und Rosengart in Frankreich gebaut; von ihm entstanden bis 1939 zwischen 290.000 und 375.000 Stück. Austin stieg damit zur größten Automobilfabrik in Großbritannien auf. In den Dreißigern bot Austin eine breite Modellpalette an. Neuerungen wie die Umstellung auf Ganzstahlkarosserien, teilsynchronisierte Getriebe und die Verwendung von wirkungsvollen Girling-Bremsen sorgten für positive Schlagzeilen, motortechnisch hielt man in Longbridge an den veralteten Seitenventil-Motoren fest. Im Krieg baute das Werk wieder Flug- und Fahrzeuge für die Army, erneut war der Übergang in die Nachkriegszeit schwierig. Die neue Modellpalette entsprach im Wesentlichen der der späten 1930er Jahre, immerhin aber begann mit der Umstellung des 16 HP die Umstellung auf OHV-Motoren. 1950 produzierten 18.000 Mitarbeiter 142.723 Autos und 23.000 Nutzfahrzeuge: Rekordzahlen für Austin, aber nicht genug, um überleben zu können. Daher fusionierte 1952 der zweitgrößte britische Autobauer – Austin – mit dem größten – Morris – zur British Motor Corporation unter Austin-Chef Leonard Lord. Der revolutionäre Mini von 1959 war die letzte bemerkenswerte Austin-Konstruktion, doch war mit ihr trotz guter Verkaufszahlen zu wenig zu verdienen. In den Sechzigern führten dann Dummheit, Streik, Stolz und konsequent am Markt vorbeientwickelte Fahrzeuge wie der Austin 1100 von 1963, der Allegro von 1973 oder der Metro zum Niedergang der seit 1968 zu British Leyland gehörenden Firma. Beim letzten Rettungsversuch von 1982 wurde die Pkw-Sparte von BL in Austin Rover Group umbenannt, Austin sollte dabei das untere Marktsegment abdecken. Doch die miserable Fertigungsqualität und die Rostprobleme ließen die letzten Austin-Modelle 1989 vom Markt verschwinden. Das Erbe teilen sich die Deutschen – BMW – und die Chinesen.

Austin 7 ACT. (Foto: © Peter Ellis, CC-BY-SA-3.0)

A 55 Cambridge. (Foto: © Charles 01, CC-BY-SA-3.0)

Austins FX4 von 1959 ist das klassische London-Taxi. (Foto: © Oxyman, CC-BY-SA-3.0)

Mini 1000 Estate. (Foto: © Dennis Elzinga, CC-BY-2.0)

1935 Austin 12/4 Taxi. (Foto: © Historics at Brooklands)

Mit eigenen Sonderaufbauten hat die Firma Jaguar angefangen: Hier ein Austin Seven mit Swallow-Karosserie. (Foto: © Andrew Bone, CC-BY-2.0)

Der Big 7 steht für Austins Versuch, den Erfolg des Seven in der nächst größeren Fahrzeugklasse zu wiederholen – ohne Erfolg. Die Produktion begann 1937 und endete mit Kriegsausbruch. (Foto: © Autoviva, CC-BY-2.0)

Der »Frogeye« war eine Entwicklung von Donald Healey, und BMC hat ihn gebaut. Nur die Mk I und II hatten die aufgesetzten Scheinwerfer. (Foto: © Allen Watkin, CC-BY-SA-2.0)

Der Austin-Healey 100M von 1955 war die Straßenausführung jenes Rennwagens, den AH 1953 in LeMans an den Start gebracht hatte. (Foto: © Herranderssvensson, CC-BY-SA-3.0)

Mit Sechszylinder gab es den AH nach 1956; er mutierte damit zum Biest: »The Pig«, so lautete der Spitzname der Big Healeys. Hier ein AH 3000 Mk III (1964–1968) in illustrer Gesellschaft. (Foto: © Allen Watkin, CC-BY-SA-2.0)

AUSTIN-HEALEY

Der Austin-Healey 100-4 (1953–1956) hatte den 2,7-l-Vierzylinder aus dem Austin Atlantic von 1949. Die heute so beliebten Speichenräder gehörten nicht zum Serienstandard.
(Foto: © Br51zey, CC-BY-SA-3.0)

Donald Mitchell Healey war einer der bekanntesten britischen Konstrukteure und Rennfahrer in der britischen Automobilgeschichte. Er, Jahrgang 1898, hatte zunächst beim Flugzeugbauer Sopwith gearbeitet, war dann zur britischen Luftwaffe gegangen, dort schwer verletzt und schließlich Ende 1917 ausgemustert worden. Der Flugzeugmechaniker und Pilot belegte dann einen Fernlehrgang, machte seinen Abschluss als Ingenieur und eröffnete eine Werkstatt. Bekannt wurde er 1931, als er auf Invicta die Rallye Monte Carlo gewann. Triumph bot ihm 1934 eine Führungsposition im Vorversuch an, fünf Jahre später war er der starke Mann in der Geschäftsführung: Autos wie der Southern Cross oder der Dolomite tragen seine Handschrift. Nach dem Krieg machte er sich dann mit einer eigenen Firma selbstständig. Seine Donald Healey Motor Co. baute in eigene Fahrgestelle Motoren von Riley, Nash, Alvis und Austin ein; auch die (meist aus Aluminium gefertigten) Karosserien entstanden nicht im eigenen Hause. Healey war einer der ersten Produzenten, der einen italienischen Karosseriegestalter – in dem Falle Pininfarina – beauftragte. Sein größter Erfolg trug die Roadster-Karosserie eines britischen Designers, Gerry Cocker, der zuvor im Versuchsbau bei Humber gewesen war und 1950 bei DHM für das Nash-Programm verpflichtet worden war. Angeblich war Healey alles andere als einverstanden mit dem Design des 100 und hatte Cocker bereits gedroht, ihn zu feuern. Der Wagen stand auf der bedeutendsten britischen Autoausstellung Earls Court in London und wurde ein sensationeller Erfolg: Der Healey 100 mit dem 2,66-Liter-Vierzylinder aus dem Austin-Regal und 90 PS sicherte Cocker und seiner vierköpfigen Familie den Lebensunterhalt. Beim Rundgang auf der Messe am Vorabend der Eröffnung sah Austin-Chef Leonard Lord diesen Sportzweisitzer und war so begeistert, dass er noch an Ort und Stelle mit Donald Healey eine Zusammenarbeit vereinbarte, was dazu führte, dass, als sich die Pforten öffneten, der Healey dann als Austin Healey auf der Show stand. Der Wagen sollte eine Höchstgeschwindigkeit von 100 mph erreichen, also 160 km/h, was ihm zu seiner Bezeichnung verhalf. Die ersten 25 Wagen – nach manchen Quellen 20 oder 27 – wurden noch bei Healey in Warwick montiert und hatten eine Alu-Karosserie, doch darauf erfolgte die Produktion des Austin Healey (noch ohne Bindestrich) in weitaus größerem Rahmen, wobei jetzt nur noch Hauben und Türen aus Aluminium bestanden. Die Karosserien entstanden bei Jensen, und die Endmontage übernahm das BMC-Austin. 1956 erfolgte der Übergang zu einem 2,6-Liter-Sechszylindermotor (Modell 100-6), und 1959 erschien dann der ultimative Sportwagen, der Austin-Healey 3000 mit 2,9-Liter-Sechszylinder. Zu diesem Zeitpunkt war Cocker schon in den USA und arbeitete für Chrysler und Ford, entwarf aber noch den Kühlergrill für den »Big Healey«. Mit diesem Wagen, Spitzname »The Pig«, wurden zahlreiche Renn- und Rallyesiege erzielt. Neben dem vor allem in den USA sehr populären großen Austin-Healey gab es 1958 noch einen kleinen Austin-Healey-Sportwagen. Der Zweitier – das Originaldesign, mit Klappscheinwerfern war Cockers letzte Arbeit für Healey – hatte zunächst 948-cm³, später dann 1098 und 1275 cm³). Bei unverändertem Design wurden die großen Austin-Healey bis 1967 in 73.728 Einheiten gebaut, der Sprite in 119.362 Exemplaren bis 1971 (zuletzt als Austin); zu dem Zeitpunkt endete auch die auf 20 Jahre angelegte Zusammenarbeit von Healey und BMC bzw. BL. Die Rechte am Namen verkaufte die Inhaberfamilie 2005.

Klassiker unter sich: 1969er Sprite MK IV neben einem Mazda MX-5 NA.
(Foto: © MiataSprite, CC-BY-SA-3.0)

BENTLEY

Bentley Motors wurde in England am 18. Januar 1919 von Walter Owen Bentley gründete, einem Eisenbahningenieur, der sich noch vor dem Krieg als Automobilhändler selbstständig gemacht hatte und die von ihm verkauften (französischen) Wagen verbesserte, in dem er sie z.B. mit Aluminiumkolben versah. Zusammen mit dem Humber-Ingenieur E. T. Burges und dem Vauxhall-Konstrukteur Harry Varley konstruierte W.O. den Bentley EX.1, der zunächst nichts anderes war als ein Chassis mit Motor, der auf der ersten Londoner Motor Show nach dem Krieg gezeigt wurde. Doch auch ohne Karosserie war das, was da zu sehen war, überaus vielversprechend: Bentleys Vierzylinder mit 2996 cm³ Hubraum hatte vier Ventile pro Zylinder und eine fünffach gelagerte Kurbelwelle, all das waren Merkmale eines reinrassigen Rennmotors. Geschaltet wurde via eines unsynchronisierten Viergang-Getriebes mit rechts liegender Kulisse. Das Fahrwerk bildeten zwei Längsträger mit vier Querstreben und an Blattfedern geführten Starrachsen. Die Bremsen wirkten anfangs nur auf die Hinterräder, und Bentley erteilte auf seine Fahrwerk eine Fünf-Jahres-Garantie, und auf seinen Motor drei Monate (oder 5.000 Meilen) ohne Wartung oder Reparaturen. Diese Konstruktion bildete die Basis für alle Bentleys bis zur Aufgabe der Eigenständigkeit 1931. Die ersten Serien-Bentleys wurden im September 1921 ausgeliefert und galten als formidable Renngeräte, die die Aufmerksamkeit der Schönen und der Reichen auf sich zogen: Die Wagen von Bentley, oder auch »W.O.«, wie er kurz genannt wurde, begeisterten einen illustren Kreis von betuchten Sportsmännern, die als die Bentley Boys in die Geschichte eingingen. Die zunächst 130 km/h schnellen 3-Liter-Boliden wurden bis 1929 hergestellt und siegten zwei Mal – 1924 und 1927 – in Le Mans. 1927 reagierte W.O. Bentley auf die Konkurrenz von Vauxhall und toppte deren Typ 30/98 PS, indem er seinen Motor auf 4,5 Liter aufbohrte. Bis 1931 lieferte er 665 Bentley 4½-Liter aus. Der Serien-4½-Liter brachte es auf 105 bis 115 PS. Bentleys Revier waren die Rennstrecken dieser Welt, und 1928 kam ein weiterer Bentley-Boy, der Le Mans-Teilnehmer Tim Birkin, zum Schluss, dass die Zukunft im Rennsport den Kompressor-Modellen gehörte, daher versah er auf eigene Kosten seinen 4 ½ Liter Bentley mit einem vor dem Kühlergrill liegenden Kompressor. W.O hielt wenig davon, Birkin finanzierte den Umbau aus eigener Tasche, doch der Wagen mit dem direkt auf der Kurbelwelle sitzenden Roots-Kompressor entwickelte bis zu 240 PS – die Geburtsstunde der »Blower Bentley«. Mit dem 4 ½ Litre siegte Bentley 1928 unter Woolf Barnato in Le Mans, 1929 und 1930 folgten zwei weitere Barnato-Siege auf einem Speed Six (»Old Number One«.) Dieser Sechszylinder war zuerst 1926 gezeigt worden, er war ein Supersportwagen nach Maßstäben der Zeit. Serienmäßig 147 PS stark und im Renntrimm bis 180 PS stark, wurde dieses Modell bis Ende 1930 gebaut. In jenem Jahr enthüllte Bentley ein Achtzylinder-Modell mit 220 PS, dieser Motor galt als der bis dahin vielleicht beste überhaupt. Barnato – Vorstandsvorsitzender, Diamantenhändler und Rennfahrer – und ein weiterer dieser Bentley-Boys, der Amateur-Golfer Dale Bourne, schrieben mit der Train Bleu-Wette das vielleicht berühmteste aller Bentley-Kapitel: Der Train Bleu war der bekannteste Schnellzug der 20er Jahre und verkehrte zwischen Calais am Ärmelkanal und Menton an der Cote d'Azur. »Babe« Barnato, so die Fama, wettete im März 1930, dass er mit seinem Bentley schneller in London wäre als der Luxus-Zug in Calais. Und tatsächlich erreichte Babe seinen Club in London, bevor der Zug in den Bahnhof von Calais einlief. Das Gerät seiner Wahl war der 6¼-Litre Speed Six, allerdings als Saloon mit Mulliner-Aufbau und nicht, wie oft kolportiert, als Coupé. Über seinem Sieg geriet völlig in Vergessenheit, dass er nicht der Erste gewesen war, dem dieses Kunststück glückte: Bereits im Januar 1930 hatte ein Rover Light Six den Train Bleu geschlagen. Und ob sich das Rennen nun so zugetragen hat oder nicht: Es machte Bentley zur Legende. Das in Cricklewood, North London, beheimatete Werk baute insgesamt 3.036 Fahrzeuge und bewegte sich auf Augenhöhe mit Bugatti: Als die »schnellsten Lastwagen der Welt« bezeichnete sie einmal Ettore Bugatti. Chronische Geldknappheit, das Ende von Barnatos Finanzspritzen und die Weltwirtschaftskrise führten Bentley im Mai 1931 an Rolls-Royce; heute ist die Marke Teil der Volkswagen-Gruppe.

Barnato gewann mit dem Speed Six seine Blue-Train-Wette. Mulliner stellte seinen Coupé-Aufbau aber erst danach vor.
(Foto: © Bentley Motors)

Der Bentley 8 Litre war der letzte echte Bentley vor der Übernahme durch Rolls Royce. (Foto: © Bentley Motors)

Dieser Bentley 4 ½ Litre entstand 1938 für den griechischen Rennfahrer Nicky Embiricos. Die Karosserie stammte von Pourtout, der seinerzeit groß in Mode war. (Foto: © Bentley Motors)

Nach der Übernahme durch Rolls Royce karossierte Vanden Plas diesen Bentley 3 ½ Litre als zweitürigen Sports Tourer.

Der Bristol 400 von 1948 trug unzweifelhaft BMW-Gene. (Foto: : © Ferenghi, CC-BY-SA-3.0)

Der Bristol 404 (1953–1955) war die schlankere, sportlichere Ausgabe der parallel angebotenen 403-Limousine.

Dieser seltene Vogel ist einer von 142 gebauten Arnolt-Bristol »Bolide«. Arnolt war ein kleiner US-Autobauer, der Bristol 400-Chassis mit Bertone-Aufbauten versehen ließ. (Foto: © Matthias Kabel, CC-BY-SA-3.0)

BRISTOL

Der 412 wurde bei Zagato in Italien gebaut und bei Bristol endmontiert. Dieser Series 2 stammt von 1977. (Foto: © Lansdownplace, CC-BY-SA-3.0)

Die Firma Bristol Aeroplane war 1910 gegründet worden, keine Gründung von finanzschwachen Enthusiasten, sondern von Anfang an ein Unternehmen mit solidem finanziellen und technischem Background, etwa im Bau von Straßenbahnen. Das neue Unternehmen produzierte für die britische Air Force im Ersten wie im Zweiten Weltkrieg Bomber, doch nach Kriegsende waren Bomber und Jäger nicht mehr gefragt, daher suchte die Bristol Aeroplane Co. – ein Großkonzern mit gut 70.000 Mitarbeitern – dringend nach neuen Ideen, um die Kapazitäten auszulasten. Wie viele andere ehemalige Rüstungsbetriebe suchte man neue Geschäftsfelder, etablierte eine eigene Hubschrauber-Fertigung (die später an Westland ging), stieg in den Bau von Jets ein und wandte sich an die Firma A.F.N., die unter der Bezeichnung Frazer-Nash Erfahrungen im Fahrzeugbau hatte. Im Juli 1945 hatte Bristol einen ersten eigenen Fahrzeugentwurf fertig und sicherte sich Anteile an A.F.N.. Anfang 1947 wurde die Abteilung dann selbstständig als Bristol Cars Ltd. geführt, kurz darauf kauften die A.F.N.-Eigentümer, die Familie Aldington, ihre Anteile wieder zurück, und dann wurde es erst richtig kompliziert: Der erste Bristol, der Typ 400, war eine kaum verhüllte Kopie des BMW 327/28, nachdem die Briten im Zuge der Reparationslieferungen die Fertigungsanlagen von BMW erhalten hatten und den BMW-Ingenieur Fritz Fiedler gleich mit verpflichtet hatten. Das führte zu der kuriosen Situation, dass Ex-Partner A.F.N, früherer BMW-Importeur, den BMW-328-Motor für ihre Frazer-Nash-BMW nun bei Bristol kaufen mussten. Der Bristol 400 stellte eine Kombination der BMW-Typen 326 und 328 dar, sogar die BMW-Niere übernahm man. Exklusiv und in hoher Zahl gebaut, gab es ihn als Typ 401 und als Typ 402 (Limousine beziehungsweise Cabriolet). Die Fahrzeugbauer produzierten ihre Fahrzeuge in aufwendiger Handarbeit und nach den Standards im Flugzeugbau, was den Bristol-Typen zu einem exzellenten Ruf verhalf. 1955 erfolgte die Umwandlung in eine Aktiengesellschaft. Der BMW-Sechszylinder beflügelte bis 1961 alle sechs (400 bis 406) Bristol-Baureihen. Bristol war auch im Rennsport durchaus erfolgreich und ging bei diversen Langstreckenrennen an den Start. 1953 holte ein Bristol 450 den Klassensieg in Reims und Dreifach-Siege 1954 und 1955 in Le Mans. Für den US-Markt bestimmt war der sportliche Arnolt Bristol, ein Roadster auf Basis des Bristol 404 mit einer von Bertone entwickelten Rodaster-Karosserie. Von diesem ultrararen Flitzer entstanden lediglich 154 Stück. 1960 erfolgte auf Druck der britischen Regierung eine Neuordnung in der britischen Luftfahrtindustrie, was dazu führte, dass die Flugzeugbauer im September 1960 ihre Pkw-Division an ihren Vorstandvorsitzenden White und den wichtigsten Händler, Crook, abtraten. Das führte zur Einstellung des Motorenbaus, denn ohne die Ressourcen der Flugzeugbauer war Bristol zu klein. Mit der Einführung des Typs 407 kamen daher Chrysler V8-Aggregate zum Einbau, zunächst mit 5,2 Litern Hubraum und später bis 6,6 Litern Hubraum beim Typ 411. Im September 1969, kurz vor der Einführung des Bristol 411, verunglückte der Firmenchef Sir George White mit seinem Bristol 410. Die Spätfolgen des Crashs zwangen ihn 1973, seine Anteile an seinen Partner Crook abzutreten. Mit dem Ausscheiden von White endete auch die Zusammenarbeit mit dem ehemaligen Mutterkonzern, die Fahrzeugmanufaktur musste das Gelände der nunmehrigen British Aerospace verlassen und eine neue Bleibe suchen. In den nun folgenden 25 Jahren entstanden sechs Typen, deren Namen an die große Vergangenheit der Flugzeugfirma erinnerten; wobei sich im Prinzip die grundlegenden Parameter nicht änderten, die Typen hießen Beaufighter, Blenheim, Britannia und Brigand. Zwischen 1997 und 2002 entstanden in Kleinserie die Typen Speedster, Bullet und 411 Series 6 (letzte Bezeichnung schmückt Fahrzeuge, die im ehemaligen Werk komplett neu aufgebaut und auf den modernsten Stand der Technik gebracht wurden. Die spektakulärste Entwicklung der 2000er Jahre war ein 525 PS starkes Supersportwagen-Projekt mit dem V10-Motor des Dodge Viper, der Bristol Fighter. Crook schied im August 2007 aus der Firma aus, sein Anteilseigner hielt die Geschäfte noch bis März 2011 aufrecht, ging dann aber in die Insolvenz. Die Rechte gingen im April an die Frazer-Nash Research; Bristol ist heute noch aktiv und kümmert sich um die Ersatzteilversorgung, die Restaurierung und die Serie-6-Neuaufbauten.

DAIMLER

Frederick Richard Simms, in Hamburg geboren, in Berlin ausgebildet und ein unermüdlicher Erfinder und Tüftler (er war einer der Väter der Bosch-Zündung), baute als besondere Attraktion für die Technikmesse Bremen 1889 eine Seilbahn über das Messegelände. Dort traf er Gottlieb Daimler. Die beiden freundeten sich an, und Simms avancierte zu Daimlers Vertriebspartner in England und erhielt 1891 den ersten Motor – die Nummer 164 – geliefert. Seine 1893 gegründete Daimler Motor Syndicate Ltd. erwarb alle Daimler-Motorpatente für das Vereinigte Königreich samt Kolonien, Gottlieb Daimler gehörte dem Vorstand der neuen Firma an, so wie auch Simms zwischen 1892 und 1902 im Vorstand von Daimlers Firma saß.

1895 – im Vorjahr hatte Simms seinen Wohnsitz endgültig nach England verlegt – gelangte der erste Daimler-Motorwagen nach England, Simms führte ihn bei verschiedenen Gelegenheiten vor, was viel Interesse weckte. Dann griff Harry J. Lawson, ein etwas obskurer Geschäftsmann, zu. Er übernahm die Patente von der British Motor Syndicate Ltd. und versuchte auch, mit Patenten von Panhard, De Dion-Bouton und Peugeot in Großbritannien ein Autobau-Monopol zu errichten. Wichtigster und bekanntester Baustein in seinem Konzern waren die Daimler-Patente, 1896 wurde die Daimler Motor Co. Ltd. in Coventry gegründet und in den Räumen einer ehemaligen Baumwollspinnerei eine Fahrzeugproduktion errichtet.

In jenem Jahr fuhr der Prince of Wales (später König Edward VII.) erstmals Auto, einen Daimler aus Cannstatt, ausgeliefert von der britischen Dependance. Die Marke wurde zum Hoflieferanten, und der erste Daimler aus Coventry rollte im März 1897 auf die Straßen. Es lagen Bestellungen über 350 Wagen vor, aber mehr als drei Autos pro Woche konnten nicht gebaut werden. Simms und Jackson traten im Oktober 1897 zurück, im Juli 1898 schied auch Daimler aus dem Vorstand aus, und damit lockerten sich auch allmählich die Bande zum Stammhaus. Bis zur Jahrhundertwende bildete der Daimler-4-HP-Zweizylinder die Standardmotorisierung, der erste britische Vierzylinder war ein 8 HP; und der erste in England überlieferte Autounfall 1899 kostete Fahrer und Beifahrer im Daimler 6 HP das Leben.

1908 sicherte sich Daimler Exklusivrechte für den Schiebermotor des Amerikaners Charles Knight. Diese ventillose Konstruktion Schieber wurde dann von Frederick W. Lanchester weiterentwickelt, der nach Querelen aus jener Firma, die seinen Namen trug, ausschied und als freiberuflicher Konstrukteur für verschiedene Hersteller tätig war. Im Krieg baute Daimler (das inzwischen BSA übernommen hatte) die Motoren für die ersten britischen Panzerwagen sowie Triebwerke für zahlreiche weitere Militär-Fahr- und Flugzeuge; die Belegschaft hatte schon vor 1914 die Zahl von 5000 überschritten und wuchs weiter.

Die Nachkriegsgeschichte begann dann wieder mit den aufgebügelten Vorkriegstypen 30 HP und 45 HP; außerdem kam ein Zweitonnen-Kipplaster ins Programm. In den Zwanzigern bestimmten Sechszylinder-Typen mit 5-, 7,4- und 9,4-Litern Hubraum das Programm; der 35 HP von 1924 war der erste Daimler mit Vierrad-Bremse. Spitzenmodell des Herstellers war der Double-Six mit V12-Schiebermotor (7,1 Liter) von 1926, im Jahr darauf erschien ein kleiner Zwölfzylinder mit 3,75 Liter Hubraum. Mit dem Jahrzehnt endete auch die Ära der Knight-Motoren, die neuen 1,8-Liter-Sechs- und Achtzylinder-Typen regulierten die Gaswechsel wieder über Ventile.

Zu den bemerkenswertesten Entwürfen nach 1945 gehörten die V8-Sportwagen SP mit Kunststoffkarosserie (Bauzeit: 1959–64), die aus der Masse der behäbigen und ältlich wirkenden Daimler-Limousinen herausragten. Daimlers Stückzahlen waren aber letztlich zu gering und die Typenvielfalt zu groß, um auf Dauer überleben zu können, im Juni 1960 wurde das Unternehmen von Jaguar übernommen. Die neue Leitung bereinigte schleunigst das Typenprogramm, behielt aber den feinen V8 zunächst bei.

Letzter echter Daimler war die bis 1992 gebaute Staatslimousine DS 420; bis 2009 verwendete Jaguar dann die Bezeichnung Daimler noch für die jeweils höchste Ausstattungslinie seiner Limousinen, die dann nicht den Jaguar-Kopf, sondern das Daimler-D trugen.

Daimler avancierte 1898 zum königlichen Hoflieferanten. Fünf Jahre später entstand dieser Daimler 14 HP Tonneau. (Foto: © Somaditya, CC-BY-SA-2.0)

Der erste Nachkriegs-Daimler war der DB 18, im Grunde ein aufgehübschter Fifteen (2,5 Liter, Sechszylinder) von 1939. Dieses Exemplar beförderte die schwedische Königsfamilie.
(Foto: © Hans Lindblom, CC-BY-SA-3.0)

In den ersten Jahrzehnten nutzten Last- und Personenwagen die gleiche Technik: Daimler-Werbetruck von 1923.
(Foto: © Terry Whalebone, CC-BY-2.0)

Der letzte Daimler mit eigenem Motor war der Dart (1959-1965) mit GfK-Karosserie und 2,5-Liter-V8 sowie Girling-Scheibenbremsen. Nach Einspruch von Chrysler wurde die Bezeichnung in SP 250 geändert.

Den Pilot V8 Modell E71A führte Ford UK 1947 als ersten Oberklasse-Nachkriegswagen ein. Ihn ersetzten 1951 die modernern Typen Zephyr Six und Consul.
(Foto: © Andrew Bone, CC-BY-2.0)

Der Ford Anglia – hier von 1957 – war das populäre Einsteigermodell von Ford of Britain, das 1961 komplett im Besitz der amerikanischen Konzernmutter kam.

Ford of Britain, v. l. n. r.: Zeyhyr Six MK I (1951–1956), Ford Model Y (1932–1936), Fordson E83W/Thames Delivery Van (1938–1957), Zodiac Mk III (1962–1966). Daneben ein Vauxhall Cresta (1962–1965), ganz hinten ein Austin 12 (ca. 1928).
(Foto: © Editor 5807, CC-BY-SA-3.0)

FORD OF BRITAIN

Die letzte Ford Anglia-Generation erschien 1959. Sie wurde bis 1968 gebaut und dann durch den Escort ersetzt. (Foto. © Alfa van Beem)

Nachdem 1903 die ersten Ford-Fahrzeuge, drei Model A, nach Großbritannien importiert worden waren, wurde 1909 die Ford Motor Company (England) Ltd mit Sitz in London gegründet. Zwei Jahre später eröffnete die britische Ford-Tochter im alten Straßenbahn-Depot in Manchester ein Montagewerk. Dort beschäftigten sich 60 Personen damit, aus den USA gelieferte Teilesätze in fahrfertige T-Modelle zu verwandeln, wobei die Aufbauten Stellmacher aus der Region beisteuerten. Das kinderleicht zu bedienende T-Modell entwickelte sich auch auf den britischen Inseln zum Bestseller. Über 6000 Fords wurden bis Kriegsausbruch 1914 gebaut, der Marktanteil lag bei 30 % und stieg bis zum Ende des Jahrzehnts auf bis zu 41 %. Ford war der erste Hersteller, der in Großbritannien die Fließband-Fertigung einführte, 21 Autos pro Stunde verließen das Band. Im Krieg wurde im irischen Cork ein Montagewerk zur Produktion des Fordson-Traktors eingerichtet; mit der Montage dieses »Volksschleppers« beginnt auch die Ford-Geschichte in Deutschland.

Bis 1927 wurde das T-Modell produziert, dann erfolgte auch bei der britischen Ford-Tochter – mittlerweile eine AG – die Umstellung auf das A-Modell. 1929 war der Baubeginn am Standort Dagenham, im Oktober 1931 öffnete dann Großbritanniens und Europas größtes Automobilwerk seine Pforten. Die Produktion dort begann mit dem LKW-Modell AA und dem Personenwagen-Typ A. Allerdings war der A-Nachfolger B mit Achtzylinder zu teuer, was auch am Steuersystem lag, und die Weltwirtschaftskrise tat ein übriges, um die Situation zu verschärfen. Daher entschloss sich die britische Ford-Tochter, mit dem Modell Y (Hubraum 933 ccm) eine eigene Kleinwagenkonstruktion anzubieten.

Dieser erste in Europa entwickelte Ford hieß in Deutschland zunächst 4/21 PS und wurde nach einem halben Jahr in Ford Köln umgetauft, er lief auch dort vom Band und blieb bis 1937 im Programm. Bis zur Produktionseinstellung war er allein in Großbritannien über 157.000 Mal gebaut worden, mehr als das Zehnfache dessen, was vom Ford Köln gebaut worden war: Der Y war der Bestseller aus Dagenham. Darüber angesiedelt war der Ford 10 HP, eine stärkere Weiterentwicklung des Y mit identischem Radstand von 2286 mm, aber 1157 ccm statt 921 ccm und 34 statt 21 PS. Topmodell war, wie in Deutschland auch, der B-Nachfolger Ford V8 mit 3,6 beziehungsweise 2,2 Liter Hubraum (65 bzw. 60 PS).

Im Weltkrieg produzierte Dagenham dann 360.000 Fahrzeuge für die Armee und in einem neuen Werk 34.000 Flugmotoren in Lizenz. 1946 erfolgte die Umstellung auf die Friedensproduktion; Dagenham schickte 115.000 Fahrzeuge auf die Straße, vor allem den Anglia mit 24 PS – einen der günstigsten Kleinwagen auf dem Markt – und dessen größere Ausgabe namens Prefect, dessen Vierzylinder-Motor 30 PS leistete. Ein Jahr später folgte die Neuauflage des V8 als V8 Pilot mit 3,6-Liter-Motor.

Diese erste Generation von Nachkriegsfahrzeugen wurde mit Beginn der Fünfziger komplett erneuert, wobei die bis 1967 in vier Generationen gebaute Anglia-Familie mit rund 1,7 Millionen Stück zum unbestrittenen Bestseller im Ford-Programm avancierte. Doch auch die darüber angesiedelten Typen Cortina, Consul Corsair, Zephyr und Zodiac – Letztere mit Sechszylinder-Motoren – waren sehr populär, wenn auch kein Thema in Deutschland: Bis weit in die Sechziger hinein gab es wenig gemeinsame Entwicklungen der deutschen wie auch der englischen Ford-Töchter. Achtzylinder-Modelle boten in der Nachkriegszeit auch nur die Briten an, und auch das nur bis 1954, zuletzt in Form des Ford Vedette, den die französische Ford-Tochter lieferte, die dann an Simca verkauft wurde. Ford of Britain unterhielt in den Sechzigern 15 Werke und beschäftigte über 56.000 Mitarbeiter, hatte aber, wie alle Automobilhersteller in jenen Jahren, Qualitätsprobleme und Schwierigkeiten mit den Gewerkschaften. Zum Ende des Jahrzehnts wurde nicht zuletzt auf Druck der amerikanischen Konzernleitung die Zusammenarbeit mit der deutschen Tochter in Köln verstärkt: 1967 erfolgte in London die Gründung von Ford of Europe, die Zeit der unsinnigen und kostspieligen Doppelentwicklungen endete: Der Anglia-Nachfolger Escort, der Capri, der Cortina (der in Deutschland Taunus hieß) wie auch die Großwagen-Typen Consul und Granada waren, bis auf länderspezifische Unterschiede, mehr oder minder identisch.

FRAZER-NASH / A.F.N.

Archibald Frazer-Nash, ein in Indien geborener Brite, hatte 1910 zusammen mit einem Partner in den Stallungen des Familiengutes Kleinwagen, sogenannte Cyclecars, zusammengebaut. Diese Kleinstwagen mit Fahrrädern und Jap-Motoren verkauften sich unter dem Markennamen GN Car Co. bis Kriegsausbruch rund 200 Mal, nach Kriegsende erlebten die Cyclecars noch eine kurze Blütezeit – eine Nachbaulizenz wurde an Salmson vergeben –, doch 1922 kam das Ende: Die Firma wurde aufgekauft und Frazer-Nash wie auch sein Partner verließen die Firma. Vorläufig trennten sich die Wege, Frazer-Nashs neues Unternehmen trug seinen Namen und brachte 1924 einen ersten eigenen Wagen heraus, ein Fahrzeug, das technisch – etwa in Sachen Kraftübertragung per Kette an die Hinterachse – eng an die GN-Typen angelehnt war. Richtig erfolgreich war man damit aber nicht, die Firma ging 1927 pleite, während ihr Gründer flugs mit einem neuen Partner, der Firma H.J. Aldington, das Nachfolgeunternehmen A.F.N. – Aldington-Frazer Nash aus der Taufe hob.

1931 Frazer-Nash Falcon TT Replica.   (Foto: © Spanish Coches, CC-BY-2.0)

Zwei Jahre später gründeten Nash und sein ehemaliger Partner bei GN eine neue Firma, die sich mit dem Bau von hydraulisch schwenkbaren Türmen für die Bordschützen von Flugzeugen beschäftigte, während A.F.N. Ende 1934 mit dem Import von deutschen BMW-Fahrzeugen begann und auch als britische Dependance der Messerschmitt Flugzeugwerke fungierte.

Der Kontakt zu BMW war eine Folge der überzeugenden Vorstellung der Bajuwaren bei der 1934er Alpenfahrt. Unmittelbar nach der Alpenfahrt nahmen die Briten Kontakt zu BMW auf. Der noch im November des gleichen Jahres zwischen BMW und A.F.N. geschlossene Vertrag bildete die Grundlage für eine intensive Geschäftsverbindung. Erster Importwagen war der BMW 315, von welchem sie eine größere Zahl von Fahrgestellen mit Rechtslenkung bestellten; die Karosserien ließen sie jedoch im eigenen Lande anfertigen, vorzugsweise bei der Firma E. D. Abbott in Farnham, die auch für Aston Martin tätig war. Der englische 315 wurde als Frazer Nash-BMW 34 hp verkauft und erfreute sich in der Motorpresse bester Kritiken.

Frazer Nash TT Replica.   (Foto: © Krudop, CC-BY-SA-3.0)

Die neben dem 315 verkaufte Roadster-Variante 315/1 mit drei Vergasern und 40 PS hieß in England 40 hp. Auch den BMW 319 konnte A.F.N. ab August 1935 anbieten; in England trug er die Bezeichnung 45 hp, während der 319/1 mit drei Vergasern als 55 hp auf den Markt kam. Die Zahlen entsprachen der PS-Leistung, und alle waren Rechtslenker.

Frazer Nash-BMW gingen bei zahlreichen bedeutenden Sportveranstaltungen an den Start. Drei 55 hp nahmen an der Rallye Monte-Carlo 1936 teil. In zahlreichen weiteren Wettbewerben errangen Frazer Nash-BMW viele Erfolge.

Auch der Sportwagen BMW 328 wurde in England angeboten, bezeichnet als »the fastest production car in this country«. Vorsorglich wies A.F.N. auf die Tatsache hin, dass dieser Sportwagen nur in beschränkter Zahl zur Verfügung stünde, denn die Aldingtons bekamen aus Deutschland nur ein geringes Kontingent zugeteilt. Für den Frazer Nash-BMW 328 gab es lange Wartelisten.

Frazer-Nash Le Mans Replica.   (Foto: © Spanish Coches, CC-BY-2.0)

Dann kam der Krieg, dass Werk lieferte Rüstungsgüter und hatte nach Kriegsende das Problem, keinen Zugriff mehr auf die BMW-Technik zu haben. Die Liason mit Bristol war nur von kurzer Dauer und verlief unglücklich. Zwischen 1948 und 1957 baute AFN nicht mehr als 85 Fahrzeuge, nach zeitgenössischen Berichten in erster Linie weiterentwickelte Vorkriegsentwürfe, was allerdings nichts daran änderte, dass mit Typen wie der Le Mans Replica, dem Mille Miglia, dem Targa Florio, dem Le Mans Coupé und dem Sebring in kleinster Serie Sportwagen für höchste Ansprüche entstanden. 1949 belegte ein A.F.N. einen dritten Platz in Le Mans und erzielte einen Sieg bei der Targa Florio 1951. 1952 gönnte man sich sogar den Luxus eines Formel-1-Engagements.

Die traditionell guten Verbindungen nach Deutschland sorgten dafür, dass das Unternehmen 1954 mit dem Import von Porsche-Fahrzeugen begann und 1956 zum Generalimporteur avancierte. Nachdem der Vertrag mit A.F.N. auslief, gaben dann die Aldingtons 1965 ihre Anteile an die neu gegründete Porsche Cars Great Britain ab; die Familie war noch einige Zeit in der Geschäftsführung vertreten, schied dann aber aus.

Frazer Nash Targa Florio.   (Foto: © WolfgangS, CC-BY-SA-2.0-DE)

Nach Werksangaben schafften die ab Ende 1952 frei verkäuflichen Le Mans Replica eine Spitzengeschwindigkeit von 192 km/h. (Foto: © Francois de Dijon)

Diesen Pritschenwagen (Tilly) bauten 1940 bis 1944 verschiedene Automobilhersteller. Die Hillman-Ausführung basierte auf dem Minx.

Die Minx-Baureihe wurde 1932 eingeführt; diese Sechsfenster-Limousine ist ein Aero in der Ausführung nach 1938.

Der Super Minx (1961–1966) war ein aufgeblasener Minx. Es gab ihn auch als Singer Vogue und als Humber Sceptre. (Foto: © Sicnag, CC-BY-SA-2.0)

HILLMAN

Der Hillman Avenger 1500 sollte den Minx ablösen. Er hatte kaum Gemeinsamkeiten mit den anderen Rootes-Konstruktionen. (Foto: © Charles01, CC-BY-SA-3.0)

Hillman als Automobilfabrik – ihr Chef, William Hillman, war als Fahrradproduzent steinreich geworden – entstand 1905, kaum mehr als einen Steinwurf von Humber entfernt. Hillman war Rennfahrer gewesen, und von dem 1907 von Humber gekommenen Louis Coatalen ließ er sich für die Tourist Trophy einen Rennwagen mit knapp zehn Litern Hubraum aufbauen. Der Hillman-Coatalen schied aber nach Unfall aus. Die nunmehrige Coatalen-Hillman Motor Car Co. Ltd. versuchte es 1908 ein weiteres Mal, der Hillman-Coatalen (von Louis Coatalen selbst gefahren, wurde Neunter und Vorletzter. Der zweite Wagen fiel aus, wie die meisten anderen auch. Der Entwurf aber galt als so gelungen, dass Coatalen von diesem Sechszylinder einen 6,4-Liter-Vierzylinder 24/25 HP ableitete; der Luxuswagen war aber so teuer, dass ihn kaum jemand kaufen konnte. Der Franzose unterhielt auch privat beste Kontakte zur Familie Hillman, er gedachte, eine der sechs Töchter Hillmans zu ehelichen. Allerdings war er bereits von 1902 bis 1906 schon einmal verheiratet gewesen und hatte einen Sohn; das war anscheinend für Hillman untragbar, und der Franzose – er heiratete die Hillman-Tochter dennoch, ließ sich später aber scheiden und heiratete 1935 erneut – wechselte 1909 zu Sunbeam, nicht ohne die Grundzüge eines künftigen Modellprogramms zu hinterlassen, das die Firma (die seit 1910 nur noch Hillman hieß) in einige erfolgreiche Kleinwagen-Entwürfe umsetzte. Der 9 HP mit seinem 1357 ccm-Seitenventil-Vierzylinder-Motor von 1913 war der erste, der in größerer Zahl zu verkaufen war; er wurde nach dem Ersten Weltkrieg als 11 HP mit 1,6-Liter-Motor wieder aufgeführt. Noch populärer sollte der 14 HP von 1925 werden.

Hillman war eine Firma mit nur einem Produkt, der Jahresausstoß lag bei rund 1500 Fahrzeugen, das war zu wenig: Zwei Jahre nach dem Tod des Firmengründers, 1928, übernahm die Rootes-Tochter Humber den Konkurrenten. Zu diesem Zeitpunkt hatte Hillman den Straight Eight, einen Achtzylinder mit 2,6 Litern und hängenden Ventilen am Start, doch war die Konstruktion nicht frei von Kinderkrankheiten. Humber und Hillman waren auch zusammen nicht stark genug, um die Weltwirtschaftskrise zu überstehen und schlüpften 1931 bei der Rootes-Gruppe unter. Die 1930er Jahre sahen eine Rückkehr zum Seitenventiler; erstes Fahrzeug der neuen Reihe war der 6-Zylinder-Wizard vom April 1931, im Jahr darauf erschien mit dem Minx das erfolgreichste Hillman-Modell überhaupt, ein Kleinwagen mit 1182 ccm Hubraum, der 1935 modifiziert wurde und ein vollsynchronisiertes Viergang-Getriebe erhielt. Der Minx blieb, verschiedentlich überarbeitet, bis 1970 in Produktion.

Daneben pflegte Hillman seine Sechszylinder-Reihe weiter, es entstanden diverse Typen mit Seitenventil-Reihensechszylindern mit 2,6- und 3,1 Litern Hubraum, die später dann, mit neuer Karosserie, als Humber verkauft wurden. Nach dem Krieg wurde der Minx wieder aufgelegt. Er erhielt 1949 eine Karosserie im modernen Ponton-Stil, die 1956 kräftig überarbeitet wurde. Bei der Gelegenheit wurde der alte seitengesteuerte Motor ausrangiert und durch ein moderneres OHV-Aggregat mit 1,4 Liter Hubraum ersetzt. Der alte 1,2 Liter blieb aber im Husky erhalten; dessen Bodengruppe bildete später die Basis für den Sunbeam Alpine.

Eine komplette Neuentwicklung bildete der Hillman Imp mit seinem Aluminium Heckmotor (0,85 Liter), einer Entwicklung von Coventry Climax. Für den neuen Wagen, der dem Austin Mini Paroli bieten sollte, entstand mit freundlicher Unterstützung der Regierung im industriearmen Schottland eine neue Fabrik. Die Strukturmaßnahme war nicht sonderlich erfolgreich, zum Mini-Killer brachte es der Hillman nie, auch nicht mit Schrägheck oder als Kombi-Ausführung Husky. Ein Jahr bevor Chrysler den Rootes-Gemischtwarenladen übernahm, erschien mit dem Hunter 1966 eine neue Mittelklasse-Limousine mit dem Rootes-Standardmotor von 1,7 Liter Hubraum und 74 PS.

Die letzte echte Hillman-Neukonstruktion, die nahezu parallel zu den Chrysler-France-Typen 160/180 entstand, war der Avenger von 1970, der auch – etwa in Deutschland – als Sunbeam 1250/1500 vermarktet wurde. Chrysler trennte sich 1977 wieder von seinen europäischen Beteiligungen, das bedeutete auch das endgültige Aus für die Marke Hillman.

HUMBER

Thomas Humber, seines Zeichens Fahrradproduzent, baute 1898 erste Dreiradautos, der 3 1/2 PS Phaeton war das erste Motorfahrzeug der ehemaligen Fahrrad-Firma; 1901 erschien der erste erfolgreiche britische Kleinwagen, eine Voiturette, der 1903 der Humberette folgte mit Rohrrahmen und 5 PS-Einzylinder-Motor, auch das ein Entwurf des genialen Franzosen Louis Coatalen. Es folgten diverse Drei- und Vierzylindermodelle bis hin zum 20 HP. Nach 1905 wurden die kleineren Modelle gestrichen, Hillman verlegte sich auf die Produktion größerer Typen. Die neue Produktpolitik zahlte sich nicht aus, 1908 musste eines der beiden Werke geschlossen werden, außerdem wurden jetzt wieder kleine Zweizylinder gebaut. Inzwischen war Coatalen zu Hillman gewechselt, Humber geriet durch den Verlust seines kreativen Chefingenieurs in Schwierigkeiten, gehörte aber am Vorabend des Ersten Weltkriegs zu den drei größten britischen Automobilherstellern. Hauptmodell war der Humberette 8 HP, inzwischen mit einem Einliter-V2 zu haben. 1914 brachte das Unternehmen dann beim TT-Rennen drei Wagen an den Start; dabei handelte es sich um Rennwagen mit 3,3-Liter-Dohc-Vierzylinder. Allerdings geriet der Einsatz zum Desaster und schädigte den Ruf der Firma. Im Krieg baute Humber Rüstungsgüter und Flugmotoren. Bis 1918 war das TT-Debakel vergessen, Anfang der 20er Jahre konzentrierte sich Humber auf die größeren, profitableren Modelle. Humber baute solide und zuverlässige Autos, die vor allem durch ihre leistungsstarken, seitengesteuerten Motoren bestachen. Im Jahr 1922 begann bei Humber die Neuzeit, es kam eine neue OHV-Motorenfamilie mit seitlichem Auslass; das erste Modell der neuen Baureihe war der 8/18 HP mit einem 985-ccm-Motor. Es war ein leichtes und gut gemachtes Auto, das durch das günstige Leistungsgewicht sehr spritzig war. Es folgten weitere Fahrzeuge mit dem modernen IOE-Zylinderkopf, allerdings wurden die Fahrzeuge immer schwerer, da ging etwas von der früheren Spritzigkeit verloren. Die Topmodelle der späten 20er Jahre und 1930er Jahre waren die großen seitengesteuerten Sechszylinder-Tourenwagen mit bis zu 4,1 Liter Hubraum und 100 PS. Als weiteres Standbein war 1925 die Nutzfahrzeugmarke Comer übernommen worden; 1928 kam dann Hillman dazu. Mit seinem konservativen Produktionsprogramm war Humber, wie viel andere Fahrzeugfirmen auch, der Krise, die dem Börsencrash von 1929 folgte, nicht gewachsen.

1931 verleibten sich die Brüder Rootes Humber und seine Marken ihrem wachsenden Imperium ein. Mit den neuen Eigentümern kamen neue, obengesteuerte Motoren. Während Hillman eine Konkurrenz zu den populären Austin und Morris verkörperte, wurde Humber in der Oberklasse positioniert, was dazu führte, dass die Sechszylinder-Topmodelle auch in Pullman-Ausführung zu haben waren. Im Zweiten Weltkrieg baute Humber unter anderem Panzerspähwagen; die Nachkriegszeit begann wieder mit aufgewärmter Vorkriegstechnik, mit den Sechszylinder-Modellen der Baureihe »Super Snipe« und ihren Vierzylinder-Pendants »Hawk«. Der Hawk wurde zwischen 1945 und 1965 in verschiedenen Varianten und Ausführungen produziert; er war ein Hillman-Entwurf gewesen. Zu den Marksteinen gehören die neue, von Stardesigner Raymond Loewy entworfene Ponton-Karosserie von 1948, die Umstellung 1954 auf obengesteuerte Motoren (bei den Super Snipe und Pullman-Modellen schon 1953) und der 1957 vollzogene Übergang zur selbsttragenden Bauweise. Der Snipe wie auch der edlere Super Snipe hatten ihre Wurzeln ebenfalls in der Vorkriegszeit, die Modellpflege vollzog sich in ähnlichen Schritten wie beim Hawk. In ihrer Spitzenausführung über fünf Meter lang und bis zu 113 PS stark, wurde der Snipe ebenfalls nach der Übernahme durch Chrysler 1967 vom Band genommen. Dabei handelte es sich zumindest optisch noch um eigenständige Humber-Modelle, was danach unter dem Humber-Label erschien, waren umetikettierte Konzernmodelle. Der letzten Wagen, der unter dem Humber-Label erschien, war der Sceptre, und der wiederum stellte einen modifizierten Hillman Super Minx dar. Der Fünfsitzer war mit einer Höchstgeschwindigkeit von 170 km/h die schnellste Limousine im Deutschland-Programm der Briten und verfügte über eine überkomplette Ausstattung, zu der auch ein verstellbares Lenkrad gehörte. Zu dem Zeitpunkt war die Marke praktisch tot, Humber erlosch, weitgehend unbemerkt, 1976.

Humber 9/28 hp. (Foto: © Chris Sampson, CC-BY-2.0)

Der Humber Pullman, ursprünglich 1930 erschienen, hatte 1951 als Mk III eine Außenlänge von 5,38 m erreicht. (Foto: © Jorgen Loken, CC-BY-SA-3.0)

Den Humber Spectre, hier als 1975er Kombi, bot Chrysler Europe unter verschiedenen Bezeichnungen an. (Foto: © Charles01, CC-BY-SA-3.0)

Der Humber Hawk, Series II (1960–1962) entstand in einer Zeit, als die britische Automobilindustrie bereits im Niedergang begriffen war. Der 2,3-l-Vierzylinder leistete 77 Brutto-PS. (Foto: © Humber Hawk, CC-BY-SA-2.0)

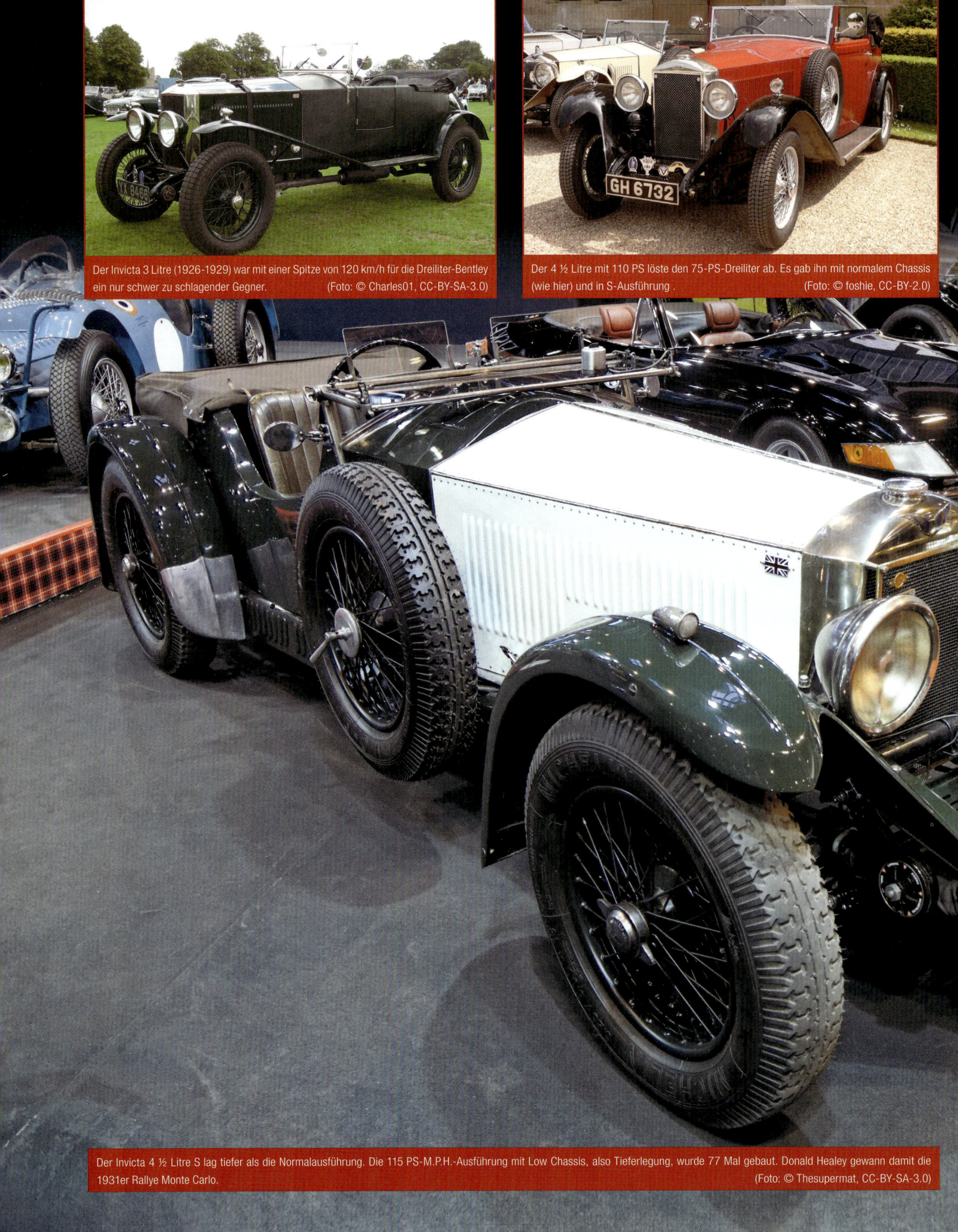

Der Invicta 3 Litre (1926-1929) war mit einer Spitze von 120 km/h für die Dreiliter-Bentley ein nur schwer zu schlagender Gegner. (Foto: © Charles01, CC-BY-SA-3.0)

Der 4 ½ Litre mit 110 PS löste den 75-PS-Dreiliter ab. Es gab ihn mit normalem Chassis (wie hier) und in S-Ausführung. (Foto: © foshie, CC-BY-2.0)

Der Invicta 4 ½ Litre S lag tiefer als die Normalausführung. Die 115 PS-M.P.H.-Ausführung mit Low Chassis, also Tieferlegung, wurde 77 Mal gebaut. Donald Healey gewann damit die 1931er Rallye Monte Carlo. (Foto: © Thesupermat, CC-BY-SA-3.0)

INVICTA

Mit dem Black Prince versuchte Invicta 1946, an die Vorkriegserfolge anzuknüpfen. Er gilt als eines der unzuverlässigsten Autos aller Zeiten. (Foto: © Steve Glover, CC-BY-SA-2.0)

Invicta war eine jener zahllosen britischen Marken, die einfach nicht sterben wollten. Die erste Firma dieses Namens produzierte zwischen 1900 und 1905 in Finchley, London; dann gab es 1913/14 ein Intermezzo mit einem 8 HP-Wagen, einem Zweizylinder-Kleinwagen, der für 140 Pfund verkauft werden sollte; ob tatsächlich je einer auf die Straße kam, ist eine andere Frage. Der langlebigste Hersteller dieses Namens war zwischen 1925 und 1950 aktiv, brachte es aber in dieser relativ kurzen Zeit auf drei Umzüge. Gegründet hatte diese Marke Noel Macklin mit dem Geld eines Zuckerbarons. Macklin, Spross aus gutem Hause, war schon bei den Brooklands-Rennen 1907 mit einem 20 HP-Wagen der Marke Queen in Erscheinung getreten und war mit einer Verwundung aus dem Ersten Weltkrieg heimgekehrt. Er entwickelte sein erstes Modell auf dem Familiensitz Fairmile Cobham, Surrey. Der Anspruch der hoffnungsvollen Firmengründer bestand darin, Sportautos zu bauen, die erste Konstruktion war der 2 ½ Litre mit einem 2692 ccm großen Sechszylinder-OHV-Reihenmotor der 1922 gegründeten Motorenfabrik Meadows. Im Folgejahr wuchs der Hubraum auf drei Liter; bis zur Produktionseinstellung 1929 waren etwa 200 Fahrzeuge gebaut worden. Einen Meadows-Motor hatte auch der 4,5 Litre von 1928, ein Sechszylinder war mit kurzem (2997 mm) oder langem (3200 mm) Radstand sowie in den Ausführungen A (Normalrahmen) oder B mit Niederrahmen-Chassis zu haben. Das B-Chassis war besonders sportlich und wurde für den über 160 km/h schnellen S-Typ von 1930 verwendet, der tiefe Schwerpunkt war eine Folge der geänderten, tiefer angeordneten hinteren Federung. Topmodell war der NLC Sports-Tourer mit langem Radstand, der £ 1.800 kostete, was heute rund 140.000 Euro entspräche und damals noch viel astronomischer klang als heute. Über 500 Fahrzeuge entstanden bis 1935. Um neue Käuferschichten zu erschließen, wurde auf Basis des kurzen Rahmens eine neue Baureihe mit 1,5-Liter-OHC-Motor von Blackburne eingeführt. Dieser Sechszylinder-Typ 12/45 HP kam 1932, hatte aber zu viel Gewicht und zu wenig Leistung. Der Kompressor-Typ 12/90 von 1933 behob den akuten Leistungsmangel, erschien aber zur falschen Zeit; und der angedachte Spitzentyp 12/100 mit doppelter Nockenwelle kam anscheinend nie über das Prototypenstadium hinaus, auch wenn manche Quellen als Bauzeit 1933 bis 1935 angeben. Parallel dazu wurde der 14/120 HP angeboten mit identischem Radstand von 2845 mm, aber 1,66-Liter-Motor. Auch im Sport war Invicta erfolgreich: Violet Cordery, Noel Macklins Schwägerin, errang damit 1929 und 1931 die Dewar-Trophy für Zuverlässigkeit. Sammy Davis verunglückte 1931 auf einem Invicta in Brooklands, und Donald Healey, der bereits 1930 einen Klassensieg herausgefahren hatte, brachte 1931 die Trophäe für den Gesamtsieg bei der Rallye Monte Carlo nach Hause. Nach dem Ausscheiden von Noel Macklin 1935 kam die Produktion mehr oder minder zum Erliegen. Macklin gründete am alten Fleck eine neue Firma namens Railton; Invicta zog um und versuchte sich durchzuwursteln. Der Versuch, mit zugekauften Komponenten von Delage und Darracq weiterzumachen, scheiterte; 1937 hatte Invicta als Hersteller aufgehört zu existieren. 1946 folgte der Versuch, die Marke wiederaufleben zu lassen; das neue Unternehmen hatte aber nichts mehr mit der Vorkriegsfirma zu tun, abgesehen von der Tatsache, das hier William Watson, der Vater des 4,5 Litre von 1928, mitarbeitete. Der neue Luxusliner hieß »Black Prince« und hatte wiederum einen Dreiliter-Meadows-Motor, aber mit zwei obenliegenden Nockenwellen. Der Reihensechszylinder mit Doppelzündung leistete 120 PS. Die Autos waren sehr komplex und sehr teuer, zu den Features gehörten Einzelradaufhängung, Drehstabfederung, eine Getriebeautomatik (Englands erstes Fahrzeug mit stufenloser – und sehr anfälliger – Vollautomatik) und viel Elektrik bis hin zu einer Vorheizeinrichtung von Kühlwasser und Motoröl, was dazu führte, dass der rund 1.750 Kilogramm schwere Wagen inklusive Luxussteuer fast 3900 Pfund (rund 170.000 Euro) kostete, was für die kargen Nachkriegsjahre völlig überzogen war. Zwischen 16 und 20 jener Wagen mit der Ritterstatue auf dem Kühlergrill wurden gebaut. Die Markenrechte gingen 1950 an A.F.N. und damit an Frazer-Nash. 2004 kam es zu einer erneuten Auferstehung, das Unternehmen baute mit dem Invicta S1 einen 600-PS-Sportwagen mit Fünfliter-V8, ging aber 2012 in die Insolvenz.

101

JAGUAR

Es waren zwei Motorrad-Enthusiasten, William Lyons und William Walmsley, die 1922 in Blackpool den Grundstein zu dem legten, was später die Firma Jaguar werden sollte: Die beiden gründeten damals die Swallow Sidecar Co, die Motorrad-Seitenwagen baute, dann Aufbauten für den kleinen Austin Seven herstellte und als Swallow Seven auf eigene Kappe verkauften. Nachdem Austin keine Fahrgestelle mehr zulieferte, musste Lyons einen anderen Motorlieferanten suchen, und er fand ihn bei der benachbarten Standard Motor Company. Erstes Ergebnis der neuen Zusammenarbeit war der Standard Swallow, ein Roadster-Prototyp von 1929, dem 1931 eine in Kleinserie gebaute Coupé-Ausführung mit Zweiliter-Sechszylinder-Motor namens SS 1 16 HP folgte. In rascher Folge erschienen unter dem Kürzel SS weitere Sportwagen mit 1,5-Liter-Vierzylinder sowie 2,5- und 3,5-Liter-Sechszylinder. 1935 erschien eine neue Motorengeneration mit obengesteuerten Motoren, und ein solcher 2,5-Liter-Sechszylinder beflügelte auch den im Herbst 1935 gezeigten neuen SS-Typ, der erste Wagen der Firma, der in verschiedenen Ausführungen und Leistungsstufen unter dem Markennamen »Jaguar« verkauft wurde. Die Roadster-Ausführung hieß SS100, wobei die Zahl für die Höchstgeschwindigkeit in Meilen stand; Spitzenmodell war der SS100 mit 3,5-Liter, 125 PS und einer Höchstgeschwindigkeit von 165 km/h. Kriegsbedingt endete die Fertigung bei Jaguar 1940, um 1946 wieder aufgenommen zu werden. Die Bezeichnung »SS« war nun aus dem Firmennamen getilgt worden, auch von der Seitenwagen-Fertigung trennte man sich. Jaguar baute jetzt ausschließlich Autos – und was für welche: Die erste echte Neukonstruktion, die Mark V-Limousine, wahlweise mit 2,5- oder 3,5 Liter-Motoren, sah zwar aus wie ein aufgewärmter Vorkriegstyp, war aber der erste Jaguar mit Einzelradaufhängung und hydraulischen Bremsen. Für Furore aber sorgte der im gleichen Jahr gezeigte Sportwagen XK 120, ein atemberaubender Zweisitzer mit zwei obenliegenden Nockenwellen (DOHC), der, in seinen verschiedenen Entwicklungsstufen, erst 1961 durch den E-Type abgelöst wurde. Neben den Sportwagen und der Luxuslimousinen-Baureihe – Höhepunkt war der bis 1970 gebaute Mark X, ein 233 PS starker Viertürer mit den Qualitäten eines Fliegenden Teppichs – bot Jaguar 1955 mit den Mark-I- und Mark-II-Limousinen eine Mittelklasse-Baureihe an, die mit ihrem Vieraugen-Gesicht das Jaguar-Bild bis heute prägt. 1960 übernahm Jaguar die Auto-Sparte der Birmingham Small Arms Company (BSA); Daimler wurde damit zu einem Teil des Unternehmens, bei dem inzwischen rund 4.800 Personen arbeiteten. 1966 verschmolz Jaguar mit der British Motor Corporation (BMC – Vanden Plas, Austin, Riley, Wolseley, Morris und MG) zur British Motor Holdings (BMH); zwei Jahre später folgte der Zusammenschluss mit Leyland und Rover zur British Leyland Motor Corporation (BLMC) – was die Schwierigkeiten nicht wirklich minderte, denn so geriet Jaguar in den Untergangsstrudel der britischen Automobilindustrie, die 1975 zur Verstaatlichung führte; die Raubkatzen aus Coventry gehörten nun zur maroden British Leyland Ltd (BL). Autos gebaut wurden trotzdem, die Nachfolge der Mark-II-Reihe traten die XJ-Limousinen an, und nach dem Ende des E-Typ – zuletzt mit V12-Zylinder – sollte der XJ-S dessen Erbe antreten. Doch die E-Type-Stiefel waren viel zu groß, das unorthodoxe Heckdesign und die miserable Verarbeitung der frühen Jahre bescherten dem als Coupé und Cabriolet lieferbaren Luxusgleiter – Motoren mit 6 und 12 Zylinder, 163 bis 295 PS – schlechte Verkaufszahlen und einen fragwürdigen Ruf. Dennoch, Jaguar erholte sich wieder; 1984 brachte BL Jaguara und Daimler an die Börse. Fünf Jahre später übernahm Ford, zusammen mit der Marke Land Rover, das Unternehmen, das inzwischen rund 35.000 Fahrzeuge pro Jahr produzierte. Mit frischem Geld und der technischen Unterstützung der Amerikaner schlug Jaguar ein neues Kapitel in der Firmengeschichte auf, dass der 2002 lancierte volkstümliche X-Type unter dem Vieraugen-Blech profane Ford-Technik trug, kam aber nicht so gut an. 2008 verkaufte Ford sowohl Jaguar als auch Land Rover an die indische Tata Group. Erst unter neuer Leitung fand der E-Type mit dem F-Type einen würdigen Nachfolger, und dass 2014 sechs originalgetreue Replikate des legendären Lightweight E-Type von 1964 entstanden, beweist, dass der Mythos – trotz aller Turbulenzen – lebt.

Ein SS 100 von 1939 aus Werksbesitz. Der Wagen hat sowohl eine umklappbare Windschutzscheibe als auch die kleinen Rennscheiben. (Foto: © Jaguar Cars)

Mit dem XJ Serie 1 von 1968 begann für Jaguar die Neuzeit. (Foto: © Jaguar Cars)

Für viele das schönste Auto des Jahrhunderts: Der E-Type Serie 1 von 1961. Ein Exemplar steht seit 1996 im Museum of Modern Art in New York. (Foto: © Jaguar Cars)

In den Jahren nach 1945 legte Jaguar ein ambitioniertes Rennprogramm auf. Hier die berühmtesten Rennkatzen, nur der Gruppe C fehlt: C-Type (v.l.), D-Type (v.r.), E-Type Lightweight (m.l.), XK 120 (m.r.), Mark I (h.l.) und Mark II (h.r.). (Foto: © Jaguar Cars)

Jensen hatte eigentlich ein Austin A 70 Cabriolet bauen wollen, durfte das aber nur, wenn auch ein offener A 40 entstand. So kam es zum A 40 Sports mit Aluminium-Karosserie.
(Foto: © Sicnag, CC-BY-2.0)

Der Jensen C-V8 erschien Ende 1962 und hatte einen 5,9-l-V8 von Chrysler unter der Haube. Das viersitzige Coupé bildete die Basis für den ersten Allrad-Jensen 1965.
(Foto: © Allen Watkin, CC-BY-2.0)

Der Jensen 541 mit dem Vierliter-Austin-Motor blieb bis 1963. Hier ein 185 km/h schnelles S-Modell von 1961. Im Vergleich zu den Vorgängern war der Plattformrahmen breiter geworden.

JENSEN

Der Jensen Interceptor Mark III von 1971 hatte nun den 7,2-Liter-V8 unter der Haube. Die Höchstgeschwindigkeit lag bei 235 km/h. (Foto: © Gnangarra, CC-BY-SA-2.5)

Anfang der Dreißiger übernahmen die Brüder Jensen den Karosseriebaubetrieb, in dem sie bislang gearbeitet und dort Aufbauten für Morris, Singer, Standard und Wolseley erstellt hatten. Anfang 1935 kam es zu ersten Verhandlungen, was dazu führte, dass Ford Chassis und V8-Motor lieferte. Noch vor dem Start der Kleinserie lieferte Jensen zwei Fahrzeuge – eines schwarz, eines weiß – in die USA. Den weißen hatte Hollywood-Star Clark Gable geordert, er tauschte ihn dann gegen den schwarzen. Dieser Jensen-Ford machte Jensen über Nacht berühmt, es folgten 1936 Verhandlungen mit Ford über die Belieferung mit Chassis und Technik, doch überwog wohl letztlich seitens der Engländer die Furcht einer zu großen Abhängigkeit von Ford, sodass die Entwicklung eines eigenen Chassis vorangetrieben wurde. 1936 stand dann der Prototyp, der White Lady, auf dem Ford-Stand, davon abgeleitet wurde dann der erste Serien-Jensen, der Typ S. Dieser Open Tourer war weltweit das erste Auto mit serienmäßigem Overdrive. Bei der großen Londoner Autoshow sorgte Jensens neuer 4¼ Litre für Furore, der statt des Ford-V8 einen modernen Reihen-OHV-4,2-Liter-Achtzylinder von Nash aufwies. In den späten 1930er Jahren begann unter dem Markennamen JNSN die Entwicklung von leichten Nutzfahrzeugen; im Krieg entstanden Militärfahrzeuge und Panzertürme. Die Nachkriegszeit begann für Jensen mit der Fortführung des Typs H. Die neue Luxuslimousine sollte ursprünglich eine neue 3,9-Liter-OHV-Maschine erhalten, kam dann aber mit dem größten verfügbaren Austin-Aggregat aus dem 4 Litre Sheerline. 18 davon dürften gebaut worden sein. 1949 erschien dann der Interceptor, ein Vierliter-Sportwagen auf Austin-Basis. Wie gehabt, bestand die Karosserie großteils aus Aluminium, doch die letzten der 88 Fahrzeuge erhielten auch schon Karosserieteile aus Fiberglas. Die daraus resultierenden Erfahrungen führten dann zum berühmtesten aller Jensen, dem Jensen 541. Dieses viersitzige Coupé von 1953 war der erste Jensen mit einem im Haus entstandenen Rahmen und, viel bedeutsamer, der erste Serienwagen überhaupt mit einer Kunststoff-Karosserie. Die Produktion lief im Oktober 1954, ein Jahr nach der Premiere, an. Der Deluxe des Jahres 1956 war dann das erste Serienauto mit Scheibenbremsen an allen vier Rädern. Bei bestimmten Ausführungen fuhren nach 1960 serienmäßig Sicherheitsgurte mit, auch das eine Pioniertat des britischen Kleinserienherstellers. Allzuviele Wagen wurden damit aber nicht ausgestattet, schließlich wurden in den zehn Jahren vom Erscheinen bis zum Produktionsauslauf 1963 nicht mehr als 127 Exemplare gebaut. Dennoch hatte Jensen gut zu tun. In den späten Fünfzigern baute Jensen im Auftrag von BMC die Karosserien für den Land Rover-Konkurrenten Austin Gypsy; und 1960 erhielt Jensen den Auftrag zum Bau des Volvo P1800. Außerdem fertigte Jensen die Karosserien für die Austin-Healey. Jensens ureigenster Nachfolger für den 541 S hieß CV8 und kombinierte eine Kunststoff-Karosserie mit Türen aus Leichtmetall. Hier kam ein Chrysler-V8 samt Dreigang-Automatik zum Einsatz. Spätere Ausführungen hatten den kleinsten der Chrysler-Bigblocks mit 6,2 Liter und 330 Brutto-PS. Zu den Besonderheiten zählten elektrisch einstellbare Stoßdämpfer. Der CV8 lief Ende 1966 aus, Jensen hatte längst schon ein weiteres Ass im Ärmel: Den V8 FF, den ersten Personenwagen mit Allradantrieb. Dieser feierte im Oktober 1966 bei der Earls Court Motor Show Premiere, zusammen mit dem neuen Interceptor, den Touring in Mailand entwarf, aber Vignale in Turin baute. Zuerst erfolgte nur die Endmontage bei Jensen, später dann aus Qualitätsgründen die komplette Fertigung. Vignale baute insgesamt 1033 Exemplare. Den teuren, in drei Serien gebauten FF löste 1971 nach 322 gebauten Exemplaren der SP, dann aber ohne Allrad, ab. Hier saß der 7,2-Liter-V8 mit 385 Brutto-PS unter der Haube, genug für eine Höchstgeschwindigkeit von 233 km/h. Die Zweirad-Ausführung des FF hieß Interceptor und vollzog zwar die optischen Änderungen nach, erhielt aber den größeren Motor erst 1973. Mit 3432 Stück avancierte er zum meistgebauten Jensen überhaupt. Später kam noch ein Interceptor-Cabriolet auf Mk. III-Basis. Die Ölkrise und ihre Folgen führten 1975 zum Konkurs, die neue Firma baute den Jensen-Healey. Auf kleinster Flamme lief auch der Interceptor weiter, zuletzt als Interceptor S4 (1983) mit einem 5,9 Liter-Chrysler unter der Haube. Die Firma nannte sich nun Jensen Cars.

LOTUS

Der Bekanntheitsgrad dieses Unternehmens war stets größer als die Zahl der Autos, die verkauft wurden; es waren die Erfolge im Motorsport, die Lotus zur Legende machten. Das Unternehmen selbst wurde 1952 von Colin Chapman gegründet, einem begnadeten Ingenieur, der in der alten Remise des elterlichen Railway Hotels im Londoner Stadtteil Hornsey sein Ingenieurbüro gründete, die Lotus Engineering Ltd.. Allerdings war er zunächst noch in Festanstellung, sein Büro war mehr eine Feierabend-Bastelbude, wo er an einem Entwurf tüftelte, der dann als Lotus Seven vermarktet werden sollte. Technischer Direktor war Mike Costin, Graham Hill war als Testingenieur mit dabei, und nachdem Hill Karriere in der Formel 1 machte, trat an seine Stelle Frank Duckworth. Costin und Duckworth gründeten später die Firma Cosworth. Mit den Entwicklungen für die Automobilindustrie wurde Geld verdient, verblasen hat es Chapman durch sein Formel-1-Engagement, zwischen 1958 und 1994 war Lotus ein fester Bestandteil des Renn-Zirkus. Jim Clark, Graham Hill, Jochen Rindt, Emerson Fittipaldi oder Mario Andretti – sie alle wurden am Steuer eines Lotus Formel-1-Weltmeister, sieben WM-Titel machten den stets unterfinanzierten Rennstall zur Institution. Für Aufsehen sorgte Chapman erstmals auf der Motorshow in London 1957, wo er mit dem Elite auf den Plan trat: Sein GT war der erste (und so ziemlich auch der einzige) Wagen mit selbsttragender Kunststoff-Karosserie. Das Coupé wog nur 660 kg, für Vortrieb sorgte ein 1,2-Liter-Alu-Vierzylinder mit zunächst 75 PS. Die Nachfolge dieses 988 Mal gebauten GfK-Flohs trat 1962 der Elan an. Der wurde durch die TV-Serie *Mit Schirm, Charme und Melone* bekannt, wog ebenfalls deutlich unter 700 Kilogramm, hatte aber einen Stahlblech-Unterbau. Chassis und Radaufhängungen profitierten deutlich von den Erfahrungen der Formel-1-Renner, und statt des 1,2-Liters saß hier der legendäre 1,6-Liter-Twin-Cam-Vierzylinder (ein von Lotus getunter Ford-Motor, der den Cortina zu einer festen Größe im Rallyesport der Sechziger machte) unter der GFK-Haube. Je nach Tuningstufe und Bauserie bewegte sich die Motorleistung im Elan zwischen 106 und 126 PS. Es entstanden Coupés und Cabrios sowie, 1967, mit dem Elan +2 eine Version mit verlängertem Radstand und hinteren Notsitzen. Die Dauerbrenner rannten bis 1974. Seine Sportwagen-Palette erweiterte Chapman 1966 durch den Europa, einen 1,09 m flachen Mittelmotor-Zweisitzer mit Kunststoff-Karosserie und Renault R16-Antriebsstrang. Der nur 610 kg leichte Flitzer war zunächst nur für den Export bestimmt, die Verarbeitungsmängel und der zahme 1,5-Liter-Motor verhinderten aber größere Erfolge. 1971 rüstete Chapman den Europa auf, es kam der 1,6-Liter-Twincam-Motor aus dem Elan zum Einsatz, und der verwandelte den Europa Spezial zum Porsche-Schreck. Knapp 10.000 Europa wurden gebaut; die Zahl einer nicht minder skurrilen Lotus-Entwicklung ist kaum mehr überschaubar: Der Seven, ursprünglich als eine Art Formel-1-Renner mit Straßenzulassung gebaut, entwickelte sich zu einem der meistgebauten Kit-Cars der Geschichte. Der Seven basierte auf einem Stahlrohr-Gitterrahmen mit Alu-Beplankung, der Motor lag vorne, der Antrieb hinten. Der Wagen wog, je nach Ausstattung, unter 500 kg, um fulminante Fahrleistungen zu erzielen, brauchte es keinen besonders leistungsstarken Motor, Stangenware von Ford etwa genügte. Es gab ihn nicht als Komplettfahrzeug, sondern als Kit-Car, als Bausatz-Auto, was an den Besonderheiten des britischen Steuersystems lag. Auch Unbegabte könnten, so Chapman, damit einen eigenen Sportwagen zusammensetzen. Nachdem aber Chapman 1973 angekündigt hatte, den Seven auslaufen zu lassen, erwarb Caterham Cars, einer der wichtigsten britischen Lotus-Händler, die Rechte daran. Die Neuzeit begann für Lotus mit dem Esprit von 1976, einem Kunststoff-Keil, der wiederum durch eine Filmrolle zu Berühmtheit gelangte: Im 1977 erschienenen James-Bond-Streifen *Der Spion, der mich liebte* fuhr Bond Roger Moore einen weißen S1; vier Jahre später war es *In tödlicher Mission*, als ein Esprit HC Turbo sich selbst zerstörte. Ein Jahr später, 1982, starb Chapman an einem Herzinfarkt, zum Zeitpunkt seines Todes war er in den De Lorean-Skandal verwickelt, bei dem es um Subventionsbetrug in Millionenhöhe ging, denn er hatte das Chassis entworfen. Im Jahr 1986 wurde das Unternehmen von GM ge- und weiterverkauft, und ist Entwicklungsdienstleister für die Automobilindustrie.

Mit Schirm, Charme und Lotus: Der Lotus Elan wurde zwischen 1962 und 1975 gebaut. Er hatte eine GfK-Karosserie über einem Stahlrahmen. (Foto. © Alfa van Beem)

Lotus war Entwicklungsdienstleister für die Automobilindustrie. Der Ford Lotus Cortina Mk I war im Motorsport eine feste Größe. (Foto: © Brian Snelson, CC-BY-2.0)

Der Europa mit Renault-Motor war für Lotus kein sonderlicher Erfolg. Erst 1971 mit dem 1,6-Liter-DOHC-Motor avancierte der Europa Special zum Porsche-Schreck. (Foto: © Francois de Dijon, CC-BY-SA-3.0)

Populär: Der Lotus Seven avancierte zum meist gebauten Kitcar überhaupt. Zunächst war der Wagen nur als Bausatz zu haben, denn bei einem Eigenbau sparte sich der Kunde die hohe Kfz-Steuer. (Foto: © Alfa van Beem)

MGs T-Serie machte die Roadster-Idee vor allem in den USA populär. Zwischen 1936 und 1953 wurde die Baureihe vier Mal erneuert. (Foto: © Niels de Wit, CC-BY-SA-2.0)

Der MG A trat 1955 die Nachfolge der T-Serie an. Hier eines der raren Coupés von 1960, dann schon mit dem stärkeren 1,6-Liter-BMC-Motor. (Foto: © Alfa van Beem)

MG-B GT V8 vor nobler Kulisse: Die Coupé-Ausführung des Roadsters mit dem 3,5-Liter-Triebwerk entwickelte eine Leistung von 137 PS. Den GT in dieser (Chrom-)Ausführung gab es nur 1973/74.
(Foto: © Anna Stockmann)

MG

Der Magnette ZA war das Schwestermodell des Wolseley 4/44. Der altertümlich wirkende Viertürer erschien 1953. (Foto: © Jeremyg3030, CC-BY-2.0)

MG, die Morris Garages, wurde 1913 von William Morris in einer alten Stallung in Longwall Street, Oxford, eingerichtet. Die Werkstatt überdauerte den Krieg, und mehr als das: Die Geschäfte ihres Gründers gingen so gut, dass er für seinen Werkstattbetrieb 1919 einen Geschäftsführer einstellte, um den Rücken frei zu haben für das, was ihn viel mehr interessierte: den Bau von Autos. Bis Mitte der Zwanziger blieb es dann dabei, und bis heute scheint nicht ganz klar zu sein, wann denn nun zum ersten Mal das berühmte MG-Oktagon auf einer eigenen Karosserie zu sehen war. Das Unternehmen selbst nannte als Zeitpunkt das Jahr 1924, während Autos mit Morris- und MG-Logo bereits in einer Ausgabe der Lokalzeitung vom November 1923 zu sehen sind. Fest steht, dass die ersten Autos neu aufgebaute Morris mit Karosserie von Carbodies waren. Die Nachfrage stieg, sodass dann 1927 neue, größere Räumlichkeiten in der Nähe des Morris-Werkes bezogen werden konnten, und dort wurde auch eine erste Montagelinie eingeführt. Auf einer regionalen Motorshow im Oktober 1927 präsentierten sich die Oxforder erstmals als eigenständige Marke, sie zeigten den 14/40 HP in vier verschiedenen Varianten. Im Folgejahr entwuchs das Unternehmen endgültig den Kinderschuhen, benannte sich um in MG Car Company Ltd. und mietete einen eigenen Stand auf der wichtigsten Automesse, der London Motor Show. Bis zu diesem Zeitpunkt waren die MG-Fahrzeuge modifizierte Morris gewesen, in London zeigte MG dann mit dem MG 18/80 Mk I die erste komplette Neukonstruktion mit eigenem 2,5-Liter-OHC-Sechszylindermotor, Dreigangschaltung, Servobremsen, einer auf alle Räder wirkenden Handbremse und eigenem Chassis. Im September 1929 erfolgte der letzte Umzug, MG richtete sich in einer alten Lederfabrik in Abingdon, Oxfordshire, ein. Die Firma wurde erst 1980 zugesperrt. Topmodell des neuen Jahrzehnts war der 18/100 Tigress, ein Sportmodell mit Trockensumpfschmierung und Doppelzündung. Die Höchstgeschwindigkeit lag bei 160 km/h, der Wagen lief in Brooklands. William Morris, dessen Privateigentum die Firma war, verkaufte MG 1935 an Morris Motors; eine Veränderung, die sich nachhaltig auf das Firmenprofil auswirken sollte: MG entwickelte sich zum Spezialisten für Sportmodelle, der MG TA von 1936 war der erste einer langen Reihe von kleinen, spartanischen Zweisitzern mit Notverdeck, welche nach 1945 in den USA für Furore sorgten. MG ging zusammen mit der Konzernmutter, der Nuffield-Gruppe, 1952 in der British Motor Corporation BMC auf, was dazu führte, dass das MG-Oktagon bei diversen Konzernmodellen (und das waren nicht die besten) zu finden war. Eine Ausnahme bildeten stets die kleinen MG-Sportwagen, die lieferte nur MG. Letztlich hatte MG in den Sechzigern einen hervorragenden Ruf, man baute erschwingliche, schnelle und zuverlässige Sportwagen wie den MGA (1955–1962, auch mit DOHC-Motor), den MGB (1962–1980, auch als Fastback und mit V8) oder auch der mit 152.158 Exemplaren meistgebaute MG, der Midget. Der Niedergang setzte 1968 mit der Bildung von British Leyland ein; und das Werk Abingdon wurde zum Symbol für all das, was in der britischen Autoindustrie schief lief. In den Siebzigern machten reihenweise Traditionswerke dicht, doch keine andere Werksschließung sorgte für solchen Aufruhr wie die des MG-Stammsitzes. Der Markenname MG überlebte, die Markenrechte liegen heute in China. Auf dem ehemaligen Fabrikgelände befinden sich nun ein McDonalds und eine Polizei-Dienststelle, der Hauptsitz des MG-Clubs ist gleich nebenan. Nur das ehemalige Verwaltungsgebäude steht noch.

Die Silhouette verdankt der 1965 erstmals gezeigte GT Pininfarina. (Foto: © A. Burden)

109

MORGAN

Henry Frederick Stanley Morgan, Jahrgang 1881, hatte bei der Great Western Railway gelernt, und es war zu dieser Zeit, dass der Techniker mit einem gemieteten 3½ HP Benz nach einem Bremsversagen verunglückte. Das kurierte ihn aber nicht von seinem Auto-Bazillus, mit Unterstützung seines Paten kaufte er sich sein erstes Auto, einen 7 HP Star. Und als er Ende 1904 die Eisenbahngesellschaft verließ, machte er sich im Mai 1905 in Malvern Link als Busunternehmer und Vertragshändler von Darracq und Wolseley selbstständig. 1906 baute er einen ersten eigenen Wagen, 1908 kaufte er einen Peugeot-Zweizylinder-Motor als Antrieb für ein geplantes Motorrad. Er änderte aber seine Meinung, nachdem er die Gelegenheit bekam, die bestens ausgestatteten Räumlichkeiten des örtlichen technischen Instituts zu nutzen. Dort baute er dann ein ausgereiftes einsitziges Dreirad, den Morgan Runabout mit Einzelradaufhängung vorn. Der Rahmen bestand aus Stahlrohr, der Peugeot-Twin saß vorne. Gelder der Familie erlaubten ihm, drei dieser Dreiräder auf der London Motor Show 1910 auszustellen, ausgestattet mit Ein- und Zweizylinder-JAP-Motoren.

Der Threewheeler machte Morgan bekannt. Der Ursprungsentwurf geht zurück auf das Jahr 1909; seit 2012 kann man – 60 Jahre nach Produktionseinstellung – ihn wieder ladenneu kaufen. (Foto: © Ampnet)

Aufträge blieben aber aus, daraufhin verwandelte HFS seinen Ein- in einen Zweisitzer und brachte das Kunststück fertig, dass dieser Wagen ins Schaufenster des Nobel-Kaufhauses Harrods gerollt wurde, wo man den Wagen dann auch kaufen konnte. Gemäß der Nomenklatur der frühen Zeit handelte es sich bei den Morgan-Dreirädern um Cyclecars. Diese wiederum nutzten eine Gesetzeslücke aus und waren interessant für Autofahrer, die die Steuer auf Autos umgehen wollten, denn Threewheeler wurden als Motorräder eingestuft und waren damit günstiger im Unterhalt. Um seinen Wagen weiter bekannt zu machen, beteiligte sich Morgan auch am Rennsport, gewann so ziemlich alles, was es in der Cyclecar-Klasse zu gewinnen gab, einschließlich des GP von Frankreich 1913 – und avancierte zu Englands führendem Dreirad-Hersteller. Im Ersten Weltkrieg produzierte Morgan dann Munition, was eine Erweiterung des Werkes notwendig machte. Die Geschäfte liefen auch nach dem Krieg gut, Morgan konnte sich 1921 einen Rolls-Royce leisten, den er natürlich im eigenen Hause mit einer Karosserie versehen ließ. Allerdings gab es im Laufe der Zwanziger immer mehr richtige Autos, Fahrzeuge wie den Austin Seven, die im Unterhalt auch nicht mehr kosteten. Das führte zum Aussterben der Dreiräder mit Motorrad-Motor. Morgan aber blieb bei der Stange, brachte ständig neue Varianten, baute Viersitzer und Lastendreiräder, machte sie Auto-ähnlicher und verwendete letztlich auch Ford-Motoren. Die letzte Ausführung, der F-Type F Super wurde zwischen 1938 und 1952 gebaut, dann war vorerst Schluss damit – bis auf dem Genfer Salon 2011 Morgan mit einer F-Type Neuauflage, aber modernster Technik, den Threewheeler wieder in den Mittelpunkt rückte. Comebacks sind sowieso eine Spezialität der Briten. Morgans erstes konventionelles Auto war der 4-4, die Zahlen standen für Vierzylinder-Motor und vier Räder. Er erschien 1936 und hatte zunächst einen 34-PS-Motor mit 1,1 Liter Hubraum von Coventry Climax, der 1939 durch einen 1,23-Liter-Standard-Motor mit 39 PS ersetzt wurde. Es gab ihn in verschiedenen Ausführungen, auch mit vier Sitzen, bis 1950. Seine Ablösung war größer, länger und leistungsstärker und hatte keine freistehenden Scheinwerfer mehr; dieser Plus 4 wurde zu verschiedenen Zeiten in verschiedenen Ausführungen gebaut: Die erste Bauperiode umfasste den Abschnitt 1950 bis 1969, die folgenden dann 1985 bis 2000 und schließlich seit 2005. Auch der 4/4 ist nicht umzubringen, unter Peter Morgan entstand 1955 die Neuauflage mit Optik, Rahmen und Fahrwerk des Plus 4. In den folgenden Jahrzehnten entwickelte sich dieser Roadster zu einer festen Konstante, die letzte größere Modellpflege erfolgte 2009. Den fabrikneuen Oldtimer – die auch heute noch auf traditionelle Weise in Handarbeit über einem Gerüst aus Eschenholz entstehen – gibt es seit 1968 auch mit Achtzylinder-Motor. Im Plus 8 werkelte zuerst der 3,5-Liter-V8 von Rover (der seinerseits auf einen Buick-Motor zurückgeht), spätere Ausführungen hatten dann 3,9-, 4,0- und 4,6-Liter-Maschinen. Dank Kraftstoffeinspritzung sind aktuelle Abgas-Grenzwerte zu schaffen, seit 2012 verwendet Morgan den 4,7-Liter-V8 aus dem Hause BMW. Die Fabrik in Malvern Link beschäftigt 155 Mitarbeiter. Alle Fahrzeuge werden von Hand zusammengebaut. Von der Bestellung bis zur Auslieferung dauert es gut ein Jahr.

Fabrikneuer Oldtimer: Morgan stellte auf dem Automobilsalon in Genf 2012 die Neuauflage des Klassikers Morgan Plus 8 vor, jetzt mit 4,8-Liter-BMW-V8. Die Erstauflage erschien 1968. (Foto: © Ampnet)

Ein viersitziger Plus 4 von 1953. Hauptunterschied zu den bis heute gebauten Modellen ist der aufrecht stehende Kühler. (Foto: © MrChopper, CC-BY-SA-3.0)

Sieht aus wie früher: Morgan 4/4, Baujahr 1997. Unter der Haube sitzt ein 1,8-Liter-Ford-Vierzylinder mit 121 PS. (Foto: © Dr. Wolfgang Laimer)

1932 Morris Isis Saloon. (Foto: © Duncan Harris, CC-BY-SA-2.0)

Der Morris Minor wurde über zwei Jahrzehnte praktisch unverändert gebaut. Sehr폰ulär war auch die Ausführung als Cabriolimousine. (Foto: © Allen Watkin, CC-BY-SA-2.0)

Die Kühlerverkleidung war typisch für die frühen Morris. Der Cowley erschien 1915 und erhielt wegen seiner charakteristischen Kühlerform den Spitznamen »Bullnose«. Diese Bullnose dürfte der zweiten Bauserie (1920–1926) entstammen. (Foto: © Photoartvienna, CC-BY-SA-3.0-AT)

MORRIS

Britisch Elend: der Morris Marina von 1971 gilt als eines der schlechtesten Autos aller Zeiten. Die Verarbeitung war unterirdisch, das Lenkverhalten abenteuerlich, die Technik anfällig. Hier ein Coupé der ersten Serie (bis 1975). (Foto: © John Shepard, CC-BY-2.0)

William Morris hatte 1893 als 16-Jähriger in Oxford eine Fahrrad-Reparaturwerkstatt eröffnet, fuhr Fahrradrennen, montierte selber Fahrräder, schuf 1900 sein erstes Motorrad und wurde 1902 Stützpunkthändler für verschiedene Fabrikate, so für Humber, Singer und auch Wolseley. Seine Firma hieß The Oxford Garage, eine Bezeichnung, die er 1910 in »Morris Garage«, Morris-Werkstätten, abänderte. Seinen ersten Wagen, den Morris Oxford (»Bullnose«), schuf er 1912. Die notwendigen Teile kaufte er zu; der seitengesteuerte Motor mit 1018 ccm samt Dreigang-Getriebe stammte von White & Poppe, die Achsen von Wrigley und die Zündung von Bosch. Der Bullnose war klein, kurz und nur als Zweisitzer zu haben, eine viersitzige Karosserie passte nicht darauf. Der mitten im Krieg, April 1915, vorgestellte Morris Oxford Cowley hatte das identische Kühlergesicht, aber einen 1,5-Liter-Motor des amerikanischen Herstellers Continental. 1919 lief die Fahrzeugproduktion mit dem Morris Oxford wieder an, wobei hier Teile aus britischer Fertigung zum Einsatz kamen; der Motor entstand in französischer Lizenz und war eine Hotchkiss-Konstruktion. Morris setzte als erster britischer Hersteller Fords Fließband-Produktion um. 1925 war Morris mit Abstand der größte Fahrzeugbauer auf der Insel, über 56.000 Fahrzeuge spukten seine inzwischen drei Fabriken in Oxford, Abingdon und Swindon aus. Allein im Stammwerk Cowley bei Oxford stellten 4000 Arbeiter wöchentlich 1000 Pkw her. Die Morris-Modellskala erstreckte sich allmählich vom Minor und Family Eight mit 850-ccm-Vierzylindermotor über die Modelle Cowley, Major und Oxford bis zum Isis mit 2,5-Liter-Sechszylinder. 1925 entstand der erste Morris-Sportwagen, Kopf dahinter war der Werkstattleiter von Morris Garage; die neue Sportwagenmarke erhielt die Initialen »MG«. MG war Privateigentum von William Morris, ebenso diverse weitere Firmen, auch die 1927 gekaufte Marke Wolseley war zunächst Privatsache. Zwischen Mitte und Ende der Dreißiger verkaufte Morris, 1920 geadelt und 1938 zum Viscount Nuffield erhoben, seine Firmen und Beteiligungen an die Morris Motors Limited. Letzte Erwerbung war 1938 die Marke Riley. Nach dem Zweiten Weltkrieg bestand die Modellpalette der Morris-Gruppe aus acht Grundtypen, den Morris-Modellen Six und Oxford, den MG-Typen M.G. 1¼-Litre mit 1,25 Liter und dessen Roadster-Pendant TD dem Wolseley 6/80 und 4/50 sowie den Riley-Typen Riley 2½-Litre (2443 ccm) und Riley 1½-Litre (1496 ccm). Zur wichtigsten Neuerscheinung aber avancierte der 1948 lancierte Morris Minor, ein Entwurf von Alec Issigonis, der zehn Jahre später den Austin Mini zeichnen sollte. Der Minor wurde, in seinen Grundzügen fast unverändert, bis 1971 gebaut. 1952 wurde die Nuffield-Gruppe (Morris, MG, Wolseley, Riley) mit Austin zur British Motor Corporation verschmolzen, neuer Vorstandsvorsitzender wurde Leonard Lord, der über 15 Jahre lang für Morris gearbeitet hatte und ein exzellenter Produktionsfachmann war. Er hatte 1936 Morris Motors verlassen, angeblich nicht ohne zu drohen in Cowley – dem Stammwerk von Morris – keinen Stein mehr auf dem anderen zu lassen. Vielleicht war dieser Groll der Grund, warum Austin bei diesem neuen britischen Automobilgiganten die Richtung vorgab. Fortan gab es zahlreiche Parallelmodelle, und Morris waren stets nur Ableger der Kernmarke Austin. Nachdem 1959 gleichzeitig als Austin und Morris vorgestellten Mini startete 1962 der ebenfalls frontgetriebene Typ 1100 zunächst als Morris, auch er vom genialen Alec Issigonis konzipiert. Er war der erste viertürige Kompakte modernen Zuschnitts, das Design stammte von Pininfarina, eine Heckklappe hatte er zunächst aber nicht. 1968 führten weitere Umstrukturierungen innerhalb der britischen Fahrzeugindustrie zur Brirish Leyland Motor Corporation BLMC; die gewaltigen Verwerfungen in der Branche, hervorgerufen durch die Ölkrise und die militanten britischen Gewerkschaften führten dann 1975 zur Verstaatlichung des Konzerns, der fürderhin als British Leyland Limited (BL) firmierte. In Kontinentaleuropa als »Britisch Elend« verballhornt, waren noch nicht einmal wohlwollende britische Medien in der Lage, dem 1971 eingeführten Morris Marina positive Seiten abzugewinnen. Der konservative Entwurf mit Standardantrieb und Starrachse wurde überhastet und unausgereift auf den Markt geworfen, ersetzte den veralteten Minor wie auch die größeren Pininfarina-Typen und gilt bis heute als eines der schlechtesten Fahrzeuge aller Zeiten.

ROLLS-ROYCE

Charles Stewart Rolls, Spross aus walisischem Adel, Ingenieur und begeisterter Sportsmann, war 1903 auf seinem 30-PS-Mors mit 150 km/h bereits – inoffizieller – Halter des Geschwindigkeits-Weltrekords, als er auf Vermittlung eines Freundes 1904 einen gewissen Frederick Henry Royce traf. Dieser hatte sich nach oben gearbeitet und war mit einer Firma für elektrische Bauteile zu Geld gekommen. Der Selfmade-Unternehmer kaufte zunächst ein De Dion Quadricycle, dann einen gebrauchten französischen Decauville und war so unzufrieden mit Laufruhe und Verarbeitung dieser Konstruktion, dass er die meisten Teile durch Eigenentwicklungen ersetzte. Der Rest ist, wie man so schön sagt, Geschichte. Die Herren wurden schnell handelseinig: Royce baute, Rolls verkaufte, und die Autos trugen ihrer beiden Namen. Noch im ersten Jahr stand auf dem Pariser Salon eine Palette von Zwei-, Drei- und Vierzylinder-Modellen, die sie in einer Anzeige als »ersten, einfachen, stillen Rolls-Royce« bewarben. Der Vierzylinder-Twenty entwickelte sich zum Bestseller, er war so beliebt, dass die Zwei- und Dreizylinder alsbald aus dem Programm fielen. Im Jahr 1905 begann Rolls, mit einem 20 HP Rennen zu fahren, im Jahr darauf kam der Sechszylinder-Typ 40/50, für den Rolls-Royce mit den Worten warb: »Nicht eines der besten, sondern das beste Auto der Welt«. Dieser Slogan gab die Richtung vor für die nächsten Jahrzehnte vor. Und es war ein Wagen diesen Typs, der mit blanken Scharnieren und silberfarbener Karosserie als »Silver Ghost« für Publicity sorgte. Die 14/50 verkauften sich prächtig, so dass Royce 1911 die Firma in neue Räumlichkeiten nach Derby verlegte. Rolls war zu diesem Zeitpunkt schon tot, abgestürzt mit einem Flugzeug und zugleich das erste britische Luftfahrt-Opfer.

Im Jahre 1911 entstand auch die berühmte Kühlerfigur, respektlos als »Emmely« und korrekterweise als »Spirit of Ecstasy« bekannt. 1914 begann dann RR mit der Produktion von Flugmotoren und gepanzerten Fahrzeugen; nach dem Krieg ging es dann mit aufgefrischten Vorkriegstypen weiter, die mit Karosserien von Park Ward, Hooper, Gurney Nutting, James Young, HJ Mulliner und anderen versehen wurden. 1922 wurde dann den Chauffeurslimousinen kleine 20-HP-Wagen für Gentlemandriver angeboten, 1929 folgte dann mit dem Phantom II die erste echte Neukonstruktion seit 1906.

In den Dreißigern machte RR durch Rekorde zu Lande, zu Wassser und in der Luft auf sich aufmerksam, Malcom Campbell holte mit seinem 2300 PS starken »Bluebird« (V12, 36,5 l, Kompressor) 1933 mit 484,62 km/h zum ersten Mal mit einem Rolls-Royce-Flugmotor einen Geschwindigkeits-Weltrekord. Nach dem Krieg wurde die Autoproduktion nach Crewe verlagert, es folgten Modelle wie der Silver Wraith und der Silver Dawn, die eine neue Generation von Sechs- und Achtzylindermotoren erhielten. Inzwischen ging RR dazu über, Komplettfahrzeuge mit eigenen Karosserien anzubieten, 1961 legte Rolls-Royce seine beiden Londoner Karosseriebau-Abteilungen HJ Mulliner und Park Ward zusammen zu HJ Mulliner Park Ward: Die Ära der maßgeschneiderten Aufbauten neigte sich dem Ende zu; der Phantom VI – der zwischen 1968 und 1991 angeboten wurde – war die letzte einer langen Reihe von großen Limousinen für Exzellenzen und gekrönte Häupter mit Sonderkarosserie. Und der Silver Shadow von 1965 war die erste mit selbsttragender Karosserie; er und sein Nachfolger, der Silver Shadow II (1977–1981), war mit 34.611 Einheiten der meist verkaufte Rolls-Royce aller Zeiten. Anfang der Achtziger hatte der Konzern das Tal der Tränen bereits durchschritten. 1971 war der Luftfahrt- und Automobilkonzern in Konkurs gegangen und verschwand 1973 von der Börse. Luftfahrt- und Fahrzeugsparte wurden getrennt, 1990 wurde Rolls-Royce Motors mit dem Rüstungskonzern Vickers zusammengelegt; im Juli 1998 erfolgte die Aufspaltung der Gruppe. Die Fahrzeugtöchter Rolls-Royce und Bentley wurden getrennt. Der Volkswagen-Konzern kaufte Bentley und das Werk in Crewe, während die Namensrechte an die BMW Group gingen. Mit nichts als einem weißen Blatt Papier vor sich begannen die Arbeiten an einer völlig neuen Fahrzeuggeneration, die in einer neuen Fabrik entstand: Der Phantom aus dem Werk in Goodwood mit dem BMW-V12-Motor wurde 2003 vorgestellt. Der Anspruch ist geblieben.

Der Phantom II von 1929 war der letzte Rolls-Royce, an dessen Entstehung Henry Royce noch persönlich mitgearbeitet hatte. Hier ein von Windovers gebauter Sedanca de Ville. (Foto © Rex Gray, CC-BY-SA-2.0)

Dieser Phantom III von 1937 ist als siebensitziger offener Tourer karossiert und gehörte einem indischen Maharadscha. Der Phantom III war bis zum Erscheinen des Seraph 1998 der einzige RR mit V12-Motor. (Foto: © Thesupermat, CC-BY-SA-2.0)

Ein Silver Cloud III mit Mulliner-Aufbau und »Chinese Eyes«, den eigentümlich angeordneten Doppelscheinwerfern. (Foto: © Bull-Doser)

Wer die »Chinese Eyes« nicht wollte, konnte immer noch zum konventionellen Silver Cloud III greifen. Gebaut 1963 bis 1966, ist der Wagen auf dem indischen Subkontinent unterwegs. (Foto: © Gnangarra, CC-BY-SA-2.0)

Der Rover 12 erschien 1910. Er kostete als Tourer 350 Pfund.
(Foto: © Peter Turvey, CC-BY-SA-2.0)

Der Rover P4 wurde in verschiedenen Ausführungen – 60/75/80/90/95/100/105/110 – zwischen 1949 und 1964 gebaut. Insgesamt entstanden 43.241 Stück. Hier einer der letzten, ein 110.
(Foto: © Scott Wagner, CC-BY-SA-2.0)

Tantchens Rover: Die Mittelklasse-Baureihe – hier ein 80 der P4-Reihe – bot eine arg betuliche Art der Fortbewegung.
(Foto: © Niels de Witt, CC-BY-2.0)

ROVER

Ein Rover P6 Serie II, gebaut zwischen Ende 1971 und 1977. Unter der Haube befand sich der ursprünglich von Buick stammende 3,5-Liter-Achtzylinder.
(Foto: © Sicnag, CC-BY-2.0)

Die Firma Rover geht zurück auf Starley and Sutton Co, eine Fahrradfabrik, die 1885 mit einem Niederrahmen-Fahrrad mit gleichgroßen Laufrädern den Fahrradbau revolutionierte. Dieses »Sicherheitsrad« wurde unter dem Namen »Rover« verkauft und machte das Unternehmen in Coventry zu einem der größten Fahrradhersteller der Welt. Bereits 1888 experimentierte man mit einem Elektrofahrzeug, ließ dann aber doch die Finger vom Serienbau und blieb bei den lukrativen und bekannten Fahrrädern, die dann bei der Umwandlung in eine Aktiengesellschaft 1896 der Firma ihren Namen gaben. Drei Jahre nach dem Tod des Gründers Starley im Jahre 1901 begann das Unternehmen mit der Autoproduktion, erstes Vierrad-Erzeugnis war der Zweisitzer 6 HP Rover Eight, ein Entwurf von Edmund W. Lewis, der von Daimler gekommen war. Wie üblich, erschienen nun in rascher Folge diverse neue, verbesserte oder abgeleitete Varianten in verschiedenen Leistungsstufen und Motor-Konfigurationen. Im Ersten Weltkrieg war das Unternehmen mit den üblichen Rüstungsaufträgen ausgelastet, baute eigene Motorräder, Lastwagen für Maudslay und Stabs- und Verbindungsfahrzeuge nach Sunbeam-Vorlagen. Ein Riley-Entwurf bildete aber die Basis für den ersten Nachkriegs-Rover, der bei der Motor Show 1920 gezeigt wurde, ein zweisitziges Leichtgewicht, das aber beim Publikum nicht ankam: Rover steckte in Schwierigkeiten und geriet immer tiefer in den Schlamassel. Letztlich verdankt Rover dem Zweiten Weltkrieg sein Überleben; nach 1937 begann die Regierung, Rüstungskapazitäten aufzubauen, wobei der Staat das Geld gab und die privaten Unternehmen für den Betrieb sorgten. Rover kam so in den Besitz von zwei funkelnagelneuen Werken, eines in Coventry und ein anderes in Solihull. Coventry wurde zerstört, bevor es so richtig in Betrieb gegangen war, Solihull wurde zum Stammwerk. Rover produzierte Flugzeugteile und war auch in die Entwicklung von Gasturbinen involviert, was dann zur berühmten Turbinenauto-Studie von 1950 führte. Zwischen 1942 und 1964 baute Rover dann im Auftrag von Rolls-Royce Panzermotoren. 1947 lief in Solihull die Autofertigung wieder an, das Unternehmen plante den Bau von 20.000 Autos, erhielt aber nur Stahl für 1.100 Stück; und um die Kapazitäten auszulasten, entwickelte Rover ein Gegenstück zum Jeep. Anders als Stahl stand Aluminium aus der Flugzeugfertigung noch reichlich zur Verfügung, der neue Entwurf erhielt daher eine Aluminium-Karosserie. Ein Name für den neuen Wagen war schnell gefunden: Er hieß Land Rover, erschien 1948 und bescherte der Firma in den folgenden beiden Jahrzehnten rosige Zeiten. Es ging ihr so gut, dass sie sogar 1965 versuchte, Alvis zu kaufen. Die Limousinen der P-Reihe – der P3 erschien im gleichen Jahr wie der Land Rover – festigten den Ruf als Anbieter von konservativen Limousinen wie die P4- (1949–64), P5- (1958–73) und P6-Typen (1963–76), wobei Letztere später auch mit einem 3,5-Liter-Aluminium-V8 zu haben waren. Der V8 beruhte auf einer Buick-Konstruktion und beflügelte dann auch den Range Rover von 1970. Inzwischen gehörte die Marke zur British Leyland, und nun begann der Abstieg: Das Rover-Werk Solihull wurde zum Synonym für Streiks, Missmanagement und miese Qualität. Und der geniale Rover SD1 von 1976 war mit so vielen Problemen in Verarbeitungsqualität und Zuverlässigkeit behaftet, dass er, trotz glänzender Anlagen, nicht zum großen Imageträger, sondern zum Desaster wurde. Letztlich wurden in Solihull nur noch die Geländewagen gebaut, alle anderen Rover-Fahrzeuge entstanden dann in den ehemaligen Anlagen von Austin und Morris in Longbridge und Cowley. 1981 fasste BL seine PKW-Aktivitäten in der Austin Rover Group zusammen; Rovers Wikingerschiff schmückte nun Honda-Ableitungen, so wie auch der SD1-Nachfolger namens Rover 800 auf Basis des Honda Legend entstand. Zu diesem Zeitpunkt verfolgte Austin Rover eine Ein-Marken-Strategie und hieß nur noch »Rover Group«; die Zusammenarbeit mit Honda führte zu Fahrzeugen wie dem Rover 400 und dem Rover 600. Nach Ansicht britischer Medien verbesserten diese Typen das Image gewaltig, und das mag mit ein Grund gewesen sein, dass BMW 1994 die britische Gruppe übernahm. Letztlich aber gelang die Kehrtwende nicht, BMW zog sich 2000 zurück und nahm die Rechte an Mini, Triumph und Austin-Healey mit. Die verbliebene MG Rover Group ging 2005 in die Insolvenz, die Reste kaufte die Nanjing Automobile Group auf.

SINGER

Singer Motors Limited begann 1874 in Coventry als Fahrradfabrik, die 1901 auf Automobile umschwenkte. Die Singer Motor Co war der erste Automobilhersteller, der einen brauchbaren Kleinwagen auf die Räder stellte, zu einem Zeitpunkt, als die Konkurrenz noch an windigen Cyclecars herumdokterte. Dabei handelte es sich um einen Zweizylinder-Kleinwagen nach Vorbild von Lea-Francis (der Konstrukteur war ein Schotte, der zuvor für die Franzosen gearbeitet hatte); erste Eigenentwicklung war der Vierzylinder 2.4 Litre 12/14 von 1906. Die Motoren wurden zugekauft. Auf der Autoshow in London 1912 präsentierte Singer dann den Singer Ten mit zehn PS und eigenem 1,1-Liter-Vierzylinder; eine so geglückte Entwicklung, dass William Rootes, ehemaliger Singer-Lehrling und mit einem Autohandel selbstständig, die komplette Jahresproduktion von 50 Stück aufkaufte. Firmengründer Singer war zu dem Zeitpunkt bereits drei Jahre tot. Wie bei nahezu allen anderen Herstellern begann in den Jahren nach dem Ersten Weltkrieg die Produktion wieder mit aufgewärmten Vorkriegs-Entwürfen, der Ten war und blieb der Bestseller im Programm. Er erhielt 1923 einen neuen OHV-Motor; ein Jahr nachdem Singer seinen ersten Sechszylinder-Wagen vorgestellt hatte. Inzwischen hatte Singer bereits einen kleineren Hersteller übernommen und schluckte 1926 einen weiteren Konkurrenten. Der Ten des Jahres 1927 hatte einen 1,3-Liter-Motor; ihm zur Seite gestellt wurde ein neuer Kleinwagen, der Junior, mit 850 ccm und obenliegender Nockenwelle, der große Ten erhielt die Verkaufsbezeichnung Senior. 1928 war Singer Großbritanniens drittgrößter Automobilhersteller, nach Austin und Morris, verfügte über sieben Werke und beschäftigte 8.000 Mitarbeiter. Der Jahresausstoß lag bei 28.000 Fahrzeugen und der Marktanteil bei 15 Prozent. Die Kapitaldecke aber war knapp. Die Umstellung auf eine Fließbandmontage und die Firmenzukäufe hatten viel Geld gekostet. Dazu leistete sich Singer den Luxus eines weit verzweigten Modellprogramms, wobei zu den wichtigsten Konstruktionen Fahrzeuge wie der Bantam (972 ccm) mit seinem teilsynchronisierten Dreigang-Getriebe gehörte. Als er 1935 erschien, stellte er eine ernsthafte Konkurrenz zum Morris Eight dar. 1936 wurde die Firma umstrukturiert (wobei auch das desaströse Abschneiden der vier Werkswagen bei der Tourist Trophy des Vorjahres eine Rolle gespielt haben soll). Nach dem Zweiten Weltkrieg ging es mit einem neuen Roadster und den Typen Ten und Twelve wieder los, konservative Limousinen aus der Vorkriegszeit. 1948 folgte der erste Singer – SM 1500 – mit vorderer Einzelradaufhängung und angedeuteter Pontonkarosserie, die Sportversion Hunter von 1954 gab es sogar mit DOHC-Motor, wenn auch nur kurzzeitig und in wenigen Exemplaren. Die traditionsreiche, aber finanzschwache Firma ging 1956 an Rootes. Was danach unter Singer-Label erschien, waren Hillman- und Sunbeam-Konstruktionen. Das Singer-Markenzeichen verschwand 1970. Rootes war ein Familienunternehmen, dahinter standen die beiden Brüder William Edward, Jahrgang 1894, und Reginald Claude (1896). Sie hatten 1917 die väterliche Werkstatt um einen Automobilhandel erweitert; der Schritt zum Automobilproduzenten gelang 1928, die Rootes-Brüder kauften sich bei Humber und Hillman ein, weitere Marken folgten: 1934 Karrier (Lastwagen), 1935 Sunbeam, 1956 Singer. Am Vorabend des Zweiten Weltkriegs war das Rootes-Imperium der sechstgrößte Automobilproduzent im Vereinigten Königreich. Mit 43.000 produzierten Fahrzeugen 1938 lag der Marktanteil bei zehn Prozent. Chrysler, auf der Suche nach einem europäischen Standbein, übernahm 1964 einen 30-Prozent-Anteil an der Rootes-Gruppe und stockte diesen sukzessive auf. Kennzeichen der Rootes-Gruppe war das Badge-Engineering, kein anderer Konzern brachte ein- und denselben Typ unter so vielen verschiedenen Markenzeichen in Umlauf. So handelte es sich auch bei den letzten Singer-Fahrzeugen um Rootes-Entwürfe. Die neue Konzernkonstruktion von 1966 war eine konservativ gezeichnete Stufenheck-Limousine; bei allen danach präsentierten Modellen handelte es sich mehr oder minder um Ableitungen dieses Typs. Motorseitig kam nach 1965 nur noch der 1,7-Liter-Vierzylinder zum Einsatz. Ölkrise, wilde Streiks und steigende Verluste vermiesten den Eignern immer mehr den Spaß am britischen Abenteuer, so dass man schließlich Chrysler UK zusammen mit Chrysler France 1977 an die PSA-Gruppe abtrat.

Singer bot weit mehr als Standard-Kleinwagenware. Hier ein Nine Le Mans Coupé von 1936. (Foto: © Steve Clover, CC-BY-SA-2.0)

Der Singer SM 1500 wies innovative Features auf. Verzögert wurde über Lockheed-, nicht, wie beim 4A, über Girling-Bremsen. Gebaut bis 1956. (Foto: © Andrew Bone, CC-BY-2.0)

Nach 1956 gab es keine echten Singer mehr. Der »Gazelle« basierte, wie die Autos der Konzernmarken, auf der Audax-Plattform von Rootes. (Foto © Charleso1, CC-BY-SA-3.0)

Mit dem Nine Sports Series 4A begann 1947 die Singer-Nachkriegsgeschichte – »worth waiting for«, wie die Werbung verkündete. Der Roadster der 4A-Serie war erst 1939 eingeführt worden. (Foto: © KarleHorn, CC-BY-SA-4.0)

Mit seinem Sunbeam holte 1927 Sir Alan Cobham den absoluten Geschwindigkeitsrekord für Landfahrzeuge und durchbrach die 200-mph-Schallmauer. (Foto: © Hugh Llewelyn, CC-BY-SA-2.0)

Der Sunbeam Alpine Roadster wurde auf einer modifizierten Bodengruppe eines Hillman-Kombis aufgebaut. Er erinnerte an den Ford Thunderbird, was kein Wunder war, weil beide vom gleichen Stylisten stammten. (Foto: © Bob Adams, CC-BY-SA-2.0)

Diese Coupé-Variante des Imp hieß »Californian« und stand nur Ende der Sechziger im Angebot. Letztlich traf auf ihn das zu, was für alle Imp galt: Zu teuer, zu schlecht verarbeitet, lausiger Rostschutz, mechanisch nicht ausgereift – eine Entwurf, der zu Recht vergessen ist.

SUNBEAM

Sticht nicht: Der Sunbeam Rapier Fastback, also mit Schrägheck, war ein Konzernentwurf. Als sein Bau 1976 eingestellt wurde, vermisste ihn niemand.

Talbot/Sunbeam gehörte seit 1935 zum Markenverbund der Rootes-Gruppe, die 1958 von Chrysler aufgekauft wurde. Das Unternehmen entstand 1887 als »Sunbeam Land Cycle Factory« und baute zunächst Fahrräder, 1899 dann ein Auto. Erstes, bis 1904 gebautes Serienfahrzeug war aber ein ziemlich skurriles Vehikel mit jeweils einem Rad vorne und hinten und einem Rad an jeder Seite; dieser Sunbeam Mabley hatte einen Motor von De Dion-Bouton mit 326 Kubikzentimeter Hubraum. 1903 entstand der erste Vierzylinder mit 2,4 Litern Hubraum, im Jahr darauf lief der erste Sechszylinder. 1909 übernahm der Franzose Louis Coatalen die Position des Chefingenieurs, nach Stationen bei De Dion-Bouton, Clemént und Panhard-Levassor und der britischen Motorenfirma Crowden, Humber und Hillman. 1910 begann Sunbeam, sich auf den Bau von Hochgeschwindigkeitsfahrzeugen zu verlegen, das Kriegsende brachte 1919 den Verkauf an den britischen Ableger der französischen Firma Darracq, die bereits über die Rechte an der britischen Marke Talbot (die ihrerseits auf eine französische Marke zurückging) verfügte. Diese Fusion brachte dann 1920 – eine der Schlüsselfiguren dabei war Sunbeam-Chefingenieur Coatalen – die englisch-französischen STD (Sunbeam-Talbot-Darracq) hervor. In England wurden die Marken Sunbeam und Talbot weitergeführt, in Frankreich gab es Talbot; der Markenname Talbot-Darracq zierte nur ein V8-Modell von 1920. Die Wege der englischen und der französischen Marken trennten sich, Rootes verkaufte nach der Übernahme die französische Talbot, die als Talbot-Lago dann Luxuswaren produzierte. In den 20er Jahren griffen Lee Guiness, Malcolm Campbell und Henry Segrave mit den immer stärker werdenden Zwölfzylinder-Sunbeam den absoluten Geschwindigkeits-Weltrekord an. Mit dem Sunbeam V12 Tiger fuhr Segrave am 21. März 1926 mit 245,149 km/h den absoluten Geschwindigkeits-Weltrekord, im Jahr darauf erzielte er mit einem 1000-PS-Sunbeam Mystery (den zwei V12-Flugmotoren mit 45 Litern Hubraum befeuerten) 326,487 km/h, nach anderen Quellen 327,898 km/h: Sunbeam war die Sportwagenmarke der frühen Dreißiger, der 3 Litre Six Twin Cam genoss einen nachgerade legendären Ruf. Nach dem Zweiten Weltkrieg war der absolute Geschwindigkeits-Weltrekord für Sunbeam kein Thema mehr, Typen wie der 1948 erschienene Ten beziehungsweise 2 Litre sorgten für Achtungserfolge in den USA und spielten dringend benötigte Devisen ein. Am Steuer eines Sunbeam 90 belegte Stirling Moss 1952 einen zweiten Platz bei der Rallye Monte Carlo. Im gleichen Jahr räumte Sunbeam beim Coupe des Alpes ab, die ersten drei Plätze fielen an den britischen Hersteller, und dieser Sieg konnte in den beiden darauffolgenden Jahren wiederholt werden. Der Sunbeam Alpine-Roadster entstand auf dieser Basis. 1957 erschien der Sunbeam Rapier, der ebenfalls bei vielen Rallyes an den Start ging. 1961 landete ein Coupe Sunbeam Harrington bei den 24 Stunden von Le Mans auf den vorderen Plätzen, und da war dann noch der Tiger von 1964 mit der Karosserie des 1959er Alpine, aber 4,3-Liter-Ford-V8 und 192 km/h in der Spitze. Der im Folgejahr gezeigte Imp GT war eine um 18 auf 60 PS erstarkte Variante des Hillman Imp; auch der Hunter stammte aus der zentralen Rootes-Entwicklungsabteilung und war in verschiedensten Varianten zu haben, als Hillman Hunter, Hillman Minx, Singer Gazelle, Singer Vogue, Humber Sceptre, Sunbeam Rapier, Sunbeam Alpine und Sunbeam H 120. 1967 ging die Rootes-Gruppe an Chrysler, nach 1970 wurden die Autos im Ausland nur noch als Sunbeam vermarktet. Aushängeschild und auch mit einigem Erfolg in den USA verkauft, war der zwischen 1967 und 1976 gebaute Rapier. Diese Sportvariante hatte den 1,7 Liter-Stoßstangen-Vierzylinder mit 88 PS (das Topmodell kam auf 105 PS). Er unterschied sich eigentlich nur durch die zweitürige Fastback-Karosserie (ohne B-Säule) und die reichlich auf Sport getrimmte Ausstattung von den Familienkutschen. Die letzte klassische Sunbeam-Limousine wurde 1973 eingeführt und in Deutschland nach kaum drei Jahren wieder vom Markt genommen, in der toleranteren Schweiz hielt sie noch bis zur Übernahme von Chryslers Europa-Aktivitäten an Peugeot durch. Letzte Neukonstruktion war der Chrysler Sunbeam von 1977, der als Talbot Horizon in Europa Karriere machte und in seiner Topversion als Sunbeam TI Teil der Talbot/Simca-Palette wurde. Das entsprechende Gegenstück in den USA hieß Chrysler Omni GHL (»goes like hell«).

TRIUMPH

Aus Nürnberg eingewandert, gründete Siegfried Bettmann 1886 in Coventry die Triumph Cycle Company, baute ab 1889 eigene Fahrräder und ab 1902 Motorräder. Der Autobau begann dann im ehemaligen Hillman-Werk in Coventry. In diesem Gebäude hatte ein ehemaliger Hillman-Manager 1918 die Dawson Car Company gegründet und einen 11/12 HP mit 1,8-Liter-OHC-Maschine und Dreiganggetriebe gebaut, zu haben mit vier verschiedenen Aufbauten. Zwischen 1919 und 1921 sind angeblich 70 Dawson entstanden. Der erste Wagen der Triumph Motor Company von 1923 war ein Entwurf von Lea-Francis, den der Triumph-Chef Colonel Claude Holbrook in Auftrag gegeben hatte. Der Kleinwagen hieß 10/20 HP, hatte einen seitengesteuerten 1,4-Liter-Vierzylinder unter der Haube und war in drei Karosserieausführungen zu haben, im Jahr darauf erschien der bereits mit hydraulischen Vierradbremsen ausgestattete 13/35 HP. Nach 1927 zeichnete sich ein moderater Aufschwung ab, Modelle wie der Super Seven und der Super Eight verkauften sich nicht schlecht, aber nicht gut genug, um die Krise zu überstehen. Diese führte zur Trennung von der deutschen Triumph in Nürnberg, die dann bis 1957 Motorräder fertigte. Anfang der 30er beschloss Holbrook den Schritt in die höheren Fahrzeugklassen, die mehr Marge versprach. Es kam zu Fahrzeugen wie dem Southern Cross und der Gloria-Familie, wobei die Motoren zum Einsatz kamen, die Coventry Climax konstruiert hatte; die neue Motorengeneration von 1937 war eine Entwicklung von Ex-Rallyefahrer Donald Healey, der seit 1933 in der Triumph-Entwicklungsabteilung arbeitete und 1934 die Rallye Monte Carlo gewann. Holbrooks Rechnung aber ging nicht auf, um aus den roten Zahlen zu kommen, wurde 1936 die Motorradfertigung wie auch die Fahrradsparte verkauft, ohne verhindern zu können, dass die nunmehrige Triumph Motor Company im Juli 1939 zum Verkauf stand. Wohl fand sich ein neuer Eigner, der Donald Healey zum neuen Chef bestellte, doch dann kam der Zweite Weltkrieg und mit ihm der verheerende Luftangriff auf Coventry 1940, der das Werk in Schutt und Asche legte. Nach Kriegsende wurden die Reste zusammengekratzt und samt den Namensrechten an die Standard Motor Co. verkauft. Die ersten Nachkriegs-Triumph waren keine aufgemöbelten Vorkriegsentwürfe, beim Triumph 1800 von 1946 handelte es sich um eine Neuentwicklung, mit Aluminium-Karosserie, eine Folge der nach Kriegsende noch reichlich vorhandenen Bestände an Leichtmetall (im Gegensatz zum Stahl, der war nämlich Mangelware). In den frühen Fünfzigern entschied Standard, die Sportwagen des Hauses mit dem Triumph-Label zu schmücken. Solcherart klar positioniert, war der erste in Serie gebaut Triumph-Roadster der Nachkriegszeit der TR2 von 1953; ihm folgten zahlreiche weitere Sportwagen-Generationen, die vor allem in den USA sehr populäre TR-Serie lief erst, zuletzt mit Rover-V8 und Klappscheinwerfern – 1981 aus. Die Popularität der Triumph-Sportwagen führte indes dazu, dass der Markenname Standard in Vergessenheit geriet, nach der Übernahme durch Leyland Ende 1960 verschwand die Markenbezeichnung Standard. Zu den Meilensteinen in den Sechzigern gehörten Typen wie der 2000, der TR4, der Spitfire, Vitesse und der Herald. Der relative Erfolg auf den Auslandsmärkten hing auch damit zusammen, dass Triumph mit der Verpflichtung des Designstudios von Giovanni Michelotti einen Glückstreffer landete. Das Design des 1959 lancierten Herald stammte, ebenso jenes der Sportwagen TR 4 und 5, von ihm. Auf dem Herald mit hinterer Pendelachse basierten der Sechszylinder-Vitesse, der in vier Generationen gebaute Spitfire sowie dessen Coupé-Ableger GT 6. Dazu kamen die Sechszylinderlimousinen 2000 (ab 1963), 2.5 PI (ab 1968, mit Einspritzung) und der auch in einem James-Bond-Streifen mitspielende 2+2-sitzige Stag (mit Dreiliter-V8 von 1970), jeweils im Michelotti-Design, sowie die Limousinen 1300 (ab 1965), Toledo, 1500 und Dolomite mit 16V-Motor. Fertigungsmängel und technische Gebrechen (die auch auf das Konto des Zulieferers Lucas gingen) ließen aber vom einstigen guten Ruf der Marke nicht mehr viel übrig. Nach dem Zusammenschluss der British Motor Holdings und der Leyland-Gruppe 1968 zu British Leyland bildete Triumph zusammen mit Rover und später Jaguar Teil der Specialist Division der Gruppe, das Ende kündigte sich mit dem Acclaim von 1981 an, einem Honda-Verschnitt. Die Marke erlosch 1984, die Rechte wie auch die an den Marken kamen zu Standard, Riley, Rolls-Royce und Mini zu BMW.

Der Super 9 (hier der Prototyp von 1931) war der erste Triumph mit 12-Volt-Elektrik und einem Motor von Coventry-Climax. 1933 fiel er aus dem Programm.

Der TR6 von 1969 war ein von Karmann modifizierter TR 5 und verkaufte sich besser als jeder andere TR zuvor. Seit dem TR 5 verfügte der TR über einen Sechszylinder-Motor.
(Foto: © Zeus79, CC-BY-SA-2.0-DE)

Der »Spiti« – Triumph Spitfire, hier ein MK IV – war Triumphs Roadster-Angebot für den kleinen Geldbeutel. Als er 1980 auslief, hinterließ er eine schmerzliche Lücke.
(Foto: © Sicnag, CC-BY-2.0)

Buy british: Aufwändig restaurierter TR3A mit nicht ganz originaler Farbgestaltung. Diese 1958 eingeführte Generation war die erste mit äußeren Türgriffen.
(Foto: © Ian Simmons, CC-BY-SA-3.0)

Der Big Six wurde 1933 präsentiert. Man warb mit der »zugfreien Belüftung«, der »größten Innovation seit Einführung des geschlossenen Aufbaus«. (Foto: © sv1ambo, CC-BY-2.0)

Der Velox war die Sechszylinder-Ausführung der Mittelklasse-Limousine Wyvern und wurde in drei Serie von 1950 bis 1965 gebaut. Das ist ein Serie 1 (bis 1956). (Foto: © Sicnag, CC-BY-2.0)

Als General Motors 1925 Vauxhall kaufte, war das Unternehmen mit einem Jahresabsatz von rund 1.500 Fahrzeugen relativ unbedeutend. Eigentlich hatte GM sich für Austin interessiert, doch der Preis war zu hoch. Dieser 23-60 Tourer mit OHV-Vierzylinder erschien 1922. (Foto: © Mattinbgn, CC-BY-SA-3.0)

VAUXHALL

Der Firenza war im Grunde die zweitürige Coupé-Variante des langweiligen Vista und wurde in der Form zwischen 1971 und 1973 gebaut. (Foto: © Allen Watkin, CC-BY-2.0)

Vauxhall, die britische Tochter von General Motors, hat seine Wurzeln im Stahl- und Schiffsbau; die Vauxhall Ironworks Co entstand 1898 und begann 1902 mit dem Fahrzeugbau. Der erste Vauxhall war eine Motorkutsche mit Einzylinder-Motor; im ersten vollen Produktionsjahr, 1903, entstanden 46 Fahrzeuge vom Typ 5 HP. Da die Nachfrage weiter stieg, wurden 1905 neue Räume in Luton bezogen, das Produktionsprogramm umfasste die Typen 9 HP, 14 HP und 18 HP. Zwei Jahre später kam es zur Gründung der Vauxhall Motor Limited, da man aber mit den Entwürfen des Chefingenieurs nicht zufrieden war, schickte man den auf einen ausgedehnten Urlaub und verpflichtete L.H. Pomeroy, der den müden Vauxhall-Typen Beine machen sollte. Schließlich veranstaltete der renommierte britische Autoklub RAC 1908 eine große Fernfahrt über 2000 Meilen, und bei diesem Langstreckenwettbewerb sollten die Vauxhall gut abschneiden. Tatsächlich heimsten die Vauxhalls diverse Klassensiege ein, und als der bisherige Chefingenieur aus dem Urlaub zurückkehrte, konnte er schon gleich wieder gehen: Pomeroy hatte nun das Sagen. Zu seinen bekanntesten Entwürfen gehörte der C10, eine Weiterentwicklung des Vauxhall 20 HP, ein Dreiliter-Vierzylinder mit 40 PS (Bohrung x Hub: 90 x 120 mm), der für die Prinz-Heinrich-Fahrt 1910 auf 60 PS angehoben worden war. Drei dieser Vauxhall gingen an den Start, und auch wenn keiner den Gesamtsieg errang, so galten diese Wagen doch als die ersten echten britischen Rennsportwagen. Die Nachfrage nach diesem Typ C10 war so groß, dass dieser Typ bis zum Krieg im Programm blieb. Die technischen Daten variierten je nach Aufbau; 1913 wuchs durch eine neue Auslegung (B x H: 95 x 140 mm, aber noch immer einteiliger Motorblock) der Hubraum auf knapp vier Liter. 1914 arbeiteten für den Automobilhersteller in Bedford bereits 700 Mann. Der größte und schnellste der Vauxhall-Typen war der auf dem C10 basierende Vauxhall E-Typ 30-98 HP von 1913, der bis 1927 in Produktion blieb und zuletzt mit 120 PS aufwarten konnte. Mit diesem Luxuswagen spielte Vauxhall in einer Liga mit Rolls-Royce. Im Großen Krieg mit der Rüstungsproduktion ausgelastet – zum Beispiel mit dem D-Typ 25 HP für höhere Stäbe – war das Unternehmen dennoch nicht sonderlich profitabel, was dazu führte, dass das Unternehmen an GM verkauft wurde. In den folgenden Jahren nahm der amerikanische Einfluss ständig zu, was sich nicht immer negativ auswirkte: Jetzt war endlich genügend Geld da für Neukonstruktionen, die ganzen veralteten Vorkriegs-Konstruktionen, die das Vauxhall-Programm dominierten, wichen Neukonstruktionen wie dem Sechszylinder-Modell »Cadet« – dem ersten Vauxhall nach der GM-Übernahme – von 1931 mit Synchrongetriebe. Auch der »Light Six« von 1933 trug eindeutig amerikanische Züge. Mit dem Ten modernisierte Vauxhall 1938 sein Programm, dieser Weg hin zur Großserie wurde in der Nachkriegszeit konsequent weiterverfolgt (die wie praktisch überall wieder mit neu aufgelegten Vorkriegsentwürfen begann). Während des Kriegs baute Vauxhall vor allem Bedford-Lastwagen für die britische Armee, den Kampfpanzer Churchill und Teile für den Höhenaufklärer DeHavilland Mosquito. Erste Pkw-Neukonstruktionen waren 1948 der Wyvern und der Velox. Der Wyvern war das Einsteigermodell mit 1,5-Liter-Vierzylinder mit 35 PS sowie der praktisch baugleiche Sechszylinder-Typ Velox mit 2,25 Liter Hubraum und einer Leistung von 58 PS; beide im Stil zeitgenössischer Chevrolets. Wie auch bei der deutschen GM-Tochter Opel (und Ford) wirkten die Vauxhall wie auf Europamaß zurechtgestutzte US-Straßenkreuzer, mit Panoramascheiben, Heckflösschen, Chrom und Zweifarblackierungen. Die Geschäfte liefen prächtig, 1960 wurde ein neues Werk in Ellesmore Port in Betrieb genommen; hier lief der neue Kleinwagen Viva vom Band (und nach 1980 wurden Opel-Fahrzeuge mit Vauxhall-Stickern versehen). In den Sechzigern aber fingen für Vauxhall die Probleme an; die Pkw-Typen vom Cresta bis zum Velox, vom Victor bis zu den Lastwagen der 1930 ins Leben gerufenen Nutzfahrzeugsparte Bedford gerieten durch Rost- und Verarbeitungsprobleme in Verruf. Mit dem GM-Weltauto, dem C-Kadett von 1973, begann endlich die sinnvolle und notwendige Zusammenarbeit mit der deutschen GM-Tochter Opel; die Zeit eigenständiger und kostenintensiver Doppelentwicklungen endete in den frühen Achtzigern: Opel und Vauxhall sind seit dem praktisch nur an der Position des Lenkrads und den Emblemen zu unterscheiden.

WOLSELEY

Die Ursprünge des Unternehmens als Automobilmarke gehen zurück auf den Winter des Jahres 1895/96, als der 30 Jahre alte Herbert Austin, damals Betriebsleiter in der Wolseley Sheep Shearing Machine Co. nach einer Möglichkeit suchte, die Firma auszulasten, wenn nicht gerade Hochsaison in Sachen Schafschur herrschte. Und da er sich für Motoren und Automobile interessierte (obwohl es davon noch nicht viel gab), baute er über Winter den Dreiradwagen von Léon Bollée nach, den er in Paris gesehen hatte. Allerdings hatte eine andere Firma bereits die Lizenzrechte für England gekauft, daher entwickelte er auf Basis seines Nachbaus einen neuen Wagen. Bei seiner Nummer 1 von 1897 waren, anders als beim französischen Vorbild, ein Rad vorne und zwei Räder hinten. Man saß Rücken an Rücken, der Zweizylinder-Motor befand sich in Fahrzeugmitte. Zwei Jahre später war der Schritt zum Vierrad-Fahrzeug vollzogen, der Beschluss, damit auch Geld verdienen zu wollen, fiel 1901: Damals nämlich investierten die Rüstungshersteller Vickers, Sons sowie Maxim in das neue Unternehmen, das sich daneben noch dem Maschinenbau verschrieb; Austin wurde zum neuen Geschäftsführer. Sein Vertrag lief 1905 aus, er verließ das Unternehmen, um die Austin Motor Co. zu gründen Zu den bemerkenswertesten Konstruktionen in dieser Frühphase gehörte der Wolseley 45, ein Dreizylinder-Modell mit 8442 ccm Hubraum und seitlich stehenden Ventilen (sv), der bei 750 min−1 45 bhp abgab. Wolseley tat sich 1905 mit der Siddeley Autocar Co. zusammen, einem 1902 gegründeten Unternehmen, an dem die Wolseley-Eigner ebenfalls beteiligt waren. Siddeley hatte einen Ein- sowie zwei Vierzylindertypen im Programm. John Davenport Siddeley, Kopf der nunmehrigen Firma Wolseley-Siddeley, verkaufte diese Modellpalette bis zu seinem Ausscheiden etwa um 1910. Das Unternehmen experimentierte auch mit Benzin-Elektro-Bussen, auf solchen Chassis realisierte Wolseley mutmaßlich auch den Typ 50 von 1911, ein Ungetüm mit Sechszylinder-Blockmotor, 8,9 Liter Hubraum und seitlich stehenden Ventilen (sv). Außerdem baute man um 1912 Motorschlitten für Scotts Expedition zum Südpol, gründete Niederlassungen in Kanada und baute Flugzeugmotoren. Danach konzentrierte man sich zunächst auf Boots- und Stationärmotoren. Erste und wesentliche Neukonstruktion der Friedenszeit der Wolseley Ten von 1920, ein Kleinwagen mit Vierzylinder-Blockmotor und 1260 ccm Hubraum. Die Nockenwelle lag oben. Zwei Jahre später erschien der zweizylindrige Seven mit 983 ccm Hubraum, der Kleinwagen wurde aber nur bis 1925 gebaut. Daneben hatte Wolseley den zwischen 1914 und 1921 aktuellen Typ 30/40 mit 6,9-Liter-Sechszylinder im Programm, der in Sachen Abmessungen und Radstand dem Typ 50 entsprach. So richtig Geld verdient war damit aber nicht, im Oktober 1926 musste der Gang zum Konkursrichter angetreten werden; Wolseley ging im Februar 1927 für 730.000 Pfund an William Morris. Auch GM und Austin hatten dafür geboten, doch Morris – der Privatmann, nicht die Firma – setzte sich durch. Zu den Topmodellen des ausgehenden Jahrzehnts gehörten die beiden Achtzylinder-Typen 21/60 und 32/80; diese Repräsentationslimousinen hatten Motoren bis vier Liter Hubraum, erwiesen sich aber als schwer verkäuflich und brachten es auf keine lange Laufzeit. Das meistverkaufte Modell der Wolseley-Ära war der zwischen 1930 und 1936 gebaute Hornet, ein leichter Sechszylinder-Wagen mit 1,3 Liter Hubraum. Die Special-Ausführung mit höherer Verdichtung und Doppelvergaser trug wesentlich dazu bei, Wolseley als sportliche Marke zu positionieren. 1935 verkaufte Morris seine Wolseley-Anteile an die Morris Motor Company; die neuen Wolseley-Modelle basierten künftig auf Morris-Typen. 1938 wurde Wolseley als Teil der Nuffield-Organisation mit den Marken Morris und Riley / Autovia zusammengelegt und ging dann nach dem Krieg zunächst in der BMC auf und wurde später, nach der Fusion von BMC und Leyland zu British Leyland, 1969 mit der Marke Riley zusammengelegt. Das Woleley-Programm entsprach zu der Zeit längst den üblichen Konzernmodellen, wobei für Wolseley im Mehrmarkenkonzern bald kein Platz mehr war und entsprechend beschnitten wurde. Der Wolseley Six von 1972 war eine Variante des Sechszylinder-Austin 1800/2200; nur drei Jahre später kam der kurzlebige Wolseley 18–22, nichts anderes als ein Leyland Princess mit anderem Markenlogo. Die Markenrechte landeten über den Umweg BMW letztlich in China.

1903 Wolseley 2-Zylinder 10HP tonneau. (Foto: © Les Chatfield, CC-BY-2.0)

Der erste Hornet erschien 1930 nach der Übernahme durch Morris. Er hatte einen 1,3-Liter ohc-Sechszylinder mit Königswelle, zwei Jahre später folgte die heiße Special-Variante, die Tuner sogar noch mit einem Kompressor versahen. (Foto: © pyntofmyld, CC-BY-2.0)

Mini mit Stufenheck und Edeldekor: Der Wolseley Hornet wurde zwischen 1961 und 1969 gebaut. (Foto: © Nathan Bittinger, CC-BY-2.0)

Der Wolseley 4/44 von 1953 bis 1956 war praktisch baugleich mit dem MG Magnette ZA. Der 1,25-Liter-Vierzylinder war eine MG-Entwicklung. (Foto: © Rob, CC-BY-SA-3.0)

1950 Allard J2. (Foto: © Simon Davison, CC-BY-2.0)

Armstrong Siddeley Hurricane, 1946–1949. (Foto: © Brian Snelson, CC-BY-2.0)

Weil der amerikanische Austin-Healey-Importeur Qvale unbedingt einen Nachfolger für den AH 3000 suchte, übernahm er Jensen und verpflichtete Donald Healey. Der entwickelte einen kleinen Roadster mit Zweiliter-Lotus-Motor. Gebaut zwischen 1972 und 1975, gab es auch einen Shooting Brake namens GT. (Foto: © Liftarn, CC-BY-3.0)

WEITERE MARKEN

Gordon-Keeble GT, 1963–1967.   (Foto: © Allen Watkin, CC-BY-SA-2.0)

ALLARD

1929 begann Sydney Herbert Allard bei der Adlards Motors Garage, einem offiziellen Ford-Händler, mit dem Aufbau von Rennfahrzeugen – mit zwei, mit drei und schließlich mit vier Rädern. Der erste Rennwagen entstand 1936 mit Ford-V8-Motor, es gab dann auch Ausführungen mit einem Lincoln-V12. 1946 machte er sich mit den Allard Motor Works selbstständig, der erste Nachkriegs-Rennwagen war der Allard J1 mit dem betagten 3,6-Liter-Ford-V8-Motor. Dennoch: Im Nachkriegs-England wurde Allard rasch zu einer festen Größe im Rennzirkus, seine Aluminium-Rennwagen waren nun auch mit Cadillac- und Chrysler-OHV-Triebwerken erhältlich; Allard gewann auf einem seiner Wagen sogar die 1952er Auflage der Rallye Monte Carlo. Neben den Rennfahrzeugen baute Allard auch einige Limousinen und Kombis mit amerikanischen V8-Motoren. Der Großteil der bis 1958 gebauten 1820 Allard ging in die USA.

ARMSTRONG SIDDELEY

Austin-Ingenieur Colonel John Davenport Siddeley hat vielfältige Spuren in der britischen Industriegeschichte hinterlassen. Die bekannteste Autofirma, die seinen Namen trug, entstand 1919 aus der Fusion verschiedener kleiner Unternehmen. Fahrzeuge dieses Herstellers galten als gediegen und solide, aber nicht so wirklich aufregend, technisches Highlight war der (allerdings nicht in die Serienfertigung überführte) Fünfliter-Sechszylinder-Aluminiummotor von 1933. Noch im Mai 1945 erschienen die ersten neuen Nachkriegswagen, die nach britischen Flugzeugen benannt waren. Das zunehmend altbacken wirkende Design verhinderte, dass die Firma vom Boom der Nachkriegsjahre profitierte: Armstrong Siddeley – das letzte Modell war der Star Sapphire mit einem Vierliter-Motor und Automatikgetriebe von 1958 – wurde bei der Fusion der Flugzeugsparte mit der von Bristol 1959 eingestellt.

GORDON-KEEBLE

Gordon-Keeble, die Automarke mit der Schildkröte im Wappen, war eine Gründung der Herren John Gordon (früher bei Peerless) und Jim Keeble, die 1959 mit dem Bau eines GT mit 3,5-Liter-V8 von Buick beginnen wollten. Noch in der Entwicklungsphase schwenkten sie auf den 230 PS starken 4,6 Liter von Chevrolet um, den sie in einen Stahlrohr-Rahmengerüst steckten. Chassis wie Optik stammten aus Italien, das Design stammte vom jungen Giugiaro, die Alu-Karosserie mit dem schrägen Vieraugen-Gesicht wurde bei Bertone gefertigt. Der Gordon schmückte den Bertone-Stand auf dem Genfer Salon 1960, zum Serienlauf kam es aber erst 1964, dann mit dem Corvette-Antriebsstrang und einer Kunststoff-Karosserie. Probleme mit Zulieferern und Geldmangel führten zum baldigen Ende, 1965 kam es unter neuem Namen zu einer erneuten Produktionsaufnahme, die aber 1966 schon wieder endete: Mehr als 100 Fahrzeuge (andere Quellen sprechen von 98) sind nicht gebaut worden.

JENSEN-HEALEY

Jensen entwickelte für die British Motor Corporation (BMC) im Jahr 1952 das Design eines neuen Sportwagen auf Austin-Basis; die Konzernleitung entschied sich aber für den Entwurf von Donald Healey. Jensen baute die Karosserie für diesen Austin Healey, und als der auslief, kamen beide überein, gemeinsam einen kleinen Roadster für die USA zu bauen. Treibende Kraft dahinter war der US-Importeur für Austin-Healey Qvale. Mit seinem Geld entstand der Jensen-Healey mit Jensen-Interceptor-Genen. Er erschien 1969 und hatte einen 2,0-Liter-16V-Motor von Lotus, die Leistung lag bei 144 PS. Das Fahrwerk stammte von Vauxhall. Die US-Autos hatten eine Klimaanlage als Standard. Die erste Serie litt erheblich unter Verarbeitungsmängeln, die Serie II, gebaut von 1973 bis 1975, war da erheblich besser. Eine Alternative zum Roadster, der Jensen-Healey GT, stand neben dem Interceptor Coupé auf dem Gemeinschaftsstand bei der Earls Court Motor Show im Jahr 1975. Dabei handelte es sich um einen Sportkombi ähnlich dem Volvo ES 1800, dem »Schneewittchensarg«. Von diesem Typ entstanden lediglich 511 Stück, bevor Jensen im Mai 1976 die Pforten schloss.

ITALIEN

Die Geschichte der italienischen Automobilindustrie verlief ein wenig anders als im übrigen Europa, denn Italien war im südlichen Landesteil agrarisch geprägt, rückständig und bettelarm – Autos nur für den reichen Norden zu bauen, schien eine schlechte Idee zu sein. Daher konzentrierte sich die im industrialisierten Norditalien ansässige Marke Fiat von Anfang an auf überall erschwingliche Gebrauchswagen und dominierte das Geschehen. Mit Lancia und Alfa Romeo gab es nur zwei weitere Unternehmen, die sich daneben – mehr schlecht als recht – zu behaupten vermochten. Die Marktposition des Giganten aus Turin zwang ambitionierte Firmengründer, ihr Heil in der Nische zu suchen. Entweder als Tuner und Veredler von Fiat-Produkten, oder mit technischen wie optischen raffinierten Sportwagen für die Oberen Zehntausend. Ersteres – zusammen mit einem untrüglichen Instinkt für Mode und Formgebung – führte zu Sonderserien auf Fiat-Basis und weltweit agierenden Designstudios, Letzteres zu Sportwagenmarken wie Ferrari und Maserati. Dass diese heute zu Fiat gehören, tut der Faszination keinen Abbruch.

(Foto: © Tony Harrison, CC BY-SA 2.0)

ALFA-ROMEO

Die 1910 gegründete Firma Alfa begann in den Hallen der italienischen Tochter der französischen Marke Darracq, das 1906 gegründet wurde und 1909 schon wieder vor dem Aus stand. Eine Reihe reicher Norditaliener übernahm das Werk und beschloss, dort eigene Autos zu bauen und wählte dafür die Bezeichnung A.L.F.A. Der erste Serien-Alfa war der 24 HP, ein für seine Zeit ziemlich fortschrittlicher und mit 100 km/h ziemlich schneller Entwurf. Chefentwickler war Guiseppe Merosi, und er prägte diese frühen Jahre, ebenso wie Nicola Romeo; der nach dem Konkurs 1915 die Fertigung wieder aufnehmen ließ. Erster Alfa Romeo war der 20-30 ES Sport von 1921, die berühmtesten waren die Grand-Prix-Wagen der 20er und 30er Jahre, allen voran die genialen Sechs- und Achtzylinderkonstruktionen von Vittorio Jano P2/P3 wie der Alfa 8C 2300, der zwischen 1931 und 1934 unter anderem vier Mal Le Mans gewann. Dennoch lavierte Alfa stets am Rande des Abgrunds; ihr Überleben hatten die Mailänder Diktator Mussolini zu verdanken, der internationale Rennerfolge als regimestützend erachtete und die Firma für die Rüstung erhalten wollte. Alfa Romeo wurde quasi verstaatlicht. Im Zweiten Weltkrieg produzierte der Betrieb in erster Linie Lastwagen und Flugmotoren, danach baute man zunächst auf Basis der Vorkriegsentwürfe Luxuswagen in Kleinserie, die in Chassis und Technik weitgehend den Vorkriegsmodellen 6C 2500 entsprachen.

Allerdings warf das Pkw-Programm zu wenig Geld ab. Daher konnte die Devise in der Nachkriegszeit nur lauten, neben den Sport- und Luxuswagen auch in der Mittelklasse Fuß zu fassen: Erstes Produkt der neuen Strategie war der auf dem Pariser Salon 1950 gezeigte Alfa 1900, der erste Wagen des Herstellers mit selbsttragender Karosserie (eine Augenweide von Pinin Farina). Darunter siedelten die Mailänder 1955 den Giulietta an, der als Sprint Coupé zu den schönsten Entwürfen des Jahrzehnts zählt. Der Mittelklasse-Alfa lief prächtig, als 1961 der 100.000 Giulietta vom Band rollte, musste für den Nachfolger neben dem Stammwerk Portello ein neues Werk außerhalb Mailands gebaut werden. Die Autos blieben technisch wegweisend, das Design war eine Offenbarung und der sportliche Nimbus unvergleichlich: Alfa Romeo war eine der angesagtesten Marken der Nachkriegsjahre, der Geheimtipp für Enthusiasten. So war auch der Giulietta-Nachfolger Giulia die erste wirkliche Sportlimousine der Welt mit Platz für Kind und Kegel und überzeugte technisch wie stilistisch. Beim Hubraum von 1570 cm³ und einer Leistung von bemerkenswerten 92 PS lief diese Mittelklasselimousine über 165 km/h, kostete in Deutschland knapp 10.000 Mark und sollte von allen Alfas am längsten gebaut werden. Erst nach 15 Jahren erschien die Ablösung Nuova Giulietta. Diese Baureihe mit ihren verschiedenen Varianten war die Hauptstütze des Alfa-Geschäfts, doch die Cabriolets, Coupés und große Limousinen wie der 2600 sorgten für das notwendige sportliche Flair. Zur Marken-DNA gehörten auch das Bertone Coupé von 1963 und der Duetto Spider von 1966, der verschiedentlich überarbeitet, bis 1993 angeboten wurde.

Hohe Stückzahlen brachten diese Exoten nicht, und den Schritt zum Massenhersteller gelang erst mit dem 1971 erschienenen Alfasud. Auf staatliche Anweisung wurde für den kleinen Alfa im Süden Italiens ein neues Werk gebaut. So nahm das Drama Alfsud seinen Lauf. Dieser biestige Kompaktwagen, dessen Karosseriedesign Ex-Bertone-Chefdesigner Giorgio Giugiaro schuf, hätte indes das Zeug gehabt, in Technik und Styling Vorbild für eine ganze Generation von Kompakten zu werden, doch kam es anders: Die Alfasud-Geschichte entwickelte sich zum Desaster, die Qualität war unterirdisch schlecht und ruinierte den Ruf der Marke. Das Unternehmen hielt sich nur noch durch Subventionen über Wasser. Der im Norden gebaute Alfetta dagegen – mit klarem Styling und erstmals eingeführter Transaxle-Bauweise – für markentreue Giulia-Aufsteiger und, davon abgeleitet, 1974 das Viersitzer-Coupé Alfetta GT bildeten interessante BMW-Alternativen für Individualisten. Geld für große Neuentwicklungen gab es aber nicht mehr, und das merkte man den Autos jetzt auch an: Viel Plastik, wenig Flair. Als dann auch noch die gestalterische Linie verloren ging und Alfa dem leidensfähigen Fan kantige Klötze wie den Alfa 6 (1979) und den Arna (1983) zumutete, ging die Firma 1986 unter massivem staatlichen Druck an Fiat.

Der Alfa 1900 war der erste Alfa mit selbsttragender Karosserie und war 1950 erschienen. Das Super Sprint Coupé mit Touring-Karosserie gab es von 1954 bis 1958.
(Foto: © Allen Watkin, CC-BY-2.0)

Das Bertone-Coupé – hier der 1750 GTV – gehörte zur 105er-Baureihe (Giulia, Spider). (Foto: © Riley, CC-BY-2.0)

Der Spider blieb im Grunde genommen bis 1993 technisch unverändert. Optisch dagegen kam es zu vier Faclifts. Das hier ist ein »Coda Tronca«, gebaut zwischen 1969 und 1983. (Foto: © AlfvanBeem, CC-BY-SA-1.0)

Der 8C 2300 wurde zwischen 1931 und 1934 in verschiedenen Varianten gebaut. Die Rennausführung des Achtzylinders lief bis 225 km/h. Italiens Rennfarbe war Rot, die deutsche Weiß, die englische Grün und französische Blau. (Foto: © Matthias Kabel, CC-BY-SA-3.0)

Im Grund genommen ist jeder Ferrari ein Oldtimer. Die Legende aber hat mit dem Tipo 125-Nachfolger 166 begonnen, hier als ultrarares Inter Coupé von 1950.
(Foto: © Axion23, CC-BY-2.0)

Dino lautete der Name des früh verstorbenen Sohnes von Enzo Ferrari, und Dino hießen dann jene Ferraris, die keinen Zwölfzylinder-Motor hatten. Hier ein 246 GTS Spider von 1972 vor einem Triumph TR4.
(Foto: © Blood Destructor, CC-BY-SA-3.0)

Der 250 GT Berlinetta SWB erschien 1959. Er hatte den von Colombo entwickelten Dreiliter-V12 mit rund 280 PS unter der Haube, der auch den legendären 250 GTO zur Legende machte.
(Foto: © Andrew Basterfield, CC-BY-SA-2.0)

FERRARI

Das hier ist ein 365 GTC/4, der zwischen 1971 und 1973 rund 500 Mal gebaut wurde. Das Design stammte von Pininfarina. (Foto: © Greg Gjerdingen, CC-BY-2.0)

Über Ferrari noch viele Worte zu verlieren, hieße Zwölfzylinder nach Modena zu tragen: Es gibt keine Firma von vergleichbarer Reputation, keine Marke, die in ähnlicher Form die Phantasie beflügelt wie die (oft rot lackierten) Meisterwerke aus Marranello. Gründer war der ehemalige Alfa-Romeo-Rennleiter Enzo Ferrari (1898–1988), der sich 1947 selbständig gemacht hatte, um Rennfahrzeuge zu bauen. »Il Commendatore« begann mit dem Tipo 125, dem V12-Zylinder mit dem von Colombo konstruierten 1,5-Liter-V12 und 72 PS, und ließ diesem reinrassigen Renngerät eine ganze Reihe von weiteren Zwölfzylinder-Rennwagen folgen. Damals waren die Fahrzeuge noch nicht selbsttragend aufgebaut, daher war es nicht schwer, die Rennwagentechnik mit einer Karosserie zu umhüllen und damit eine Straßenzulassung zu erlangen. Der Erste war der Tipo 166 von 1948 mit Zweiliter-V12, wobei Ferrari noch weit davon entfernt war, als Serienhersteller gelten zu können. In rascher Folge erschienen neue, leistungsstärkere Ausführungen, wobei die Aufbauten von den bekanntesten und besten italienischen Karosserieschneidern stammten. Der 340 America von 1950 war mit 220 PS und 4,1-Liter-V12 der schnellste Straßenwagen seiner Zeit, eine Spitze von 240 km/h war in Anbetracht der damaligen Straßenzustände eine unglaubliche Leistung. Auf dem Salon von Paris stand im Herbst 1951 der erste Viersitzer des Herstellers, der Aufbau stammte von Ghia; mit dem 240 PS starken Typ 250 Mille Miglia hielt 1953 jene magische Zahl Einzug in das Modellprogramm, die mehr für den Nimbus des Unternehmens leistete als jede andere Baureihe zuvor: Der vom neuen Chefingenieur Lampredi entwickelte Dreiliter-V12 bildete über ein Jahrzehnt lang die Basis für die Ferrari-Produktion, und die 250-GT-Baureihe avancierte zur beherrschenden Kraft bei den Sportwagen-Wettbewerben der späten 1950er Jahre. Der 250 GTO von 1962 war der letzte der GT-Renner mit dem legendären Zwölfzylinder. Insgesamt wurden bis 1964 36 Ferrari 250 GTO gebaut, von den heute noch alle existieren und zu den teuersten Fahrzeugen der Welt gehören: Bonhams versteigerte 2014 den Wagen mit der Chassisnummer »3851GT« für 38,1 Millionen US-Dollar, »5111GT« soll sogar 52 Millionen gebracht haben.

In den Sechzigern begann dann der Umstieg von Front- auf die Mittelmotorbauweise, der Dino 206 GT mit seinem V6 von 1968 war der erste der Mittelmotor-Ferrari überhaupt und begründete eine ganze Dynastie von hochpotenten und extrem erfolgreichen Straßenwagen; der Dino 308 GT4 von 1973 war der erste Zwopluszwo des Hauses mit V8-Motor. Das 255 PS starke Dreiliter-Aggregat ging zurück auf den F1-Motor von 1964, mit dem John Surtees die Weltmeisterschaft gewonnen hatte. Überhaupt – der Motorsport. Als 1950 der erste Formel-1-Lauf der Geschichte gestartet wurde, waren Ferrari mit dabei, und sechs Jahrzehnte später hat sich daran nichts geändert: Bis heute verzeichnet die Motorsport-Geschichte 16 Konstrukteurs- und 15 Fahrer-Weltmeisterschaften für das »Cavallino Rampante«, von den unzähligen weiteren Erfolgen in anderen Rennserien nicht zu reden. Dieses exzessive Rennprogramm zehrte aber an den Reserven, insbesondere, weil Ferrari auch in den Sportwagen- und Langstreckenrennen wie in Le Mans Motorsport auf höchstem Niveau zelebrierte. Der Bau von Straßenwagen spielte dabei beinahe eine untergeordnete Rolle, was mit dazu führte, dass das Unternehmen Ende der Sechziger Jahre in finanzielle Schieflage geriet. Erst der Einstieg von Fiat – das 1969 schon 50 % der Anteile hielt – rettete den Kleinserienhersteller vor dem Ausverkauf.

Wurde einst von Don Johnson alias James »Sonny« Crocket gefahren: der weiße Ferrari Testarossa. (Foto: © Mecum Auctions)

FIAT

Am 11. Juli 1899 unterzeichneten Givanni Agnelli und sieben schwerreiche Industrielle einen Vertrag zur Gründung der »Fabbrica Italiana Automobili Torino«. Von Anfang an bemühte sich Fiat, Autos für die breiten Massen zu produzieren: Preiswerte Wagen mit niedrigen Betriebskosten sollten im eigens gebauten Werk am Corso Dante in Turin entstehen. 1902 umfasste das Programm bereits vier verschiedene Typen. 1901 begann der Export nach Frankreich, 1903 in die USA; 1908 begann die Produktion in Österreich, 1934 in Polen, 1953 in Spanien, 1954 in Jugoslawien. 1929 begann die Fertigung im ehemaligen NSU-Werk in Heilbronn.

Einer der fünf Fiat 28-40 HP Targa Florio Corsa, die 1907 für das Rennen auf Sizilien gebaut wurden. Unter der Haube saß ein 7,4-Liter-Vierzylinder.
(Foto: © Mr.choppers, CC-BY-SA-3.0)

Der Durchbruch zum Großserienproduzenten gelang nach dem Ersten Weltkrieg mit dem Typ 501, einem Vierzylinder-Modell, das zwischen 1919 und 1926 in fast 70.000 Exemplaren gebaut wurde, eine Zahl, die in den Folgejahren lediglich von den Nachfolgetypen 509 und 508 Ballia übertroffen wurde. Die Ballila-Baureihe 508 mit Dreigang-Getriebe von 1932 gilt als erster italienischer Volkswagen. Die Neuauflage von 1937, der Millecento »Nuova Ballila 1100«, hatte eine völlig neue Karosserie mit vorderer Einzelradaufhängung und einen Motor mit oben- statt seitengesteuerten Ventilen. Mit einem Hubraum von 1089 cm³ entwickelte er damals 32 PS. In seinen Grundzügen unverändert, wurde er auch noch 30 Jahre später produziert, wobei sich die Leistungsausbeute nahezu verdoppelt hatte. Der Millecento bildete neben dem Topolino das Rückgrat des Fiat-Programmes und brachte es auf eine erkleckliche Anzahl an Karosserievarianten. Die Geschichte dieses Dauerbrenners endete erst 1970. Ähnlich langlebig war auch das zweite revolutionäre Fiat-Modell jener Jahre, das bei seiner Markteinführung 1936 noch schlicht als »Fiat 500« bezeichnet wurde. Der sympathische Zweisitzer wurde alsbald zum »Topolino«, zum »Mäuschen«. Der Stammbaum reichte bis ins Jahr 1915 zurück, doch in seiner Konzeption war der 500er zukunftsweisend. Der Vierzylindermotor mit einem Hubraum von 570 cm³ und Alu-Zylinderkopf leistete 13 PS bei 4000/min, er saß vorne. Der Topolino wurde, in verschiedenen Formen, bis 1955 gebaut. 1957 erschien dann der »Nuova Cinquecento«, der neue Fiat 500. Der war komplett neu, war mit einiger Nachsicht als Viersitzer zu betrachten und trug den Motor im Heck. Der intern als Projekt 110 bezeichnete Topolino besaß eine selbsttragende, aus Stahlblech gepresste Karosserie; Lenkung und Fahrwerk, abgesehen von den Abmessungen, entsprachen ansonsten dem größeren Fiat 600. Der Cinquecento stand, zuletzt als 500 R, bis 1975 im Fiat Programm und lebt im Fiat 500 des Jahres 2007 fort.

Am anderen Ende der Modellpalette rangierten die Sechszylinderlimousinen, die mit Fiats neuem Typ 1500 von 1935 im Stromlinienlook ihren Anfang genommen hatten. Die Fiat-Konstrukteure hatten eine hochmoderne Karosserie auf ein solides Zentralrohr-Chassis gesetzt und mit einem 1,5 Liter großen Reihen-Sechszylinder versehen, der 45 PS leistete. Der 8V von 1952 dagegen blieb ohne Nachfolger. Den Achtzylinder-Sportwagen mit dem ungewöhnlichen 70-Grad-Zylinderwinkel hatte eine aus zwei Blechschalen zusammengefügte Karosserie und war der erste Fiat mit Einzelradaufhängung rundum. Nach zweijähriger Produktionszeit nahm Fiat den 110 PS starken 8V wieder aus dem Programm, seine Bodengruppe samt Mechanik bildete die Basis für den Siata 208, der bis 1955 in einer Auflage von 56 Einheiten gebaut wurde. Zu den weiteren epochemachenden Konstruktionen der Nachkriegszeit gehören auch der Fiat 128 – den Volkswagen als Maßstab für den Käfer-Nachfolger Golf heranzog – die Fiat-Typen 126 und 127 sowie der Typ 124 von 1966, der ein für die damalige Zeit bemerkenswertes Sicherheitsniveau aufwies. Leider begann mit ihm auch der Abstieg in Sachen Verarbeitungsqualität. Er stand dennoch, in verschiedenen Varianten, bis zum Herbst 1974 im Programm und wurde als Lada in der Sowjetunion noch weitere 20 Jahre gebaut.

Mitte der Dreißiger hatte das Unternehmen bereits drei kleine Automobilhersteller aufgekauft, den Lastwagenhersteller OM geschluckt und ein Netz von Montagewerken errichtet. Weitere Marken des Fiat-Verbundes sind Autobianchi, Abarth, Lancia, Ferrari, Alfa Romeo, Maserati und, in jüngster Zeit, Chrysler; das Unternehmen firmiert inzwischen als Fiat Chrysler Automobiles.

Der Fiat 1100 wurde zwischen 1937 und 1953 produziert, von Anfang an mit Einzelradaufhängung und OHV- Motor. Erst in der vierten Generation – Fiat 1100/103 – war er selbsttragend. Das hier ist ein 1100 A von 1938. (Foto: © Abrimaal, CC-BY-SA-4.0)

Geht es noch italienischer? Der Fiat 500 stand zwischen 1957 und 1975 im Programm. In all den Jahren hat er sich kaum verändert.

Fiat hat ein große Tradition im Motorsport. Zu den bekanntesten Rallyefahrzeugen gehörte der Fiat Abarth 124 Rally, der von 1972 bis 1974 als CSA (C-Spider-Abarth) verkauft wurde. Die letzten Ausführungen sollen bis zu 210 PS stark gewesen sein, die normalen Stradale brachten es auf 128 PS. (Foto: © pyntofmyld, CC-BY-2.0)

Der Iso Grifo A3/C startete 1964 in Le Mans. Seine Weiterentwicklung führte zum Bizzarrini GT 5300. (Foto: © Thesupermat, CC-BY-SA-3.0)

Der Iso Rivolta GT kombinierte ein anständiges Fahrwerk – Einzelradaufhängung vorn, De.Dion-Hinterachse – mit dem 327er V8 aus dem Corvette Sting Ray und ergab einen ungewohnt zuverlässigen Sportwagen. (Foto: © Rex Gray, CC-BY-2.0)

Der Grifo war sportlicher als sein Vorgänger Rivolta und in zwei Varianten – Luxus und Sport – zu haben. Der luxuriösere Grifo figurierte als A3/L, der sportlichere als A3/C. Der A3/L war die Sache von Iso, der A3/C die von Bizzarrini. (Foto: © Allen Watkin, CC-BY-SA-2.0)

ISO

Fahrwerk und Bodengruppe von Jaguar, die Karosserie von Bertone, ein V8 von Chevrolet und das Getriebe von ZF – macht knapp 260 km/h Spitze. Iso Lele, 1969–1974.
(Foto: © Charles01, CC-BY-SA-3.0)

Das Unternehmen wurde ursprünglich in Genua im Jahr 1939 gegründet und baute unter dem Namen Isothermos Kühltechnik. Gründer Renzo Rivolta hatte außerdem ein Faible für Autos und Motorräder, er zog einen Fahrzeug-Reparatur- und Restaurierungsbetrieb auf, den er 1948 um die Produktion von Motorrädern, Roller und Lastendreiräder erweiterte. Damit lag er goldrichtig, der Bedarf war immens, und weder Vespa noch Lambretta waren in der Lage, die Nachfrage zu bedienen. Goldene Zeiten also für den Genueser, zumal er rechtzeitig die Zeichen der Zeit erkannte und mit der Konstruktion eines Kleinwagens begann.

Etwa tausend Autos baute Rivolta selbst, verkaufte aber Lizenzen nach Frankreich (Velam), Spanien, Großbritannien und Brasilien (Romi). Am erfolgreichsten war das Gefährt mit zwei Rädern vorne und mittig angeordnetem Rad (später: zwei Räder) hinten, Fronttür und Kühlschrankgriff aber in Deutschland, BMW produzierte die Isetta zwischen 1954 und 1962 über 130.000 Mal; diese Wägelchen waren die kommerziell erfolgreichsten Rivolta-Entwürfe.

Die Krise der Zweiradindustrie, die Konkurrenz durch den Fiat 500 und der in Westeuropa zu beobachtende Trend hin zum vollwertigen Automobil führte Anfang der Sechziger zu einem Ende der Zweiradproduktion, stattdessen wurde der Bau von Sportwagen ins Auge gefasst. Schützenhilfe erhielt Rivolta durch Giotto Bizzarrini, der bei Ferrari am 250 GTO mitgearbeitet und sich 1961 selbstständig gemacht hatte. Er arbeitete nun freiberuflich für Marken wie ATS, Lamborghini und – eben auch – Iso Rivolta. Daneben stieß der bei Bertone beschäftigte junge Giorgetto Giugiaro zum Team; und diese Zusammenarbeit führte zum Iso Rivolta 300, der zum ersten Mal auf dem Turiner Automobilsalon 1962 vorgestellt wurde. Das elegante Coupé mit fein ausgesuchten Komponenten war technisch brillant ausgereift und bot unglaubliche Fahrleistungen. Für Vortrieb sorgte der modifizierte Small-Block-V8 mit 5,3 Liter Hubraum von Chevrolet, den GM in Detroit beisteuerte, die Kraftübertragung stammte von Borg-Warner, und in Sachen Hinterachse sowie Scheibenbremsanlage rundum hatte Jaguar Pate gestanden. Eigentlich änderte sich an diesem Layout über die gesamte Bauzeit nichts mehr, mal abgesehen vom Jahr 1971, als der Chevy-V8 dem Ford-Cleveland-V8 (351 cuin) wich. Rivolta hatte seine Nische gefunden: Er kombinierte italienisches Flair mit amerikanischer Robustheit, und das bescherte ihm eine Sonderstellung im Reigen der italienischen Kleinserienhersteller.

Seinem Iso Rivolta GT stellte Renzo 1963 den sportiveren zweisitzigen Grifo zur Seite, auch das eine Konstruktion des Dreigestirns Bizzarrini, Giugiaro und Bertone. Hier kam ein Corvette-V8 mit 5,4 Liter Hubraum und bis zu 365 PS zum Einsatz. Davon wurde auch eine Rennversion mit Aluminium-Karosserie abgeleitet, der Prototyp dieses Grifo A3/C (Competizione) ging 1964 in Le Mans an den Start. Wegen eines Bremsendefekts verlor das Team zwei Stunden, erreichte aber dennoch einen 14. Rang – ein sensationeller Erfolg, der zum Bau von 22 weiteren A3/C führte, bevor sich Bizzarrini und Rivolta trennten. Ersterer entwickelte auf Basis des Le-Mans-Rennwagens den Bizzarrini GT 5300, der 155 Mal gebaut wurde. Bizzarrini selbst betrachtete den Grifo C als Evolutionsstufe des Ferrari 250 GTO und ließ ihn bei BBM in Modena in Straßen- und in Rennversion fertigen.

Renzo starb 1966, sein Sohn Piero übernahm das Zepter. Unter seiner Ägide entstand der zwischen 1968 und 1970 gebaute Grifo 7 Litri mit Big Block-V8 und 406 PS. Der von 1970 bis 1972 gebaute Can Am hatte sogar 7,4 Liter Hubraum. Die Höchstgeschwindigkeit mit der 7,1-Liter-Maschine betrug laut Werk 300 km/h, was schon damals aufgrund der Hinterradübersetzung als reichlich optimistisch galt. Mit echten 275 km/h gehörten die rund 1100 Kilogramm leichten Rivoltas aber so oder so zu den Königen in den Autoquartetten. Unter der Leitung von Piero entstanden auch der Fidia (1967, Ghia-Karosserie) sowie das Fastback-Coupé 2 + 2 Lele (1969, Bertone-Karosserie), das Piero nach seiner Frau benannte.

Die Ölkrise von 1973 brach dem Kleinserienhersteller das Genick, nach rund 1.700 Fahrzeugen (alle Baureihen zusammen) lief die Produktion 1974 aus. Piero und Lele übersiedelten in die USA, wo man sie auch am Steuer eines Subaru entdecken konnte.

ISOTTA-FRASCHINI

Die Milanese Automobili Isotta Fraschini & C. wurde im Januar 1900 von Cesare Isotta und drei Brüdern mit dem Namen Fraschini gegründet, wobei einer der Brüder, Oreste, der kreative Kopf der Firma war. Am Anfang widmete man sich dem Verkauf und Handel von Fahrzeugen von Renault, De Dion, Mors und Pieper; später begannen die Italiener dann – das war günstiger, da die Zollgebühren für Komplettfahrzeuge so hoch waren – mit der Lizenz-Produktion von Renault.

Der Schritt vom Importeur zum Hersteller war kurz, 1903 kam die erste Eigenkonstruktion, ein 24-HP-Typ mit Vierzylinder-Motor, Vierganggetriebe und Kettenantrieb. Mit dem Typ D ging IF dann 1905 in die Vollen: OHC-Motor, 17,2 Liter Hubraum, 100 PS – ein Rennwagen, der IF sehr bekannt machte. Die Umsätze blieben aber überschaubar, daher kam es 1907 zur Kooperation mit der französischen Firma Lorraine-De Dietrich, die damals zu den größten und bekanntesten Automobilfirmen der Welt gehörte. Die Franzosen bauten und verkauften 500 Isottas über ihre Händler. Neben unbestreitbaren Vorteilen – so kam es auch zur kurzzeitigen Produktion in England – hatte diese Beziehung aber auch den Nachteil, dass Isotta-Fraschini vorübergehend alle Aktivitäten im Bereich Sport einfror, um dem französischen Partner nicht in die Quere zu kommen.

Den 5,9-Liter-Achtzylinder mit 100 PS hatte Isotta Fraschini bereits 1912 fertig, zu einem Serienbau kam es aber erst 1919. Der Tipo 8 mutierte 1924 zum 8A mit 7,2 Liter Hubraum.

Das Hauptgeschäft bildeten bis Kriegsbeginn großvolumige Vierzylinder mit bis zu 11,3 Liter Hubraum. Besonders interessant war der Typ KM von 1911, ein 10,6-l-Sportwagen mit OHC-Motor und Bremsen an den Vorderrädern, wobei die Bremswirkung unabhängig vom Lenkeinschlag erfolgte: IF hatte ein drängendes Problem der Autobranche gelöst. Daneben bauten die Mailänder auch Flug- und Schiffsmotoren und expandierten in die USA, wobei die Beteiligung an den 500 Meilen von Indianapolis für Schlagzeilen sorgte. Allerdings fielen alle drei Isottas aus, zwei mit defektem Tank, einer nach Kettenbruch.

Dann kam der Krieg, und als dieser zu Ende war, überraschte Isotta Fraschini die Fachwelt mit dem Typ 8, dem weltweit ersten Auto mit Achtzylinder-OHV-Reihenmotor und Königswelle. Der 5,6-Liter-Typ wurde 1924 durch den Tipo 8A (7372 ccm, 110 PS, 130 km/h) ersetzt. IF lieferte, wie üblich, Chassis und Technik, auf Wunsch auch komplette Fahrzeuge, meist aber orderte die wohlhabende Kundschaft nur das Chassis (das dann auch schon so viel kostete wie ein Stadthaus) und beauftragte dann einen Karosseriebauer; bei IF hieß der Haus- und Hofschneider Carlo Castagna. Die Sportvariante Tipo 8A SS von 1926 leistete laut Werk zwischen 130 und 150 PS, im Vergleich zu den 110 bis 120 PS der Normalmodelle. Den feinen Motoren standen unheimlich hohe Lenkkräfte gegenüber, was – obwohl beim Tipo 8B schon sehr viel ziviler – neben den astronomischen Preisen heute als Hauptgrund für den Misserfolg dieser Konstruktion gilt.

Isotta Fraschini eröffnete Kundendienststationen in Paris, New York, London, Brüssel, Madrid, Basel, Sao Paulo und Buenos Aires. Angeblich hat ein Maharadscha einen Tipo 8 mit 24-Karat-Goldauflage, Elfenbein und Diamanten bestellt, und ob das nun stimmt oder nicht, ist zweitrangig: Es zeigt den Nimbus, den die Marke umgab, frühe Filmstars wie Rudolph Valentino fuhren Isotta Fraschini, und nicht wenige Male kurvten Isottas durch das Filmset.

Rentabel war die Produktion aber nie, und nach dem Tod von Oreste Fraschini rutschte das Unternehmen noch weiter in die Krise. Der Zusammenbruch des US-Marktes im Gefolge des Börsencrashs 1929 beschleunigte die Talfahrt, 1934 war dann nach rund 1650 Tipo 8 Schluss. 1938 versuchte Graf Giovanni Caproni aus der gleichnamigen Dynastie der Flugzeugbauer, IF wiederzubeleben; er ließ einen neuen Tipo 8 mit Dreiliter-Sechszylinder entwickeln, der aber nie in Serie ging. Stattdessen begann die Produktion von Flugmotoren und MAN-Diesellastwagen für die Armee; Lkw wurden noch bis 1955 gebaut.

Nach dem Krieg wurde ein weiterer Versuch im Autobau unternommen, der IF 8C »Monterosa« von 1946/47 hatte einen V8-Heckmotor (120 PS, 2,5- und 3,2-Liter). Zwischen fünf und 20 V8 sollen entstanden sein. Im September 1949 ging IF in die Insolvenz.

Der Tipo 8A hieß als Sportausführung 8AS oder auch 8A SS. Die S-Modelle kombinierten den 120-PS-Motor mit einem kurzen Radstand und geänderter Hinterachsübersetzung. Das hier ist ein 1929 Tipo 8AS »Commodore«-Roadster. (Foto: © nemor2, CC-BY-2.0)

Dieser 8A von 1924 erhielt einen neuen Aufbau der Schweizer Firma F. Ramseier & Cie., Worblaufen. Der Wagen stand auf dem Genfer Salon 1932. (Foto: © Thesupermat, CC-BY-SA-3.0)

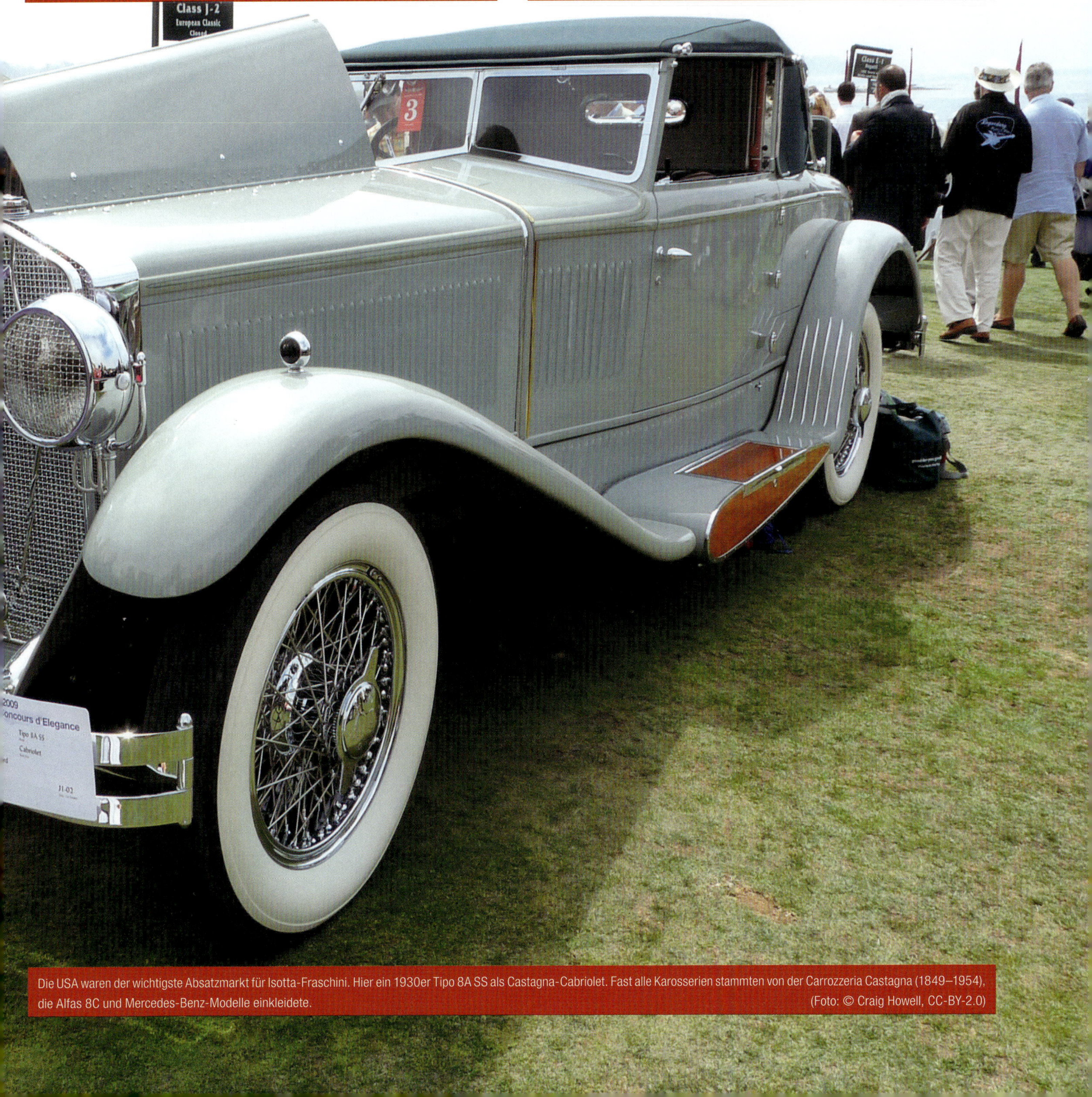

Die USA waren der wichtigste Absatzmarkt für Isotta-Fraschini. Hier ein 1930er Tipo 8A SS als Castagna-Cabriolet. Fast alle Karosserien stammten von der Carrozzeria Castagna (1849–1954), die Alfas 8C und Mercedes-Benz-Modelle einkleidete. (Foto: © Craig Howell, CC-BY-2.0)

Der 350 GTV mit 3,5-Liter-V12 wurde 1963 vorgestellt. Die Alukarosserie entwarf Scaglione, der V12 war eine Entwicklung von Bizzarini. (Foto: © Lamborghini)

Der auf vier Liter aufgebohrte V12 saß beim Lamborghini P400 Miura vor der Hinterachse. Der Supersportwagen lief 280 km/h – ein Fabelwert. (Foto: © Lamborghini)

Der Islero übernahm in den Jahren 1968 bis 1970 die Rolle des kultivierten Gran Turismo im Lamborghini-Programm. Unter dem Blechkleid steckte die nahezu unveränderte Technik des Vorgängers 400 GT 2+2. (Foto: © Alf van Beem)

LAMBORGHINI

Der Countach Anniversario erschien 1988 zum 25jährigen Jubliäum der Marke. Das 455 PS starke Sondermodell wurde 657 Mal gebaut, mehr als jeder andere Countach.
(Foto: © Lamborghini)

Die Geschichte ist längst schon Legende, auch wenn manche den Wahrheitsgehalt bezweifeln: Angeblich kaufte der italienische Unternehmer Ferrucio Lamborghini – der 1948 mit dem Umbau von Militärfahrzeugen zu landwirtschaftlichen Zugmaschinen und Traktoren begonnen hatte – 1958 einen Ferrari 250 GT, und war enttäuscht. Er ließ es sich nicht nehmen, das Enzo Ferrari mitzuteilen, der den Traktorenbauer kühl ablaufen ließ. Daraufhin beschloss dieser, eben selbst Sportwagen zu bauen. Doch ob nun wahr oder gut erfunden: Auf dem Salon in Paris im Oktober 1963 präsentierte er einen Sportwagen nach seinem Geschmack. Der von Franco Scaglione entwickelte Prototyp 350 GTV hatte einen 3,5-Liter-V12 mit 350 PS. Den hatte Giotto Bizzarrini – ebenfalls ein Autohersteller – entwickelt.

Die Serienausführung 350 GT von 1964 leistete dann 280 PS und schaffte eine Höchstgeschwindigkeit von 250 km/h. Der GT hatte Einzelradaufhängung, vier Scheibenbremsen, und einige Exemplare auch selbstsperrendes Differential. Die 4,46 Meter lange Karosserie fertigte der Karosserier Touring nach dem »Supperleggera«-Prinzip. Dabei spannt sich eine leichte Karosserie aus Aluminium über einen stabilen Gitterrohrrahmen aus Stahl. Bis Ende des Jahres 1966 wurden bei der Carrozzeria Touring 120 Stück gebaut. Die letzten davon hatten einen Vierliter-Motor, der bei unveränderter Leistung über ein höheres Drehmoment verfügte. Touring fertigte auch zwei Spyder (350 GTS). Der Gran Turismo kostete bei seinem Erscheinen 58.000 Mark, und damit etwa so viel wie ein Mercedes 600.

1967 saß beim atemberaubenden Miura erstmals bei einem Seriensportwagen der Motor im Heck und transportierte das Mittelmotorkonzept von der Rennstrecke auf die Straße. Vom Miura S abgeleitet war der SV (Super Veloce). Diese Evolutionsstufe hatte einen Vierliter-V12 mit 385 PS und lief über 290 km/h. Vom normalen Miura S unterschied er sich außerdem durch die »Wimpern« an den Scheinwerfern, die neue Hinterradaufhängung und die verbreiterte Spur. Insgesamt wurden 1971/72 von dieser Sonderserie 150 Exemplare gebaut.

1971 stand auf dem Genfer Salon der LP 500, eine Stylingstudie mit Ecken, Kanten und Scherentüren. Ursprünglich nur als Blickfang gedacht, wurde daraus der 1973 gezeigte Prototyp LP400 mit dem bekannten Miura-Vierliter-V12 und 375 PS. Der von Marcello Gandini – bei Bertone – gestaltete Keil hatte einen Gitterrohrrahmen und wurde zwischen 1974 und 1978 gebaut. Den Heckflügel gab es dann beim LP400S, der bis 1982 entstand und dann dem LP500 wich. In verschiedenen Formen und Motorstärken wurde der Countach dann bis 1990 gebaut, die stärkste Version hatte einen 4,2-Liter-Vierventil-V12 mit 455 PS.

Lamborghini baute daneben noch weitere Sportwagen, allerdings keinen, der so kompromisslos war wie der Countach. Der Espada zum Beispiel, gebaut zwischen 1968 und 1978, steht für den Versuch, ein viersitziges Coupé anzubieten und auf diese Weise die Kundengruppe zu verbreitern. Die von Gnada gezeichnete Karosserie wurde von Bertone produziert, die hohen Schulden bei Bertone sollen mit ein Grund gewesen sein, dass das Unternehmen 1978 am Ende war und quasi verstaatlicht werden musste. Zwei Jahre nach dem Konkurs erschienen Schweizer Investoren als Retter auf der Bildfläche und befreiten die behördlichen Aufseher von der Last, doch die neuen Eigner hatten leider mehr Leidenschaft als Ahnung.

In dieser Zeit entstand, in Hoffnung auf einen lukrativen Auftrag der US-Army, der ungeschlachte LM002-Geländewagen mit Chrysler-V8. Und vielleicht war es dieses Geländemonster, das den Chrysler-Konzern bewegte, 1987 Lamborghini zu übernehmen. Amerikas drittgrößter Autobauer trennte sich 1994 wieder davon. Der nächste Besitzer war ein ominöses Unternehmen mit Sitz auf den Bermudas, diese Zeit markierte den absoluten Tiefpunkt. Die dubiosen Finanziers aber – und das war die Rettung für Lamborghini – traten die Marke ihrerseits 1998 an Audi ab. Die Ingolstädter transferierten in großem Stil Entwicklungskapazität und Qualitätsmanagement nach Sant'Agatha Bolognese Italien, inzwischen sind die Sportwagen da, wo sie nach Ferrucio Lamborghinis Meinung (der 1993 gestorben war) hingehörten: Auf Augenhöhe mit Ferrari. (Text: Kuch unter Verwendung von ampnet/jri/tl)

LANCIA

Alle Wege, hieß es im Mittelalter, führen nach Rom, und in der italienischen Automobilindustrie führten alle nach Turin: Vincenzo Lancia und Claudio Fogolin, die im November 1906 eine Aktiengesellschaft zum Bau von Automobilen gründeten, hatten bei Fiat als Testfahrer gearbeitet. 1907 war der erste Wagen, der seinen Namen trug, fertig. Der 18-24 HP wurde später »Alfa« genannt und war ein 2,5-Liter-Wagen mit Kardanantrieb und 28 PS. Die Firma florierte und siedelte 1911 in ein neues Gebäude um, entwickelte auch einen Zwölfzylinder-Flugzeugmotor und setzte den obengesteuerten V12 1919 in ein Fahrzeugchassis und leitete daraus das V8-Modell Trikappa ab. Den Durchbruch schaffte Lancia mit dem Lambda von 1922, einem innovativen Entwurf mit selbsttragender Ganzstahl-Karosserie, Einzelradaufhängung vorn, V4-Zylinder und tiefem Schwerpunkt; der Dilambda von 1927 war die V8-Ausführung dieses Jahrhundertentwurfs. Das Pkw-Programm der Vorkriegszeit bestand in der Hauptsache aus Modellen mit V4- und V8-Motor, Achtzylinder wie die Dilambda und Astura gehörten zu den schönsten Entwürfen der Dreißiger. Eine Nummer darunter siedelte Lancia – Vincenzo starb 1937, kurz vor Präsentation – den Aprilia an, mit dem Lancia gegen den Fiat 1500 antrat. In Sachen Fahrwerk ließ er den Fiat steinalt aussehen, der Aprilia nämlich hatte vier einzeln aufgehängte Räder. Zur Abrundung des Lancia-Typenprogramms nach unten war noch 1939 der kleine Ardea mit vorderer Einzelradaufhängung und hinterer Starrachse erschienen. Wie der Aprilia verzichtete er auf eine B-Säule. Wie bei allen italienischen Wagen saß das Lenkrad rechts. Die Aprilia-Nachfolge trat nach dem Krieg 1950 dann der Aurelia mit einem neuen 60-Grad-V6 und 1,8 Liter Hubraum an, auch das war eine weltweit neuartige Motorkonstruktion. Die Leistung lag anfangs bei relativ bescheidenen 56 PS. Der Grund dafür lag nicht zuletzt in der Abkehr von der ohc-Steuerung sowie der niedrigen Verdichtung. Spätere Ausführungen – gebaut zwischen 1954 und 1958 – hatten bis zu 2,5 Liter Hubraum und 118 PS (Aurelia GT). Eine Lancia-typische Innovation stellte die Anordnung des Getriebes an der Hinterachse (Transaxle-Prinzip) dar, die für eine ausgewogene Gewichtsverteilung sorgte. 1960 stellte Lancia auf Frontantrieb um, die ähnlich aufgebauten Flavia- (4-Zyl.-Boxermotor, 1500 cm³, 78 PS, Frontantrieb, Scheibenbremsen vorn) und Fulvia-Typen (V4-DOHC, 1091 cm³, 58 PS) gefielen, brachten aber keine Stückzahlen. Immerhin: Vom Fulvia wurde eine Coupé-Ausführung vorgestellt, die im Rallyesport als 1600 HF Karriere machen sollte. Das Coupé erschien 1968, während hinter den Kulissen längst Verhandlungen mit Fiat liefen, die 1969 zur Übernahme führten. Fiat positionierte Lancia als Edelmarke. Der erste Lancia unter neuer Regie vom Herbst 1972 hieß Beta und war eine moderne Fließheck-Limousine mit Motoren – 90, 100 und 110 PS – aus dem Konzern-Baukasten. Die Fahrleistungen passten, ein Fünfgang-Getriebe war serienmäßig, auch in der Ausstattung ließ sich Lancia nicht lumpen. Der Beta kam auf eine Laufzeit von zwölf Jahren, wenn auch verschiedentlich modellgepflegt und erweitert, so um den Montecarlo, ein Mittelmotor-Coupé mit Heckantrieb und Pininfarina-Karosserie. Dieser setzte im Rallyesport mit zwei Marken-WM-Titeln die Erfolgsserie fort, die der Stratos 1975 begründete und 1989 mit dem 8. Rallye-WM-Titel und dem Delta HF integrale endete. Nachdem Fiat Chrysler übernommen hatte, wurden die für Europa bestimmten Chrysler-Modelle unter Lancia-Label verkauft; in jüngster Zeit versucht Fiat mit Autos wie dem neuen Delta die Marke wiederzuleben.

Der Lambda war als erstes Auto mit selbsttragender Karosserie ein wahrhaft bahnbrechender Entwurf. (Foto: © Tony Harrison, CC-BY-SA-2.0)

Ikonen der Lancia-Geschichte: Beta HPE (li., 1975–1984) und Delta HF Integrale (re.), der 1987–1992 jede Rallye-WM gewann. (Foto: © Tony Harrison, CC-BY-SA-2.0)

Die erste Auflage der Mittelklasse-Baureihe Aurelia erschien 1950, 1951 folgte das GT Coupé mit Karosserie von Pinin Farina, das Cabrio (»Spider«) kam 1955. 1959 war Schluss, der Flavia folgte.
(Foto: © Toni Harrison, CC-BY-SA-2.0)

1965 präsentierte Lancia das Fulvia-Coupé und legte den Grundstock für eine schier unfassbare Erfolgsgeschichte im Motorsport. Erster Höhepunkt war der Titel in der Rallye-WM 1972.

Der Appia trat 1953 in die Fußstapfen des Vorkriegs-Ardea und ähnelte dem Aurelia. Der V4-Motor mit nun untenliegenden Nockenwellen leistete mit seinen 1,1 Litern stolze 38 PS. Der Appia 1 lief bis 1956.
(Foto: © Tony Harrison, CC-BY-SA-2.0)

MASERATI

Alle großen Grand-Prix-Piloten fuhren Maserati: Der 6CM war einer der erfolgreichsten Formel-Rennwagen der Jahre 1937–1939.
(Foto: © Christine und Hagen Graff, CC-BY-2.0)

Den »Birdcage«, so genannt wegen seines Gitterrohrahmens, baute Maserati 1960 für Sportwagenrennen. Diesen Tipo 61 setzte das Camoradi-Team in LeMans ein.
(Foto: © Brian Snelson, CC-BY-2.0)

Die Carozziere Allemano galt vielleicht nicht als allererste Adresse im Karosseriebau, doch den GT 5000 (Design Michelotti) haben sie gut hinbekommen: 19 der 34 Fünfliter-V8 entstanden dort zwischen 1959 und 1966.
(Foto: © MIchelin Live UK, CC-BY-2.0)

MASERATI

Der Ghibli von 1967 war der erste Serien-Maserati mit Klappscheinwerfern. Unter der Haube saß ein 4,7-l-V8 mit 350 PS. Das Design stammte von Giugiaro, die Karosserie von Ghia. (Foto: © Nakhon 100, CC-BY-2.0)

Am 1. Dezember 1914 riefen vier der sechs noch lebenden Brüder Maserati in Bologna ihre »Società Anonima Officine Alfieri Maserati« ins Leben. Davor hatten sie bei den verschiedensten Herstellern Erfahrungen gesammelt, vor allem bei Isotta Fraschini und Bianchi. Alfieri war der Begabteste, und er hatte im Ersten Weltkrieg als Mechaniker an Flugmotoren geschraubt, einen neuen Zündkerzentyp entwickelt und eine Firma gegründet, und diese Kombination aus Fabrik und Werkstätte versetzte sie in die Lage, ihrem Lieblingssport, dem Autorennen, nachzugehen: 1920 fuhr Alfiere sein erstes Rennen, das endete zwar mit einer Enttäuschung, führte dann aber zu einem Eigenbau mit ganz viel Isotta-Fraschini-Technik, der mit Fug und Recht als erster Maserati überhaupt bezeichnet werden durfte. Beim letzten Rennen des Jahres 1925 sollten die Maseratis dann im Auftrag der Firma Diatto für den Renneinsatz präpariert werden, doch bevor der erste dieser Racer mit dem neuen Zweiliter-Achtzylinder und Kompressor fertig war, ging die Firma pleite, und Maserati kaufte aus der Konkursmasse zehn Diatto-Chassis. Der berühmte Maserati Tipo 26 von 1926 war ein umgestrickter Diatto GP8C, ein Kompressor-Achtzylinder mit 1492 cm³ und 120 PS. Die Kombination überzeugte zum ersten Mal bei der Targa Florio aus Sizilien, als gleich ein Sieg heraussprang. Maserati baute weiter Rennwagen mit vier, sechs, acht und sogar Prototypen mit 16 Zylindern, in den Dreißigern hatte Maserati einen hervorragenden Ruf als Rennwagenschmiede. Allerdings war 1932 mit Alfieri der kreative Kopf dahinter gestorben. Der teure Rennwagenbau war stets ein Zuschussgeschäft, und in dieser finanziell angestammten Situation fanden die verbliebenen Brüder einen Investor in Gestalt von Graf Adolfo Orsi, dem sie 1937 ihre beiden Firmen, den Rennwagenbau und die Zündkerzenfertigung, verkauften. Die Maseratis blieben als Techniker und konnten die Erfolgsgeschichte zunächst fortsetzen: Legendär sind die Siege 1939 und 1940 bei den »500 Meilen von Indianapolis« in den Vereinigten Staaten mit dem 8CFT 3000.

1940 verlegte Orsi seinen Firmensitz von Bologna nach Modena, wo Maserati in erster Linie als Zündkerzenproduzent gefragt war, nach dem Krieg ging es 1946 mit dem Vorkrieg-4CL mit der Rennerei zunächst weiter, größter Erfolg war Juan Manuel Fangios fünfter Weltmeistertitel in der Formel 1, 1957. Straßenfahrzeuge baute Maserati nur in verschwindender Stückzahl, Designer wie Frua oder Pinin Farina schneiderten auf Maserati-Basis einige der elegantesten Sportwagen der Fünfziger. Den internationalen Durchbruch brachte der komplett neue 3500 GT von 1957 mit Touring-Karosserie, ein 230 PS starker Traumwagen, der bis zum Produktionsauslauf 1964 über 2200 Mal gebaut worden war. Neben diesem Sechszylinder-Schmuckstück bot Maserati auch einen Fünfliter-V8 an, der laut Werk 270 km/h lief. Der von Frua entworfene Quattroporte von 1963 war die erste Limousine, der Ghibli von 1967 ein keilförmiges V8-Coupé mit Klappscheinwerfern und einer Spitze von 280 km/h. Den 330 PS starken, 4,59 m langen Keil hatte Giugiaro in Form gebracht, die Karosserie stammte von Ghia. Diese Quartettschönheiten waren zwar gut für`s Image, aber schlecht für die Finanzen, und in der ersten Hälfte der Siebziger verlegte sich Maserati zusehends auf zweisitzige Supersportwagen mit exotischen Namen – Bora (1971), Merak (1972), Khamsin (1974) – und extravaganter Gestaltung, die immer im Schatten der Ferraris standen. 1968 verkaufte Orsi Maserati an Citroën. Die Franzosen agierten glücklos, der Citroën SM mit seinem Maserati-Motor war keine Offenbarung, 1975 gingen die Maserati-Anteile an Alessandro de Tomaso. Da aber der argentinische Rennfahrer und Unternehmer schon mit seiner eigenen, 1959 gegründeten Marke überfordert war, kam Maserati vom Regen in die Traufe: Die für De Tomasos typische Kombination aus italienischen Karosserien, amerikanischen V8-Motoren und lässiger Verarbeitung schadete dem Markenimage; der Kyalami von 1976 war ein umetikettierter De Tomaso Longchamps mit dem 4,2-Liter-V8 von Maserati. 1993 fand Maserati schließlich unter dem Dach des Fiat-Konzerns Unterschlupf, vier Jahre später formten die Turiner daraus, zusammen mit ihrer Sportwagen-Tochter Ferrari, eine Edel-Division. Und damit bewegte sich Maserati erstmals in seiner Geschichte in sicherem Fahrwasser. (Text: Kuch unter Verwendung von ampnet/tl)

WEITERE MARKEN

AUTOBIANCHI

Autobianchi entstand 1955 als Folge der Zusammenarbeit von Fiat, Pirelli und der Firma Bianchi, die vor dem Krieg für Fahrräder und Motorräder bekannt geworden war. Die Partner errichteten ein neues Gemeinschaftswerk, 1957 verließ mit dem Bianchina auf Fiat-500-Basis der erste Wagen der neuen Marke die Fabrik bei Mailand. Autobianchi genoss deutlich mehr Freiheiten als andere von Fiat abhängige Unternehmen, die Turiner ihrerseits nutzten Autobianchi als Versuchsfeld für neue Konzepte: Im Primula von 1964 und dem A 112 (1969) erprobte Fiat das Frontantriebskonzept mit Quermotor, Schrägheck und Heckklappe, um dann mit Modellen wie dem Fiat 127 neue Klassenstandards zu setzen. Die Marke verlor aber in den Siebzigern für Fiat an Bedeutung und wird seit 1996 nicht mehr genutzt.

DE TOMASO

Alejandro de Tomaso, Sohn eines argentinischen Ministers, fuhr zunächst Clubrennen auf Bugatti und Maserati, und gehörte mit zu den Verschwörern, welche Juan Peron zu stürzen versuchten. 1955 flüchtete er daher nach Italien mit zwei Koffern voller Geld, heuerte als Testfahrer bei OSCA in Bolgona an, heiratete eine Enkelin von GM-Gründer William Durant, fuhr einige Formel-1-Rennen und begann dann 1959 mit dem Bau von Rennsportwagen. Seine Firma, die De Tomaso Automobili SpA, konzentrierte sich zunächst auf den Bau von Formel-1-Wagen mit Ford-V8-Motor und wandte sich 1965 dem Bau von Straßenfahrzeugen zu. Dem Vallelunga (1,5 Liter, 105 PS) folgte alsbald der Mittelmotor-Sportler Mangusta mit 4,7-Liter-V8 von Ford, von Giugiaro entworfen und von Ghia gebaut. Nachdem er Ghia und 1969 dann auch die in Schwierigkeiten geratene Karosseriebaufirma Vignale übernommen hatte, intensivierte sich die Zusammenarbeit, die Amerikaner übernahmen 80 % der Anteile der Firma in Modena. Das erste Produkt dieser Partnerschaft war der Pantera, der größte Erfolg und bis 1992 gebaut. Der Argentinier verleibte seinem wachsenden Imperium die Motorradmarken Benelli und Moto Guzzi ein, übernahm Maserati und versuchte, sein Modellprogramm durch Luxuslimousinen Deauville und das Coupé Longchamp, beide mit Ford-V8-Frontmotor, auszuweiten. Sie kamen aber nur auf kleine Stückzahlen, die Marke erlosch 2005 mit dem Produktionsauslauf des Guarà.

MORETTI

Die Firma Moretti wurde 1926 gegründet, Giovanni Moretti machte aus der Werkstätte, die mit Lastendreirädern begann, dann 1949 einen Automobilhersteller, der in den Fünfzigern mit seinen Sportwagen und Sonderanfertigungen einige schöne Rennerfolge einfuhr. Um 1957 begann Moretti, das bis dahin nicht nur komplette Fahrzeuge, sondern auch eigene Motoren gebaut hatte (DOHC-Vierzylinder bis 1,2 Liter, bis 80 PS), sich auf die Herstellung von Fiat-Sonderkarosserien zu spezialisieren. Mitte der Sechziger fertigte der 150-Mann-Betrieb noch rund 2500 Autos pro Jahr, zehn Jahr später konnte von einer Serienproduktion keine Rede mehr sein.

SIATA

Siata, gegründet 1926 von Giorgio Ambrosio, begann als Fiat-Tuner und ging dabei den klassischen Weg: Mehr Hubraum, Zylinderkopftuning – das ganze damals gängige Programm. Im Krieg wurde das Werk stark zerstört, das Geld für den Wiederaufbau zu beschaffen half ein Einzylinder-Hilfsmotor, den Siata entwickelte und Ducati vermarktete. Mit dem Amica entstand 1949 der erste Siata, der nicht für die Rennpiste gedacht war. Unter der Ponton-Cabrio des Mini-Cabrios steckte – stark überarbeitete – Fiat-Technik, und dieses Erfolgsrezept verhalf auch den größeren Siata-Modellen zum Erfolg: Den Diana-Coupés und Cabriolets mit Farina-Karosserie, den für die USA bestimmten Typen 750 Spider und Coupé mit britischem Crosley-Motor oder auch dem Siata 208 mit dem Motor des Fiat »Ottovu«. Der Siata 1100 GT und weitere sportive Fiat-Derivate verdienten das Geld. In den Sechzigern gingen die Verkaufszahlen stetig zurück, Endpunkt bildete der Siata Spider 850 Spring.

Autobianchi Bianchina Cabriolet. (Foto: © miez!, CC-BY-SA-2.0)

Fiat 850 Moretti Sportiva Coupé 1967. (Foto: © dave_7, CC-BY-SA-2.0)

Siata Spring 850. (Foto: © AlfvanBeem)

1973 De Tomaso Pantera. (Foto: © dave_7, CC-BY-SA-2.0)

USA

Auch wenn das Automobil keine amerikanische Erfindung ist – das Auto, so wie wir es heute kennen, ist eine amerikanische Idee. Amerikas Pragmatismus, gepaart mit einer gehörigen Portion Pioniergeist, verhalf dem pferdelosen Wagen zum Durchbruch. Angesichts der kaum vorhandenen Infrastruktur in der Frühzeit der Motorisierung und den gewaltigen Weiten des Landes, die es zu überwinden galt, setzten die amerikanischen Pioniere andere Akzente als ihre Kollegen in Old Europe. Henry Fords Produktionsprinzipien machten das Auto erschwinglich, William »Billy« Durants General-Motors-Konzern sorgte für eine bis dahin nicht gekannte Angebotsvielfalt und Chrysler entdeckte die Wichtigkeit des Designs. Die kleineren Marken und Hersteller hatten es daneben schwer, wahrgenommen zu werden. Die verschiedenen Wirtschaftskrisen ließen nur die Großen zurück.

(Foto: © Greg Gjerdingen, CC-BY-2.0)

Den Metropolitan gab es von Nash wie auch von Hudson, gebaut wurde er aber von Austin. Nach 1957 führte ihn AMC als eigenständige Marke im Konzernverbund weiter. Hier ein Modell von 1961.

Der 330 PS starke AMX (1969-1974) war der sportlichste Beitrag von AMC zur Muscle-Car-Welle. Die Basis bildete der Javelin. Typisch für den AMX waren die weißen Streifen und die Lufthutze. (Foto: © Greg Gjerdingen, CC-BY-2.0)

1960er Rambler Custom. Die Bezeichnung Rambler war zunächst eine Modellbezeichnung von Nash, wurde dann von AMC als eigenständige Markenbezeichnung verwendet und 1968 schließlich fallengelassen, um AMC als Marke in den Vordergrund zu rücken. (Foto: © Greg Gjerdingen, CC-BY-2.0)

AMC

Der Pacer – hier als Coupé – war ein ungewöhnlich breiter Zweitürer. Es gab ihn auch als Kombi, die 3,8- und 4,2-Liter-Sechszylinder stammten aus dem AMC-Regal.
(Foto: © CZmarlin)

Im Januar 1954 schlossen sich die Nash-Kelvinator Corporation und die Hudson Motor Car Company zur American Motors Corporation (AMC) zusammen. Es war die bis dahin größte Fusion zweier Automobilhersteller in den Vereinigten Staaten. Mit vereinten Kräften wollten Nash und Hudson gegen Detroits »Big Three« General Motors, Ford und Chrysler bestehen. Das AMC-Programm der ersten Jahre umfasste die beiden Baureihen Rambler und Ambassador, die jeweils unter beiden Markennamen verkauft wurden; AMC als Markenname wurde erst nach 1966 gepflegt.

»Ambassador« hieß ursprünglich das Flaggschiff der Firma Nash. Erstmals verwendet 1929 für einen Neunsitzer mit Sechszylinder-Motor, gab es diese Baureihe ab 1932 mit zwei Radständen und Achtzylinder-Motor. Der Typ genoss einen hervorragenden Ruf, neben GM war Nash der einzige Autohersteller, der im zusammenbrechenden Markt der frühen Dreißiger noch Gewinn machte. Die Traditionsbezeichnung wurde nach 1945 fortgeführt, schmückte dieses Mal aber einen Sechszylinder. Der Ambassador Six wurde 1952 noch einmal aufgehübscht und bis 1957 noch als Nash verkauft. In jenem Jahr kam ein neues Karosseriestyling mit Panoramascheibe und Rechteckscheinwerfern sowie ein neuer V8-Motor, den AMC ebenso wie das Automatikgetriebe »Ultra-matic« bei Packard einkaufte. 1958 wurde Wagen dann als Rambler verkauft, was zu Verwirrung beim Publikum führte. Unter dieser Verkaufsbezeichnung vermarktete nämlich Nash seit 1950 eine kleinere Baureihe, die in den USA als Synonym für kompakte, wirtschaftliche Wagen stand. Der Ur-Rambler von 1950 hatte einen 2,8-Liter-Reihensechszylinder; sein Styling stammte von Pininfarina und verdeckte teilweise die Vorderräder. Es gab Cabriolet, Limousinen- und Kombi-Varianten. 1953 nur leicht überarbeitet, erschien inzwischen eine konventioneller gestylte zweite Baureihe mit längerem Radstand. Die kurzen Rambler liefen 1955 aus, die langen – 2,74 m Radstand – wurden 1956 komplett neu aufgelegt, die Markennamen Nash und Hudson verschwanden. 1957 hielt ein 4,1-Liter-V8 Einzug, den es auch in einer 5,3-Liter-Power-Ausführung namens Rambler Rebel gab.

Ein wenig an den Rambler erinnerte auch der Metropolitan, den Nash im Programm hatte: Dieser 1,2-Liter-Wagen hatte die Technik des Austin A40 unter dem Blech, was nicht weiter erstaunte, denn er lief auch bei der britischen Firma vom Band. Es gab ihn zunächst in einer Nash- und einer Hudson-Version, mit dem Wechsel zur Austin A50-Plattform und dessen größeren 1,5-Liter-Motor (51 PS) avancierte der bis 1962 gebaute Metropolitan zur Eigenmarke.

Nachdem das Unternehmen nach 1958 mit der Rambler-Neuauflage Rambler American großen Erfolg im Kompakt-Segment feierte, konzentrierte es sich zunächst ganz auf diesen von den Detroiter Riesen vernachlässigten Markt. AMC bot interessante Alternativen zu den europäischen Importwagen, mit über 130.000 Einheiten war der Rambler 1960 der dritterfolgreichste Wagen in den US-Charts; bis 1966 hießen alle AMC-Fahrzeuge mit Vornamen Ramlber und nachfolgender Baureihenbezeichnung. Als die großen Hersteller dann zunehmend in diese Nische drängten, versuchte AMC dann seinerseits Mitte der 1960er in den Markt der Big Three vorzustoßen. So entstanden Fahrzeuge wie das Fastback-Coupé Rambler Marlin, mit dem das Unternehmen gegen Fords Mustang oder den Barracuda von Plymouth antrat, ohne aber auch nur den Hauch einer Chance zu haben: Viel mehr Aufsehen erregte das Unternehmen aber durch die Tatsache, dass AMC seine Autos 1968 erstmals serienmäßig mit einer Klimaanlage ausstattete und 1970 die Marke Jeep übernahm. Ansonsten baute AMC nun Dickschiffe wie jeder andere Hersteller auch. Und, wie diese, gingen die V8-Dinosaurier im Zuge der Ölkrise unter. Der gerade im Vorjahr komplett runderneuerte (und noch einmal gewachsene) Ambassador wurde 1974 eingestellt, ihm folgte der Matador. Die Bezeichnung Rambler tauchte letztmals im Modelljahr 1968 auf; der Ambassador-Nachfolger hieß AMC Hornet. Bemerkenswertestes neues Modell der 70er war der zwischen 1975 und 1980 gebaute Pacer, der es trotz seiner schrägen Aquarium-Optik auf immerhin rund 280.000 Stück brachte. American Motors hielt noch durch bis 1987 und wurde dann von Chrysler übernommen. Die neuen Eigner führten nur die Marke Jeep fort, die Marke AMC erlosch.

AUBURN

Frank und Morris Eckhart gründeten in Auburn, Indiana, im Jahre 1900 die Auburn Automobile Company. Das Geld kam aus der Fabrik ihres Vaters, der Eckhart Carriage Co., den sie beerbt hatten. Der erste eigene Wagen war ein simpler Einzylinder-Wagen mit Kettenantrieb, zwar aufwändig gebaut, aber mit 800 Dollar viel zu teuer für die Zeit. 1903 unternahmen sie mit einem verbesserten Modell einen erneuten Anlauf. Der Auburn hatte einen offenen Tourenwagen-Aufbau (»Tonneau« hieß das damals) und einen mittig platzierten, liegenden Einzylinder-Motor mit einer Leistung von 10 PS. Der 680 kg schwere Wagen hatte ein Zweigang-Planetengetriebe, wog 680 Kilo und kostete 1000 Dollar und verkaufte sich so gut, dass Zwei-, Vierzylinder- und 1917 auch ein Sechszylinder folgten, wobei nicht ganz klar ist, wie Auburn seinen Motorlieferanten Teetor-Hartley bezahlen konnte, denn anscheinend hat die Firma nicht für das Militär gearbeitet. Geld war also knapp, am Ende waren die Eigentümer froh, 1919 an Investoren verkaufen zu können. Erstes Modell der Nachkriegszeit war der moderne Beauty Six. Mit diesem Typ entwickelte sich Auburn vom lokalen zum nationalen Hersteller, der Wagen mit seinem Reihensechszylinder von Continental und 43 PS ließ den Absatz 1921 auf rekordverdächtige 6000 Fahrzeuge im Jahr steigen. Dem Höhenflug folgte der steile Zweidrittel-Absturz schon im Folgejahr, trotz einer neuen Sechszylinder-Ausführung mit 55 PS, und fiel weiter, Auburn baute 1924 täglich nur noch sechs seiner Sechszylinder-Typen 6-43 und 6-63. Und selbst die standen, aller vollmundigen Werbung (»Einmal Besitzer – Für immer ein Freund«) zum Trotz, auf Halde.

Frischen Wind brachte ein junger Mann namens Erret Lobban Cord, der zu dem Zeitpunkt geradeeinmal 30 Jahre alt war und damals, so amerikanische Quellen, bereits mehrere Vermögen gemacht – und wieder verloren – hatte. Um die 600-700 unverkaufte Wagen loszuwerden, ließ Cord sie mit einer geschmackvollen Zweifarbenlackierung versehen, Zierteile vernickeln und brachte die aufgehübschten Auburns mit großen Rabatten unters Volk. Innerhalb weniger Monate waren die Lager leer. 1926 übernahm Cord die Firma ganz und verordnete Auburn eine Verjüngungskur. Er führte zwar die Sechszylinder-Typen weiter (bis 1934), stellte ihnen aber unverzüglich eine Achtzylinder-Reihe (Lycoming-Motor) zur Seite. Diese Serie 8-88 war an der Schwelle zur Oberklasse angesiedelt, trotzdem relativ preiswert und daher ein großer Erfolg: Während der Markt 1926 um lediglich ein Prozent wuchs, legten Auburn (zu der nach 1929 auch die Firma Duesenberg und die neu gegründete Marke Cord gehörten) um 52 % zu. Auch in den nächsten beiden Jahren verdoppelte Auburn seine jeweiligen Verkaufszahlen, zum Ende des Jahrzehnts galten Autos des Herstellers als Amerikas schnellste Straßenfahrzeuge.

In den automobilen Olymp schaffte es Auburn aber nicht etwa mit seinen zwischen 1932 und 1934 herausgebrachten V12-Tourenwagen, die man zu Dumpingpreisen anbot, sondern mit seinen atemberaubend schönen Speedster-Modellen, die in drei Generationen zwischen 1928 und 1936 in kleinster Stückzahl entstanden. Es gab sie mit acht und zwölf Zylindern, jede Generation wurde von einem anderen Designer geschaffen. Die erste Generation (1928-1931, Design Graf Alexis de Sakhnoffsky) gab es ausschließlich mit zwei 88 oder 115 PS starken Lycoming-Achtzylindern. Hier fand sich zum ersten Mal das atemberaubende »Boattail«-Design, das an ein Sportboot erinnerte. Ein solcher Speedster stellte am 20. Februar 1928 in Daytona Beach, Florida, mit 104,347 mp/h (167.93 km/h) einen neuen Rekord für Serienfahrzeuge auf. Die zweite Speedster-Generation (Design Alan Leamy), Typbezeichnung 12-161A, lief von 1932 bis zum Modelljahr 1935. Nach Produktionsende des bisherigen Auburn Speedster 12-161A versuchte Cord 1935 den Neuanfang mit dem Auburn 851 SC, den Cord-Designer Gordon Buehrig auf Vordermann gebracht hatte. Die neue Karosserielinie, geprägt durch Motorhaube und Kühlergrill, machte Schule. In Sachen Motorisierung drehte Cord die Uhr zurück, es kam ein seitengesteuerter Achtzylinder mit 150 PS, Kompressor und Dreigangschaltung zum Einsatz. Der Letzte der 500 SC-Speedster verließ im Oktober 1936 die Werkshalle: Auburn gehörte der Vergangenheit an.

»Die Göttliche« fuhr Auburn: Eines der bekanntesten Bilder der Hollywood-Legende zeigt Greta Garbo in ihrem Speedster. (Foto: © Ampnet)

Auburn machte den »Boattail«, das einem Bootsheck nachempfundenen Abschluss, populär. 1928 erschien der erste Auburn-V12. Die sogenannte Columbia-Hinterachse mit doppelter Übersetzung war optional. (Foto: © BrokenSphere, CC-BY-3.0)

Der Auburn 12-161 Convertible Coupé im Auto & Technik Museum, Sinsheim. Auburns V12 war der billigste Zwölfzylinder auf dem US-Markt. Die Zwölfzylinder hatten eine »12« in der Stoßstangenmitte. (Foto: © Hugh Llewelyn, CC-BY-SA-2.0)

Den Auburn 851, hier wieder als Bootsheck-Speedster karossiert, gab es nicht mehr mit V12-Motor. Topmodell war die 852 SC-Variante mit Kompressor.

1931 präsentierte Buick seine Sechs- und Achtzylinder im neuen Styling. Hier ein 1932er Buick 91 mit 5,6-Liter-Reihenachter, zu haben mit 3200 und 3404 mm Radstand. (Foto: © Niels de Wit, CC-BY-2.0)

Nach 1937 reichten die Chromstege des Kühlers in die Motorhaube hinein. Seit 1936 hießen die Buick-Baureihen Special, Century, Roadmaster und Limited.

1963 bis 1965 verkaufte Buick den Riviera (hier GS Coupé, 6,6-l-V8, 325 SAE-PS)) als eigenständige Sub-Marke »Riviera by Buick«. Nur 1965 waren die Scheinwerfer versenkbar, die Heckleuchten saßen in der Stoßstange. Die Räder sind nicht original, serienmäßig waren Stahlfelgen 7,50 x 15 mit Speichenrad-Attrappe. (Foto: © sv1ambo, CC-BY-2.0)

BUICK

Le Sabre (im Bild), Invicta und Electra kamen 1959. Sie hatten schräg versetzte Scheinwerfer. 1960 saßen diese waagrecht nebeneinander, die Heckflossen verschwanden 1961.
(Foto: © Greg Gjerdingen, CC-BY-SA-2.0)

1899 verkaufte David Dunbar Buick sein Sanitärgeschäft und eröffnete mit dem Geld eine Firma, die sich mit dem Bau von Stationärmotoren beschäftigte; 1903 erschien dann das erste Auto, entwickelt von den Herren Walter Marr und Eugene Richard, die mit ihrer Entwicklung Buick eine Ausnahmestellung auf dem Markt bescherten: Sie verlegten die Ventile in den Zylinderkopf, was seinerzeit ein absolutes Novum darstellte. Als 1908 Buick-Chef William C. Durant seinen Traum von einem umfassenden Automobilkonzern, den General Motors, zu verwirklichen begann, gehörte Buick zu den Gründungsmitgliedern. Zu diesem Zeitpunkt war der Buick 10 die Hauptstütze des Unternehmens. Im GM-Gründungsjahr wurden von dem Vierzylinder-Wagen mit 24 PS über 4000 Stück verkauft, was die Firma mit insgesamt 8820 Fahrzeugen nach Ford zum zweitgrößten Autohersteller der USA machte und Durant zu den Mitteln verhalf, seinen Konzern weiter auszubauen. Nach und nach kamen weitere Marken hinzu, um Kosten zu sparen, und die GM-Führung entschied sich bald für die Verwendung von Einheitschassis. Die sogenannte A-Plattform hatte daher nicht nur Buick, sondern auch Chevrolet, Oakland, Oldsmobile und Cadillac. Zum Aufstieg von Buick trug auch das Geschick von Charles Nash und Walter P. Chrysler als Produktionsleiter bei, beide sollten ebenfalls in die Annalen der Automobilgeschichte eingehen. Buick stand in jener Epoche für Leistung und Tempo, sie galten auch als gute Bergsteiger. Auch in den Zwanzigern, als der Wettbewerb härter wurde, gehörte Buick zu den größten Anbietern, und Buick begann auch zuerst, regelmäßige Modellzyklen einzuführen. Der Beginn ist auf das Jahr 1924 zurückzuführen – was daran lag, dass zunehmend nun die geschlossenen (Limousinen-) Aufbauten die weit verbreiteten offenen Tourenwagenaufbauten ersetzten. Die neuen Aufbauten wogen schwerer als die offenen, das erforderte stärkere Rahmen und leistungsfähigere Motoren. 1925 war das letzte Jahr für den Buick-Vierzylinder, 1926 kam ein neuer Sechszylinder und mit ihm die neue, konzernweit eingesetzte B-Plattform. Kleinere jährliche Produktionsänderungen führten zu kontinuierlich wachsenden Absätzen, die Verkäufe wuchsen auf 250.000 Einheiten. Einstiegsmodell in den Dreißigern war die Serie 40, eine Bezeichnung, die Buick bis 1959 beibehalten sollte. In den ersten Jahren mit Sechszylindern und seit 1934 ausschließlich mit Achtzylindern zu haben, bot diese Serie, die es – GM-typisch – mit einer Vielzahl von Karosserien gab, viel Auto für moderates Geld. Darüber angesiedelt waren die noch stärkeren und größeren Dickschiffe der Serien 50 bis 90; insgesamt vier Fahrzeugserien mit Radständen von 3,07 m bis zu den extralangen 3,56 m der Serie 90 Limited. Die Motorleistung der kleineren Vierliter-V8 stieg in den Jahren bis 1942 auf bis zu 110 PS, die der 5,25-Liter-Maschinen auf bis zu 165 PS. An dieser Sortierung sollte sich auch in den Nachkriegsjahren kaum etwas ändern, abgesehen von einer gelegentlichen Straffung des Programms in Karosserievielfalt und Radständen. Ein reges Kommen und Gehen herrschte auch unter der mächtig ausgewölbten Motorhaube, es gab Reihen-Achtzylinder auch mit 4,3-, 5,7-Litern; 1953 kam dann erstmals ein 5,3-Liter-V8 zum Einsatz. In den Sechzigern bot Buick erstmals auch V6-Modelle, Buicks Spitzenmodelle hatten aber die großen Big-Block-Motoren mit bis zu 7,5 Liter Hubraum und astronomischen PS-Leistungsangaben von 370 und mehr PS – natürlich, wie stets, nach amerikanischen Normen gemessen, doch auch die europäischen Angaben lasen sich durchaus imposant. Zu den besonderen Styling-Elementen des Herstellers gehören die zwischen 1949 und 1960 typischen und danach sporadisch wiederkehrenden »VentiPorts«; die drei beziehungsweise vier funktionslosen Belüftungslöcher in den Vorderkotflügeln hinter den Vorderrädern, die stark geschwungenen seitlichen Zierleisten (»Sweepspear«) und die drei versetzten Schilder, welche das Markenzeichen formen. Auf dem amerikanischen Automarkt war Buick (das 1939 als erste Blinker einführte) neben Chevrolet die zweite Volumenmarke von GM. Sie belegte nach Chevrolet, Ford und Chrysler-Tochter Plymouth nach Absatzzahlen meist den vierten Rang. Innerhalb des Konzerns war Buick die Marke für die gehobene Mittelklasse. Durch das Vordringen der japanischen Hersteller verlor Buick in den Siebzigern zusehends an Boden. Es ist der GM-Tochter bis heute nicht so recht gelungen, sich im veränderten Marktumfeld neu zu positionieren.

CADILLAC

Antoine Laumet de La Mothe, genannt Sieur de Cadillac, gründete im Jahre 1701 am Ufer des amerikanischen Erie-Sees die Stadt Detroit. 200 Jahre gab er einer der berühmtesten Automarken der USA seinen Namen. 112 Jahre lang war Cadillac in Warren, der größten Vorstadt von Detroit, beheimatet. Dort hatte bis 1902 Henry M. Leland als Berater von Henry Ford gearbeitet, bis er sich mit dem Automobilpionier überwarf und seine eigene Autofirma, nämlich Cadillac, gründete. Sein erstes Modell war der Cadillac Modell A Runabout, ein Zweisitzer mit einem 9 PS starken Einzylinder-Motor, der erstmals auf der Automobilshow in New York 1903 gezeigt wurde. Für seine Nachfolgermodelle buchstabierte Leland fast das ganze Alphabet bis zum Buchstaben T durch, wobei Cadillacs T-Modell eine auffallende Ähnlichkeit mit Henry Fords Tin-Lizzy aufwies. Für die damals gewaltige Summe von 5,6 Millionen Dollar verkaufte Leland 1909 sein Unternehmen an General Motors, blieb aber bis 1917 im Vorstand. Schon vorher begann der Aufstieg der Marke zum Inbegriff des amerikanischen Luxuswagens mit zunächst Vierzylinder-, dann mit Achtzylinder-Motoren. Technisch waren die Fahrzeuge der Konkurrenz stets einen Schritt voraus. Das Modell 30, zwischen 1909 und 1915 gebaut, besaß zum Beispiel als erstes Auto der Welt einen elektrischen Anlasser. Im Rahmen einer damals prestigeträchtigen Prüfung, der Dewar Trophy, bei der es nicht um Leistung und Schnelligkeit, sondern um Qualität und Präzision ging, wurden drei Cadillac zerlegt, die Teile durcheinandergewürfelt und dann wieder vollständig zusammengesetzt: Das war bis dahin einmalig, brachte Cadillac den Pokal ein und prägte den Slogan: »Standard of the World«. Die wirklich große Zeit von Cadillac lag zwischen 1930 und 1940. Damals wurde die Marke für ihre 16-Zylinder-Wagen legendär. Die größte dieser Maschinen mit 45-Grad-Zylinderwinkel hatte einen Hubraum von 7407 Kubikzentimetern und leistete zwischen 175 bis 185 PS bei 3400/min. Der Preis lag je nach Karosserieaufbau zwischen 5000 und 10 000 Dollar: Cadillac war Amerikas Luxusmarke schlechthin.

Nach 1945 läutete Cadillac die Heckflossenära an. Die Modellreihe von 1949 war die erste, welche zarte Flösschen trug – GM-Chefdesigner Harley Earl hatte sich dabei, so erinnerte sich später sein Chef Alfred P. Sloan, von Leitwerk der P38 Lightning, einem Doppelschwanz-Jäger, inspirieren lassen. Der Cadillac El Camino, eine zweisitzige Studie von 1954, hob dann so richtig ab: Das Coupé mit den monströsen Heckflossen wurde zwar nie in Serie produziert, beeinflusste aber das Automobildesign weltweit für den Rest des Jahrzehnts: Die Heckflossen der 1959er Cadillacs waren die größten der Automobilgeschichte, fast einen Meter hoch türmte sich das – funktionslose – Blechgebirge etwa beim Cadillac Series 62 auf. Dessen offene Topvariante, der Eldorado Biarritz Convertible, hatte elektrische Helferlein für Verdeck, Fenster, Kofferraumdeckel und Sitzverstellung, eine Klimaanlage und bei Gegenverkehr automatisch abblendende Scheinwerfer: Mehr ging nicht, von diesem 7400 Dollar teuren Highend-Klassiker wurden 1320 Exemplare gebaut, die heute in Sammlerkreisen ihr Gewicht in Gold wert sind. Und das war mit 2200 Kilogramm beträchtlich. Beachtlich war auch die Motorleistung des 6,4-Liter-V8: 325 bis 345 Brutto-PS standen in den Papieren, doch auch in DIN-Angaben klangen die 260 PS für die Zeit noch beeindruckend. Den Modellnamen »Eldorado« nutzte Cadillac übrigens zwischen 1953 und 2002 – freilich für eine große Zahl unterschiedlicher Karossen und Antrieben, aber immer, auch was den Luxus betraf, auf der Höhe der Zeit. Der Cadillac Eldorado Brougham von 1957 war – zusammen mit Nash und Lincoln – das erste Serienfahrzeug mit Rechteck-Doppelscheinwerfern und das erste mit Luftfederung. Der Brougham wurde bis 1959 in den USA gefertigt, dann einem Restyling unterzogen und die Produktion zu Pininfarina ausgelagert. Die italienische Firma baute zwischen 1959 und 1961 200 weitere Exemplare. Mit einem Preis von 13074 Dollar handelte es sich um das mit Abstand teuerste amerikanische Auto seiner Zeit. 1964 erschienen die letzten Cadillac mit Heckflossen, zwei Jahre später erfolgte die Vorstellung des Eldorado-Coupés mit Frontantrieb. Bis heute steht die Marke für automobilen Luxus in der oberen Preisklasse.

(Text: Kuch unter Verwendung von ampnet/hrr)

Die 1902 gegründete Marke Cadillac wurde 1909 an General Motors verkauft. Dieser offene Tourer Typ 30 von 1908 hat bereits E-Starter und verhalf zum Slogan »Standard of the World«. (Foto: © Greg Gjerdingen, CC-BY-2.0)

Ein 341 (A) von 1928: In diesem Jahr kam der Verbindungssteg mit Emblem zwischen den Scheinwerfern, im Jahr darauf gab es Standlicht auf den Kotflügeln.
(Foto: © GM Media)

Der erste Cadillac mit obengesteuertem V16-Motor erschien 1932. Das hier ist ein Fleetwood-Roadser von 1934. Nach 1940 wurden keine V16 mehr gebaut.
(Foto: © GM Media)

»DeVille« hieß die Luxusausführung des Cadillac Series 62. Zum Modelljahr 1963 kam ein neuer Kühlergrill, zu sehen an diesem Convertible. Die Motorleistung lag bei 340 PS.
(Foto: © Cjp24, CC-BY-SA-4.0)

1926 Chevrolet Superior V Tourer. (Foto: © Sicnag, CC-BY-2.0)

Der Brockwood war ein abgespeckter Nomad und der günstigste der Chevrolet-Kombis. Diese Kühlerfront hatte der Chevy-Jahrgang 1960. (Foto: © Greg Gjerdingen, CC-BY-2.0)

Der erste Jahrgang der berühmten Tri-Chevys von 1955 bis 1957 hatte noch vergleichsweise dezente Heckflossen. Das Styling war komplett neu, außerdem kam ein neuer V8. Die Spitzenausführung hieß Bel Air; die Felgen sind aus dem Zubehör. (Foto: © GM Media)

CHEVROLET

Der erste Camaro erschien 1967 als Antwort auf den Ford Mustang. 1970 folgte die zweite Generation mit dem riesigen Kühlergrill. Der Spitzentyp hieß Z28. (Foto: © GM Media)

Am 3. November 1911 wurde der Schweizer Rennfahrer und Automobilingenieur Louis Chevrolet Mitbegründer der Chevrolet Motor Company in Detroit. Sein wichtigster Partner war William C. Durant. Beide kannten sich von Buick, Durant als Chef und Chevrolet als Angestellter: Er war auf Buick Renn gefahren, um die Marke bekannter zu machen. Der erste Chevrolet entstand nach Maßgabe seines Namensgebers. Der C Classic Six war aber so teuer in der Produktion, dass er sich schwer tat, und da Chevrolet keine günstigen Fahrzeuge unter seinem Namen angeboten wissen wollte, verkaufte er seine Anteile an Durant. Der erste Chevrolet stand 1913 auf der Messe in New York, die Kasse klingeln ließ aber der Chevrolet 490, der so viel Geld einbrachte, dass Durant sich 1916 wieder bei General Motors einkaufen konnte und Chevrolet als eigenständige Firma mit einbrachte. 1919 begann ein rasantes Expansionsprogramm, das mit der Einführung der neuen und wenig erfolgreichen V8-Serie, der D-Baureihe, einen empfindlichen Dämpfer erhielt. Die Wirtschaftskrise der Jahre 1920/21 brachte GM ins Straucheln, Durant trat zurück, und einer neuen Führung gelang es, das Ruder herumzureißen. Begünstigt wurde diese Entwicklung durch die Tatsache, dass der große Rivale Ford stur auf seine T-Modell setzte, die neuen Strömungen – Chevrolet bot zunehmend Limousinen an, Ford immer noch in der Hauptsache den offenen Tourer – ignorierte und, als es nicht mehr länger ging, die Produktion komplett einstellte, um sie erst Monate später wieder mit dem A-Modell anlaufen zu lassen. Dem neuen Vierzylinder-Ford setzte Chevrolet dann einen OHV-Sechszylinder entgegen und verkaufte seinen »Sechszylinder zum Vierzylinder-Preis«, so ein Werbeslogan von damals. Das brachte Chevrolet ganz nach vorne, das 1933 mit dem Standard Six GM den billigsten amerikanischen Sechszylinder im Programm hatte. Die Rivalität mit Ford und in kleinerem Maß auch mit Chrysler-Ableger Plymouth prägte auf Jahrzehnte hinaus die amerikanische Automobillandschaft. Im Jahr 1953 produzierte Chevrolet die Corvette, einen Sportwagen mit einer Fiberglas-Karosserie; die Jahre 1955 bis 1957 brachten die »Tri Chevys« hervor, die vielleicht berühmtesten US-Straßenkreuzer jener Epoche: die Typen »Bel Air« und die Kombi-Ausführung Nomad wurden zu automobilen Ikonen und verkörpern den Geist der Rock-n-Roll-Ära. In dieser Dekade verkaufte Chevrolet knapp 13,5 Millionen Fahrzeuge, Ford kam auf 12,3 Millionen, und Plymouth auf knapp 5,7 Millionen: Goldene Zeiten für die Autobranche, und Chevrolet stand an der Spitze. Für das Modelljahr 1955 führte Chevrolet seine famose Small Block-V8 ein. Ursprünglich ein 4,3-Liter-V8 und Standard bei den Trii-Chevys, entstanden über die Jahre und Jahrzehnte – seit 1957 auch optional mit Einspritzung, diese hießen dann »Ramjet« – diverse Ableitungen und Weiterentwicklungen, der »kleine« V8 kam zum Schluss auf einen Hubraum von 5,7 Litern Hubraum. Die Karriere dieses Triebwerks endete erst 2003, und die heutigen GM-V8 sind legitime Nachkommen jenes Jahrhundert-Entwurfs. Deutlich mehr – Hubraum, Drehmoment, Leistung, Gewicht, Durst – wiesen die Big Block-V8 auf, deren Karriere 1958 mit der W-Serie und 5,7 Liter Hubraum begann. Zu den berühmtesten Big Blocks gehören die 427er (7,0 Liter) Big Block der zweiten Generation; Höhe- und Endpunkt war der 454er (7,4 Liter) mit bis zu 450 PS, dessen Ära 1974 endete. In die Sackgasse führte die Entwicklung des Corvair, dem »Kompakt-Chevrolets«, mit dem den in den USA so erfolgreichen Volkswagen den Garaus gemacht werden sollte. Der Chevy mit seinem luftgekühlten Heckmotor war eine im Fahrverhalten nicht ganz unproblematische Heckschleuder, verursachte einige Unfälle und führte zur berühmten Kampagne von Verbraucherschützer Ralph Nader, die nach 1968 wesentliche Fortschritte in Sachen Insassensicherheit erzwang. Dennoch: In den Sechzigern war praktisch jeder zehnte US-Neuwagen ein Chevrolet. In diesem Jahrzehnt spuckten die Chevrolet-Werke über 20 Millionen Neuwagen aus und in den Siebzigern, allen Ölkrisen zum Trotz, fast 24 Millionen: Fahrzeuge wie Malibu, Impala und Co standen praktisch an jeder Ecke. In den Achtzigern und Neunzigern dagegen geriet Chevrolet und mit ihr die gesamte US-Automobilindustrie in die Krise, sie wurden von den japanischen und den nachfolgenden koreanischen Hersteller schier überrollt. Unrühmlicher Höhepunkt war die Beinahe-Pleite von GM im Zuge der Wirtschaftskrise von 2007 bis 2010.

CHRYSLER

Die Geschichte von Walter P. Chrysler ist keine jener üblichen Vom-Tellerwäscher-zum-Millionär-Streifen, wie sie angeblich für die Vereinigten Staaten typisch sind. Und dennoch taugt sein Leben – und das seiner Firma – durchaus als Stoff für einen abendfüllenden Hollywoodstreifen. Seine ersten Groschen verdiente Walter als Milchmann; 1908 kaufte er sein erstes Auto, 1912 wurde er technischer Leiter der General Motors (GM-) Tocher Buick. Danach machte er Station bei Willys-Overland, sanierte Maxwell-Chalmers – die Nummer 6 auf dem US-Markt – um dann im Januar 1924 den ersten Chrysler, den SIX, vorzustellen. Die eigentliche Chrysler Corporation wurde am 6. Juni 1925 offiziell gegründet, die Fahrzeuge basierten auf den Maxwell-Chalmers-Vier- und Sechszylindern. Sein Erfolg gründete in erster Linie auf fortschrittlicher Technik: Zu den »Firsts«, die Chrysler für seine Wagen beanspruchen konnte, gehörten Öl- wie Luftfilter, Kühlertemperaturanzeige im Armaturenbrett und auch hydraulische Vierradbremsen von Lockheed, die zuvor nur Duesenberg verwendete. Um im Konzert der Großen aber richtig mitspielen zu können, baute sich Chrysler in den Zwanzigern mit Dodge, Plymouth und De Soto einen Mehrmarken-Konzern auf. Die Oberklasse nahm Chrysler nach 1931 mit dem Model Eight, einem neuen Achtzylinder, ins Visier. Den Höhepunkt in Sachen Luxus markierte die Royal Eight und Custom Imperial CL von 1933 (Imperial wurde 1955 als eigenständige Luxusmarke etabliert), deren Reihenachtzylinder bis zu 135 PS auf die Kurbelwelle wuchteten: Chrysler stand für »Vorsprung durch Technik«, und genau das brach der innovativen Firma beinahe das Genick. Und das Verhängnis hatte einen Namen: Airflow.

Der ultramoderne Entwurf von 1934 war der erste amerikanische Wagen nach aerodynamischen Gesichtspunkten – und bis zum Edsel von Ford der größte Flop in der Automobilgeschichte. Der neue Chrysler-Chef, der 1935 sein Amt antrat, fiel dann ins andere Extrem: Die komfortsteigernde Halbautomatik Fluid Drive war die einzige echte Neuerung bis zum kriegsbedingten Stopp 1942. Chrysler baute jetzt Panzer.

Im Oktober 1945 lief die Pkw-Produktion wieder an. Bei den ersten Nachkriegsmodellen handelte es sich um aufgefrischte Vorkriegsentwürfe, erst 1949 präsentierten sich alle Modelle des Konzerns mit neuer, aber langweiliger Karosserie. Chrysler baute Autos für eine stockkonservative Klientel, was daran lag, dass der Chef selbst gerne mit Hut im Wagen saß. Erfreulicher verlief die Entwicklung auf technischem Gebiet: Ab 1950 bot Chrysler elektrische Fensterheber an, ab 1951 eine Servolenkung – und einen neuen Motor: Chrysler ersetzte den altgedienten 135-PS-Reihen-Achtzylinder mit L-Kopf und stehenden Ventilen durch den neuen 5,4-Liter-V8-Motor, der halbkugelförmige (hemisphärische) Brennräume aufwies und daher auch »Hemi«-V8 genannt wurde. Zu seiner Zeit war der kurzhubig ausgelegte V8 mit 185 SAE-PS der stärkste Motor im Großserien-Bau. Mit den legendären Chrysler 300, den »Letter-Cars«, eine neue, bis zu 405 SAE-PS starke Hochleistungs-Baureihe polierte Chrysler sein Image gewaltig auf. Das erste Letter-Car erschien 1955, das letzte, der 300 L, 1965. Dennoch gingen die Verkaufszahlen auf Talfahrt, da mochten die Heckflossen noch so sehr in den Himmel wachsen (sie waren nie höher als beim 1961er Jahrgang).

Mit dem 440-V8 mit Dreifachvergaser und unglaublich hoher PS-Leistung startete der Konzern dann in das neue Jahrzehnt, das zwei Ölkrisen brachte und mit dem Debakel um die europäischen Niederlassungen endete: Chrysler war angeschlagen, in den Siebzigern gab es nichts, das es in anderer Form nicht auch bei General Motors oder Ford gegeben hätte – es war höchstens eine Nummer kleiner und schlechter verarbeitet. Das Blatt wendete sich Anfang der Achtziger mit der neuen Generation von Frontantriebsfahrzeugen, den K-Modellen. Maßgeblich am Höhenflug beteiligt waren auch die neuen Großraum-Limousinen, die 1983 erschienen und als »Chrysler Voyager« teilweise auch in Österreich montiert wurden. Nach diversen Kooperationen, etwa mit Mitsubishi und Renault – folgte 1998 die Fusion mit Daimler-Benz zu DaimlerChrysler, dem damals drittgrößten Automobilkonzern der Welt. Der spektakulären Fusion folgte 2007 die ebenso spektakuläre Scheidung. Die Wiederverheiratung der amerikanischen Braut mit Fiat führte dann 2009 zur Fiat Chrsyler Automobiles.

Der Chrysler Airflow war zu futuristisch für die Zeit, zumindest im konservativen Amerika. Hektische Modellpflegemaßnahmen und Faceliftings sollten den Absatz ankurbeln. Der Jahrgang 1937 zeigte einen konventionelleren Kühlergrill.

(Foto: © Greg Gjerdingen, CC-BY-SA-2.0)

1954 waren die Chrysler-Verkaufszahlen schlecht wie nie. Am populärsten war die New Yorker-Modellreihe, die mit Viervergaser-Anlage-V8 und Doppelauspuff 235 Brutto-PS entwickelte. Die DeLuxe-Ausführung (im Bild) rangierte unterhalb des Imperial.
(Foto: © Mr.choppers, CC-BY-SA-3.0)

Die berühmte Letter-Car-Series von Chrysler erschien 1955. Dabei handelte es sich um hochmotorisierte Zweitürer mit vier Sitzen auf Basis der New-Yorker-Modellreihe. Hier ein 300H von 1962.
(Foto: © Greg Gjerdingen, CC-BY-SA-2.0)

Der neue Kühlergrill trug die 300er-Serie 1967, ebenso die Radzierblende im Turbo-Look. Das Cabriolet gab es ab 4487 Dollar; Chrysler stellte den Cabrio-Bau 1970 ein.

Der Cord L-29 erschien 1929. Der Fronttriebler – Radstand 3493 mm – wurde bis 1932 bei Auburn in Indiana gebaut. (Foto: © Motohide Miwa, CC-BY-2.0)

Der Phantom Corsair von 1938 auf Basis des Cord 810 wurde bei Bohman & Schwarz für Rust Heinz gebaut. Es blieb beim Prototyp. (Foto: © Alden Jewell, CC-BY-2.0)

Der Cord 810/812 mit seinen Schlafaugen-Scheinwerfern war technisch ein L-29. Er hatte eine Halbautomatik, die für viel Ärger sorgte. Die Ofenrohre verraten es: Das hier ist ein Kompressor-Cord, ein 812. (Foto: © Greg Gjerdingen, CC-BY-2.0)

CORD

Vom Cord gab es verschiedene Replicas. Das hier ist einer von 400 Samco-Cord, gebaut von 1968 bis 1970. Er ist etwas kleiner als das Original und hat Heckantrieb.
(Foto: © Kuch)

Im zarten Alter von fünfzehn Jahren brach Errett Lobban Cord (1894-1974) die Schule ab, nahm diverse Jobs an wie Autoverkäufer und Tankwart, war dann Automechaniker in einer Werkstatt in Los Angeles und schaffte den Durchbruch als Ford-T-Veredler. Außerdem begann er mit dem Vertrieb von Autos der Moon Motor Car. Das erledigte er so erfolgreich, dass die Investorengruppe, die sich 1919 die kränkelnde Firma Auburn ans Bein gebunden hatte, ihm die Position als Geschäftsführer anbot. Cord willigte ein, stellte aber zwei Bedingungen: Freie Hand und 20 Prozent vom Gewinn. Und außerdem wollte er das Vorkaufsrecht bei einem möglichen Verkauf. Dieser Zeitpunkt kam 1926, Cord war nun alleiniger Herr im Haus.

Cord begann, sich im Gefolge des Börsencrashs an der Wall Street für kleines Geld ein großes Imperium aufzubauen, zu dem letztlich weit über 100 Firmen gehörten, darunter eine kleine Schifffahrtslinie, eine Flug- und eine Taxigesellschaft. 1929 konnte er die Firma Duesenberg – Verbindungen bestanden bereits seit 1926 – übernehmen und verleibte seinem wachsenden Konzern auch die Motorenbaufirma Lycoming ein, die für den Duesenberg J den 6,9 Liter-Reihenachtzylinder (der in Rennausführung bis zu 400 PS brachte) herstellte.

Das erste Auto, das seinen Namen trug, hieß schlicht nur »Cord« und erhielt dann die Bezeichnung L-29. Preislich zwischen Auburn und Duesenberg angesiedelt (tatsächlich war er eine Mischung beider), verkörperte der Fronttriebler technische Avantgarde. Der L-29 war eine Entwicklung des Rennwagenkonstrukteurs Harry Miller und des Rennfahrers Cornelius Van Ranst – kein Wunder, dass der Cord ausgesprochen sportiv geriet. Unter der Haube saß der Achtzylinder von Auburn mit 4,9 Liter Hubraum und einer Leistung von 125 PS. Die Umrüstung auf Frontantrieb erforderte, laut Cord, über 70 Modifikationen am Motor. Getriebe und Differential rückten vor den Lycoming-Motor, was nicht nur zu einer gewissen Frontlastigkeit, sondern auch einer ellenlangen Motorhaube führte. Die Karosserielinie mit einem Grill im Duesenberg-Stil galt als außerordentlich gelungen, ab Werk standen vier verschiedene Aufbauten zur Wahl, nämlich Sedan, Brougham, Phaeton und Cabriolet. Erstmal bildete ein Rahmen mit X-förmigen Traversen anstelle des üblichen Leiterrahmens die Basis. Zahlreiche Karosseriebauer im In- und Ausland schufen auf L-29-Fahrgestellen atemberaubende Aufbauten; die Standardmodelle kosteten zwischen 3100 und 3300 Dollar. Die Auslieferung erfolgte 1929, kaum zwei Monate kam es zum Zusammenbruch des Aktienmarktes, ein Versuch, mit einem leistungsstärkeren und modifizierten L-29-Modell die Talfahrt aufzuhalten, scheiterte. Ende 1931 endete die Cord-Produktion nach etwas über 5000 Fahrzeugen. Der Gründer setzte sich 1933 nach England ab, bis seine Schwierigkeiten mit den amerikanischen Steuerbehörden beigelegt waren, als er zurückkehrte, begann er mit der Abwicklung seines Konzerns. Dennoch stand 1935 auf dem New Yorker Salon ein neuer Cord, der Typ 810 mit einer sensationellen, von Gordon Buehrig gezeichneten Karosserie mit der Haube ohne konventionellen Kühlergrill (»Sargnase« nannten sie die Kritiker) und Klappscheinwerfern. Es gab keine Trittbretter und die Scharniere waren versenkt, auch das war neu und ungewöhnlich. Ursprünglich als »kleiner Duesenberg« geplant, verfügte dieser Cord über die Frontantriebstechnik des L-29 und kombinierte diese mit einer Art halbautomatischer Kraftübertragung, wobei die Betätigung des Bendix-Vorwahlgetriebes über elektrisch betätigte Unterdruck-Schalter erfolgte. Der Stromberg-Vergaser, der den 125-PS starken, komplett neu entwickelten Lycoming-V8 (4,75 Liter) fütterte, verfügte über eine neuartige Startautomatik. Ein Radio war serienmäßig.

Der in zwei Radständen lieferbare Cord war eine Sensation, er kostete in der Grundversion »Phaeton« 1936 dann astronomische $ 2195,–; allerdings fehlte dennoch an allen Enden und Ecken das Geld, um die Aufträge abarbeiten zu können. Die Kunden begannen, zur Konkurrenz abzuwandern. Im Folgejahr erschien dann der Cord 812 S mit Kompressor, die Leistung lag jetzt bei 195 PS Brutto. Rund 3000 Exemplare des Cord 810/812 entstanden bis zur Produktionseinstellung im August 1937. Danach kamen zweifelsohne vom Cord-Design inspirierte Wagen auch von Hupmobile und Graham-Paige; in den Sechzigern gab es dann einige Replica-Hersteller.

CORVETTE

Nach dem Zweiten Weltkrieg war der Bedarf an Neufahrzeugen immens. Daher bliesen die Big Three den Staub von ihren Vorkriegsentwürfen und legten sie wieder auf Band. Die aus Europa heimgekehrten GIs aber langweilten sich mit diesen Dickschiffen, denn sie kannten nun die kleinen, wendigen Briten-Roadster. Die heimische Industrie hatte nichts dergleichen.

Bis in die Fünfziger interessierte das die großen Hersteller auch nicht, da tummelten sich lediglich einige obskure Kleinserienhersteller wie Nash Healey, Muntz oder Kaiser Darrin. Bis in die Fünfziger Jahre hinein war auch Chevrolet als Kernmarke von General Motors damit beschäftigt, nur Straßenkreuzer zu bauen. Andererseits: Amerika war im Raketenzeitalter angekommen, General Motor suchte sich einen moderneren Anstrich zu geben. Im Rahmen seiner Traumwagen-Ausstellung Motorama im New Yorker Luxushotel, dem Walldorf-Astoria, zeigte der Konzern dann im Januar 1953 den Prototypen EX-122: Die Studie eines schlanken, offenen Zweisitzers mit einer 62-teiligen Kunststoffkarosserie und 150-PS-Sechszylindermaschine. Die dicht umlagerte Studie im Farbton »Polo White« wurde offiziell im Juni 1953 eingeführt, aber nur 300 Mal gebaut, bevor der leicht veränderte (und 5 PS stärkere) Jahrgang 1954 erschien. Anfangs blieben die Produktionszahlen des von Harley Earl (Design) und Zora Arkus Duntov (Technik) geschaffenen Sportwagens deutlich hinter den Erwartungen zurück, was dazu führte, dass 1955 der Reihen-Sechszylinder durch den neuen Smallblock-OHV-V8 (4,3 Liter) ersetzt wurde. Je nach Nockenwelle und Vergaser-Anlage – Einspritzung optional ab 1957 – stieg die Leistung auf bis zu 240 PS, und auch die Absätze kamen aus dem Keller. Die wichtigsten Modellpflegemaßnahmen dieser ersten Generation bescherten der Corvette 1956 ein flacheres Heck, 1957 einen 4,6-l-V8 (optional 4,7 l, bis 283 PS), 1958 Doppelscheinwerfer und 1961 eine erneut überarbeitete Frontpartie (jetzt 5,4-l-V8, bis 360 PS) und ein tragendes Stahlgerüst zur Verstärkung der Fahrzeugstabilität.

Die zweite Generation erschien zum Modelljahr 1963, natürlich mit Kunststoff-Karosserie, aber völlig neuer Form. Klappscheinwerfer und die geteilte Heckscheibe sorgten für einen aufregend neuen Look, erstmals war die Corvette auch als Coupé erhältlich. Die Basis bildete ein neuer Leiterrahmen mit einer um 50 % höheren Steifigkeit als zuvor. Der Radstand war leicht verkürzt und das Stahlkorsett stabiler. An der Hinterachse hatte die Starrachse ausgedient und wich einer zeitgemäßen Einzelradaufhängung. Im Bug kauerte der »Bigblock«-Motor, der 327er ci-V8 aus dem Vorgänger; der Jahrgang 1967 hatte ein 7,0-l-V8 mit bis zu 425 PS. Je nach Hinterachse waren so bis zu 230 km/h möglich.

Die dritte Generation erschien 1968 und trug den »Coke-Bottle-Style«, die Karosserie mit Hüftschwung. Im Laufe der Bauzeit kamen diverse V8-Motoren zum Einsatz, die Palette reichte vom 5,4-Liter bis hin zum optionalen 7,5-Liter. Verschiedentlich überarbeitet – 1973 mit Kunststoff-Stoßfängern statt der Chromstoßfänger, 1978 mit geänderter Heckpartie und Panoramascheibe –, blieb die Plastikflunder bis Anfang 1983 in Produktion. Die C4-Corvette hatte eine völlig neue, glattflächige Karosserie mit einem cW-Wert von 0,34, moderne 50er Niederquerschnittreifen, dank des neuen Zentralrohrrahmens die Straßenlage eines Go-Kart und eine bahnbrechende Kunststoff-Querblattfeder. Standardmotor war der 5,7-Liter-V8 mit mindestens 205 PS (DIN, nicht SAE-PS). In Sachen Leistung toppte die ZR-1-Vette 1990 mit ihrem 5,7-Liter-Motor, 380 PS und einer Höchstgeschwindigkeit von über 280 km/h alles bisher Dagewesene. Die schnellste Corvette brachte den US-Kraftsportler auf Augenhöhe mit den schnellsten europäischen Sportwagen. Immerhin 13½ Modelljahre lang gebaut, kam dann die neue Generation erst im Januar 1997: die schnellste, niedrigste und sparsamste Corvette aller Zeiten. Unter der Haube blubberte ein flammneuer 350er-V8 mit einem vor der Hinterachse platzierten Automatik-Getriebe, was Platzverhältnisse wie Straßenlage gleichermaßen zugute kam. Sie blieb bis 2004, wich dann der C6-Ausführung mit dem Spitzenmodell Z06 mit sieben Litern Hubraum und über 500 PS und einer Spitze von 310 km/h. Zehn Jahre später erschien dann die siebente Auflage – sicher kein Oldtimer, aber schon jetzt ein Klassiker.

Die Corvette des Jahrgangs 1956 war die erste mit seitlich eingezogenen Flanken und optionaler Zweifarblackierung. (Foto: © GM Media)

Das Sting-Ray-Cabrio. Modelljahr 1965. Die Sidepipes waren optional, ebenso der Big-Block-Motor mit 425 SAE-PS. (Foto: © GM Media)

Die vierte Corvette-Generation erschien 1984 und verzichtete auf den bis dahin typischen Hüftschwung. (Foto: © GM Media)

Die Corvette C3 wurde zwischen 1968 und 1983 gebaut. Das »Coke Bottle-Design« war charakteristisch für diese Generation. Die vorderen Chromstoßstangen wurden 1973 durch solche aus Kunststoff ersetzt.

1929 erschien DeSoto – benannt nach einem spanischen Entdecker – als vierte Chrysler-Marke. Erst 1932 (hier ein Six-56) sahen sie anders aus als ihre Schwestermodelle. (Foto: © Hugh Llewelyn, CC-BY-SA-2.0)

Der 1951er DeSoto Custom sah kaum anders aus als im Vorjahr, lediglich die Rückleuchten hinten und die um die Ecken reichenden Parklichter machten den Unterschied.

Der DeSoto-Hemi-V8 (5,4 Liter) brachte in der FireDome- 230 und in der FireFlite-Serie 255 Brutto-PS. Hier ein 1956er FireDome Hardtop.

DE SOTO

Der Jahrgang 1958 war vom Vorjahr (oder den Konzernmarken) kaum zu unterscheiden: Im schlechtesten Jahr seit 1938 wurde dieses Adventurer Hardtop-Coupé nur 350 Mal verkauft. (Foto: © Allen Watkin, CC-BY-SA-2.0)

Im Juli 1928 hatte Chrysler eine weitere Marke ins Rennen um die Gunst der Käufer geschickt: De Soto. Mit diesem Label, das nach dem Spanier Hernando de Soto benannt worden war, der 1541 den Mississippi entdeckte, hatte Chrysler nach Dodge ein zweites Standbein in der gehobenen Mittelklasse. Später wurde lange darüber gerätselt, warum denn Chrysler dieselbe Zielgruppe mit einer weiteren Marke bediente, Dodge also Konkurrenz im eigenen Haus machte. Wie dem auch sei: De Soto gelang ein glänzender Einstand, im ersten vollen Verkaufsjahr wurden 81.065 Wagen verkauft, was einen neuen Rekord darstellte. Es handelte sich bei den schweren Sechszylindern um luxuriöse Automobile mit hochwertiger Ausstattung, viel Chrom und feinen Details. Das Grundmodell kostete 845 Dollar. Der Chrysler Airflow wurde im Januar 1934 präsentiert, ein Sechssitzer mit selbsttragender Karosserie, Wasserfall-Grill und Scheinwerfern, die in die Karosserie eingelassen worden waren. Der Kofferraum, auch das war neu, war nur von innen zugänglich. Serienmäßig das automatische Overdrive-Getriebe von Borg-Warner. Sehr konventionell die Motoren, 4,9-Liter-Achtzylinder beim Einstiegs-Modell CU, 5,3 Liter bei den Imperial-Typen CV und CX sowie 6,3 Liter beim Topmodell Imperial CW mit 3,708 mm Radstand und über 2,5 Tonnen schwer. Das Topmodell kostete 5145 Dollar, kein Wunder, dass nur 67 Einheiten gebaut wurden. Der billigste Airflow kam auf 1375 Dollar, bei De Soto kostet der Airflow mit 3,9-Liter-Sechszylinder nur 995 Dollar. Chrysler konnte zunächst nicht liefern, und das, was dann kam, war überhastet zusammengeschustert worden. Die Verarbeitungsqualität der ersten 3000 Exemplare war ebenso abenteuerlich wie das Design, in einem Fall fiel bei 130 km/h der Motor aus dem Rahmen. Glücklicherweise hatte Chrysler neben den Airflow-Modell noch zwei konventionelle Typen CA und CV im Programm, die sich doppelt so gut verkauften: Unter den knapp 37 000 Wagen mit Chrysler-Emblem befanden sich lediglich 11 292 Airflow, De Soto hatte lediglich den Airflow zu bieten und stürzte in den Verkaufszahlen auf 13 940 Fahrzeuge ab. Für 1935 entwarf Chrysler-Designer Oliver Clark einen neuen Kühlergrill, was am Misserfolg nichts ändern sollte; auch die Facelifts für 1936 und 1937 führten zu nichts. Die Produktionszahlen rutschten in den Keller, 1936 entstanden 6000, 1937 nur noch 5000 Airflow. Zum Modelljahr 1938 stand der Airflow nicht mehr im Programm. Bis Mitte der 50er Jahre behauptete De Soto seinen Platz in der Konzernhierarchie zwischen der Oberklasse-Marke Chrysler und den Mittelklasse-Modellen von Dodge und Plymouth. Die Luft in diesem Preissegment wurde aber zunehmend dünner, nicht zuletzt, weil Chrysler-Sparmodelle und Plymouth-Edelversionen immer mehr De Soto-Kunden zum Umsteigen bewegten. Auch die 1955 eingeführte Fireflite-Reihe konnte den Absturz nicht mehr verhindern. 1958 sank die Produktion unter die 40.000er Marke – das war entschieden zu wenig. Drehbare Vordersitze gehörten zu den letzten Gimmicks, mit denen der neue De Soto Adventurer 1959 Aufmerksamkeit erregte. In der ersten Dezemberwoche des Jahres 1960, vier Monate nach Vorstellung des 61er Jahrgangs, stoppten die Bänder. Die letzten Fahrzeuge, die zu den Kunden gelangten, waren 911 zweitürige und 2123 viertürige Hardtop-Limousinen, ausschließlich ausgerüstet mit 265 PS starken 5,9-Liter-V8-Motoren. Der Markenname lebte künftig nur weiter an Nutzfahrzeugen, die Chrysler in der Türkei fertigen ließ.

Alle DeSoto-Modelle (hier ein Adventurer Fourdoor Sedan) hatten 1960/61 einen Radstand von 3099 mm und 14-Zoll-Räder.

DODGE

Die Brüder John und Horace Dodge besaßen eine Fahrrad- und Maschinenfabrik und waren weitsichtig genug, ihr Unternehmen 1901 nach Detroit, in das Zentrum der aufstrebenden Automobilindustrie, zu verlegen. Dort entwickelten sie sich rasch zum größten Zulieferbetrieb; die ersten Ford zum Beispiel waren mehr oder minder ausschließlich aus Dodge-Teilen aufgebaut (was nicht zuletzt daran lag, dass die Dodges Henry Ford das Kapital vorstreckten, damit dieser seine Motor Company gründen konnte). Der erste eigene Dodge entstand dann 1914. Der Entwurf mit seinem Elektrostarter wurde auf Anhieb zum Erfolg und katapultierte das Unternehmen unter die Big Three der amerikanischen Autoindustrie. Die Aufwärtsentwicklung endete aber jäh im Jahre 1920, dem Todesjahr beider Gründer: John starb im Januar an einer Lungenentzündung, Horace erlag im Dezember einem Leberleiden. Danach führten deren Witwen die Geschäfte weiter, ohne aber die führende Position halten zu können. 1925, als Dodge nach Stückzahlen auf den fünften Rang zurückgefallen war, verkauften die Damen ihre Unternehmen für 146 Millionen Dollar in bar an die New Yorker Investmentbank Dillon, Read & Co, der bis dahin größte Deal in der amerikanischen Finanzgeschichte. Den beginnenden Niedergang der im Mittelpreissegment angesiedelten Marke konnten die Herren mit den weißen Kragen allerdings nicht aufhalten, sie gaben im Frühjahr 1928 ihre Anteile – Dodge rangierte inzwischen auf Rang 13 – gegen 170 Millionen Dollar (in Aktien) an Walter Chrysler weiter, der jetzt mit dem schlagkräftigen Dodge-Händlernetz weitere Distributionskanäle erschloss und seine Produktionskapazitäten verdoppelte: Erst jetzt war Chrysler in der Lage, zum Großserien-Produzenten aufzusteigen: Durch die Fusion mit Dodge verfügte der neue Konzern nun über 15 moderne Fabriken und beschäftigte rund 35.000 Mitarbeiter. Die Übernahme, die am 1. August 1928 endgültig vollzogen wurde, führte zu einem erheblichen Aufschwung. Die Tagesproduktion beider Unternehmen kletterte auf 2200 Autos; die Jahresproduktion lag bei rund 750.000 Einheiten, zum Vergleich: GM kam auf etwa 2,7 Millionen Einheiten, Ford auf ca. 2,3 Millionen. Insgesamt verfügte die neue Firma über 12.000 Verkaufsstellen. Innerhalb des Chrysler-Portfolios rangierte die Marke zwischen Plymouth und DeSoto; nach amerikanischer Sitte unterschieden sich die einzelnen Fahrzeuge in erster Linie durch die Optik. Was sich unter dem zeittypisch ausufernden Blechkleid befand, war meistens identisch. Die Ölkrise traf Dodge besonders hart, jetzt begann, von einigen Ausnahmen abgesehen, der Vertrieb von umetikettierten Chryslern. Heute ist Dodge Teil des Fiat-Konzerns.

Nach 1930 verfügten Dodge und Chrysler-Modelle serienmäßig über Radiovorbereitung. So auch dieser Achtzylinder-Phaeton Typ DC. (Foto: © FCA)

Wie fast alle US-Autobauer nutzte Chrysler drei Plattformen. Auf reduzierten Full-Size-Plattformen entstanden die Intermediates. Zu diesen gehört dieser Charger mit Hemi-V8. (Foto: © FCA)

Dodge baute 505 Charger Daytona für die Saison 1969 und gewann 22 NASCAR-Rennen. (Foto: © FCA)

Das hier ist eines der nur 363 Mal gebauten DeLuxe Town Coupés mit Hayes-Aufbau. Gab's 1939 auch als Chrysler Royal Windsor Victoria Coupé und DeSoto Custom Club Coupé.
(Foto: © FCA)

1955/56 bot Chrysler mit dem Dodge La Femme Custom Royal Hardtop das erste Auto speziell für Frauen an – mit pinkweißem Ex- und Interieur, entsprechendem Schirm und so weiter.
(Foto: © FCA)

1962 unterzog Dodge seine (mittlere) Polara-500-Reihe einem umfassenden Restyling, der neue Coronet des Modelljahres 1964 trug zwar den früher für Full-Size-Modelle genutzten Namen, gehörte aber zu den Polara-Intermediates.
(Foto: © FCA)

Duesenberg ging 1931 mit diesem »Cummins Diesel Spezial« bei den 500 Meilen von Indianapolis an den Start. Zum ersten Mal schaffte ein Rennwagen die Distanz ohne Tankstopp, Dave Evans belegte den 13. Platz. (Foto: © ian mcwilliams, CC-BY-2.0)

Ein 1929er Duesenberg J Convertible Coupé mit Murphy-Aufbau. Murphy war nur zwischen 1921 und 1932 aktiv, zwei ehemalige Mitarbeiter, die Herren Bohman und Schwartz, machten sich daraufhin selbstständig. (Foto: © Craig Howell, CC-BY-2.0)

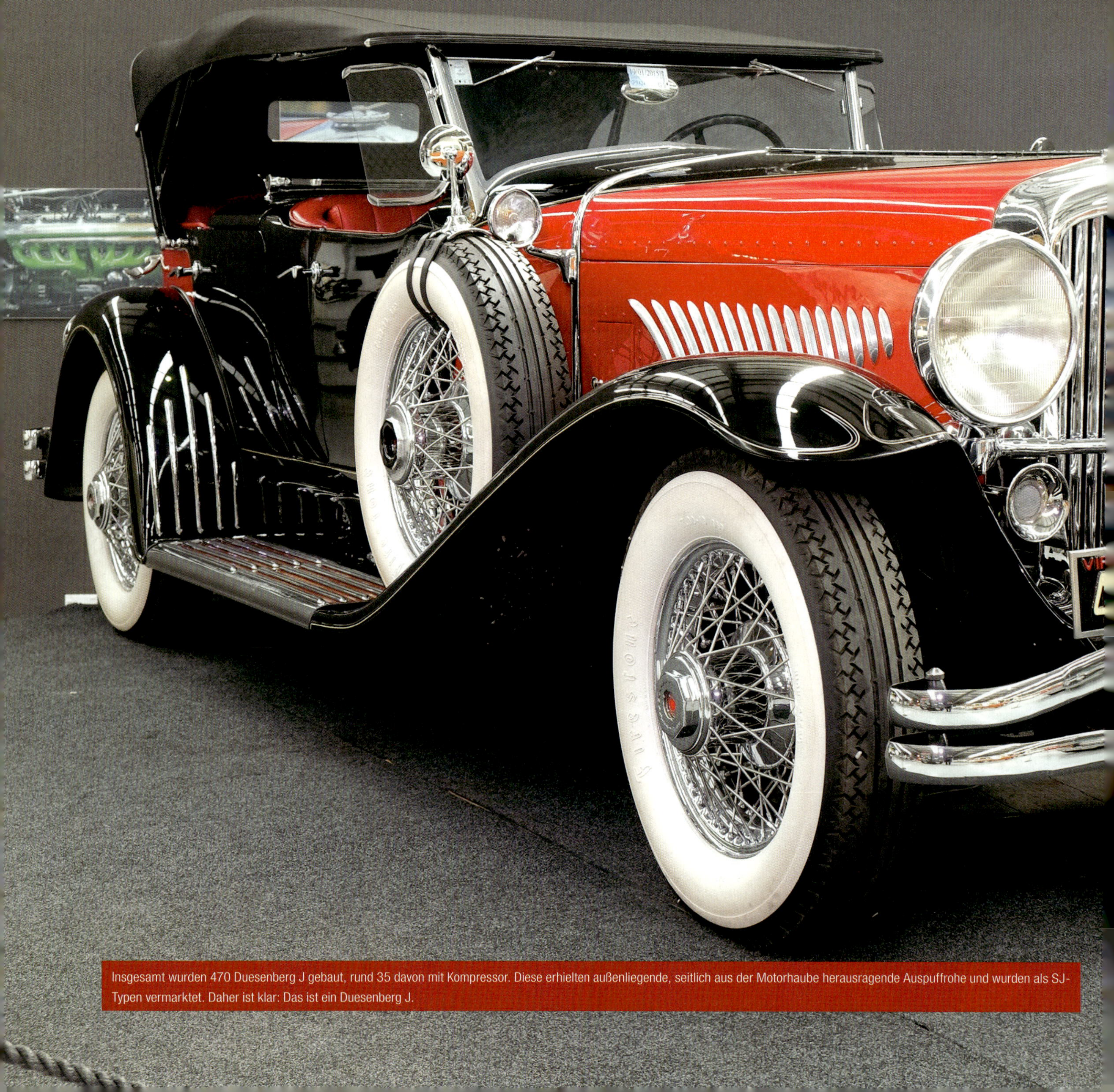

Insgesamt wurden 470 Duesenberg J gebaut, rund 35 davon mit Kompressor. Diese erhielten außenliegende, seitlich aus der Motorhaube herausragende Auspuffrohre und wurden als SJ-Typen vermarktet. Daher ist klar: Das ist ein Duesenberg J.

DUESENBERG

Bohman & Schwarz bauten nach dem Murphy-Aus aus noch vorhandenen Duesenberg-J-Chassis zwei (evtl. auch vier) Convertibles auf, den ersten für Filmstar Clark Gable. Eines dieser Fahrzeuge hatte einen Kompressor. (Foto: © Sicnag, CC-BY-2.0)

Die Brüder Fritz »Fred« und August »Augie« waren mit ihrer verwitweten Mutter 1890 und drei Geschwistern aus Deutschland nach Amerika ausgewandert, um dort ihr Glück zu machen. Sie schufen Ikonen der amerikanischen Automobilgeschichte. Fritz (1876-1932) war Fahrradmechaniker, dann Radrennfahrer und schließlich Versuchsfahrer einer Autofirma, gründete eine Werkstatt und baute 1904 mit dem Geld eines reichen Anwalts eigene Autos. Der Anwalt hieß Mason, und Duesenbergs erste Firma war die Mason Motor Car Company, in der Fritz (der sich Fred nannte) und sein Bruder August (1879-1955) das Sagen hatten. Die Mason Cars waren technisch außerordentlich aufwändig und daher teuer, was dazu führte, dass die Zusammenarbeit 1910 endete. Ein neuer Finanzier brachte frisches Geld, 1913 entstand die Duesenberg Motor Company. Bevor die aber so richtig loslegen konnte, wurden die Vereinigten Staaten in den Ersten Weltkrieg verwickelt.

Duesenberg produzierte Flugzeugtriebwerke und begann erst 1919 wieder mit der Fahrzeugproduktion, vor allem für den Sporteinsatz. Der Duesenberg von 1920 (zwei Achtzylinder, jeweils mit eigener Kardanwelle zur Hinterachse) entstand für den Angriff auf den absoluten Geschwindigkeits-Weltrekord, er holte mit 251 km/h den Titel. Im Jahr darauf gewann ein Dreiliter-Duesenberg den Großen Preis von Frankreich. Der Racer hatte Hydraulikbremsen, eine bahnbrechende Pioniertat.

Im November 1920 stellten die Duesenbergs ihren ersten Serienwagen vor, zugleich den ersten amerikanischen Reihenachtzylinder. Der erste Duesenberg, der in größerer Stückzahl gebaut werden sollte, hieß Typ A, hatte 4.258 cm³, eine obenliegende Nockenwelle und hydraulische Allradbremsen. Ein Duesenberg Typ A Touring legte 1923 in 50 Stunden und 21 Minuten 5000 Kilometer am Stück zurück; getankt wurde ohne Halt, Renn- und Tankwagen fuhren nebeneinander, auch eine Zündkerze, so steht es in den Annalen, wurde in Fahrt gewechselt. Nur die Reifenwechsel erforderten kurze Stopps. Und vier Mal gewann Duesenberg die Indy 500. Rund 600 Duesenberg A entstanden bis 1926.

Danach übernahm Auburn-Chef Errett Lobban Cord die Firma. Er kochte den kostspieligen und unrentablen Rennsport- und Spezialwagenbau ein (die Rennabteilung wurde 1930 komplett geschlossen) und erteilte Fred und Augie den Auftrag, den ultimativen amerikanischen Luxuswagen zu entwickeln. Der auf dem A basierende Typ X überbrückte den Zeitraum bis zur Vorstellung des neuen Luxusliners, der am 1. Dezember 1928 seine Premiere feierte. Der Duesenberg J, das Auto der amerikanischen Oberklasse, hatte einen 6,8-Liter-DOHC-Achtzylinder unter der unendlich langen Haube, 265 (Brutto-)PS und eine Höchstgeschwindigkeit von 190 km/h. Der Wagen entstand in Handarbeit, bot die Möglichkeit, vom Armaturenbrett aus die Stoßdämpfer zu verstellen, hatte mehr Kontrollleuchten als ein Flugzeug und wurde von den bekanntesten Karosseriebauern jener Jahre mit Aufbauten versehen. Ein Chassis kostete rund 8.500 Dollar (ein kompletter Ford Modell A $ 400,–), der Aufbau gerne noch einmal so viel.

Kaum ein Wagen war wie der andere, auch wenn Duesenberg selbst eine stimmige Karosserie (die Cord-Designer Gordon Buehrig entworfen hatte) anbot. Entsprechend exklusiv geriet der Kundenkreis, den Vogel schoss aber ein Erweckungsprediger namens Father Divine ab, der sich einen extralangen Duesenberg mit 4521 mm Radstand (statt 3886 mm) anfertigen ließ und dafür 25.000 Dollar hinblätterte. Freds letzte Entwicklung war ein Kompressor, der dem Duesenberg bis zu 320 PS einhauchte. Die Höchstgeschwindigkeit stieg auf 200 km/h, ein SJ-Coupé soll in Indianapolis 208 km/h erreicht haben und in Bonneville 1935 sogar 243 km/h. Cord nahm die Marke 1936 vom Markt (das letzte Fahrgestell wurde 1937 gebaut), unter den 470 Typ J waren 36 SJ gewesen.

Freds Sohn Fred versuchte 1966, die Legende wiederzubeleben. Sein Typ D war ein 6,17 m langes und 2,8 Tonnen schweres Monstrum mit Siebenliter-Chrysler-V8, 425 Brutto-PS und einer protzigen, von Designer Virgil Exner geschaffenen Karosserie, die bei Ghia gebaut wurde und als eine der schlimmsten geschmacklichen Entgleisungen der Automobilgeschichte gelten darf. Es blieb beim Prototypen.

FORD

Henry Fords Geschichte ist x-mal erzählt worden, auch von ihm selbst: Wie er im Alter von zwölf Jahren im ländlichen Michigan erstmals einen Dampftraktor sah – 1875 war das – und sofort davon fasziniert war …

Ford berichtete von seinem unersättlichen Interesse an und seinem außergewöhnlichen Talent in allen mechanischen Dingen, die ihn dazu befähigten, vier Jahre später (im Alter von 16!) selbst am Regler eines Lokomobils zu stehen. 1885 bekam der geniale Monteur erstmals die Gelegenheit, einen Deutzschen Gasmotor nach dem Otto-Prinzip zu zerlegen und zu reparieren. Er war nicht sonderlich beeindruckt. Zwei Jahre später hatte er nach dieser Vorlage einen eigenen Einzylinder gebaut; im Frühjahr 1893 lief dann der Ford Nummer 1 – eine rechte Plage, wie sein Schöpfer selbst einräumte, weil es das einzige Benzinvehikel weit und breit war und alle Pferde scheu machte. 1896 schließlich, nach gut 1600 zurückgelegten Kilometern, verkaufte Ford seinen Prototypen, um alsbald mit dem Bau eines zweiten zu beginnen.

1899 machte er sich selbstständig. Das neue Jahrhundert begann für ihn aber mit einem herben Rückschlag, seine Detroit Motor Company machte im Januar 1901 Pleite, was Ford jedoch nicht weiter beirrte: Er hob am 16. Juni 1903 die Ford Motor Company aus der Taufe. Ein riesiger Markt winkte, im Jahr 1900 gab es in den USA 30 Millionen Pferde, aber nur 8000 Autos. Kein Wunder also, dass nicht nur Ford, sondern auch viele hundert andere Autobastler zur gleichen Zeit an anderen Orten des riesigen Kontinents ihr Glück im Fahrzeugbau versuchten. Doch nur Ford gelang es, in den folgenden Jahren ein beispielloses Industrie-Imperium aufzubauen. Die Gründe dafür sind im Nachhinein schnell aufgezählt: Ford wollte, anders als viele andere Hersteller jener Zeit, Autos für die breite Masse bauen. Das war ein völlig neuer Gedanke. Die anderen schielten auf jene 1,25 Millionen Amerikaner, die bereits um 1900 vermögend genug waren, um 1000 Dollar oder mehr für einen Wagen auszugeben. Ford aber dachte an die Farmer im Mittleren Westen, abseits der Städte, die sogenannten »Kleinen Leute«. Und die beglückte Ford mit seinem 1908 vorgestellten T-Modell, das kinderleicht zu bedienen und zugleich so unverwüstlich wie kein anderes war. Aus einer kleinen Mechaniker-Werkstätte entstand so innerhalb von zwei Jahrzehnten die größte Automobilfabrik der Welt, die Anfang der Zwanziger knapp zwei Millionen Fahrzeuge herstellte – mehr als alle anderen Automobilproduzenten zusammen. Und dabei produzierte er nur ein einziges Modell.

Ford erfand aber nicht nur das T-Modell, sondern auch die rationelle Großserienfertigung. Um ein Auto zu bauen, das besser und billiger war als alle, die bislang auf dem Markt waren, musste er völlig neue Wege gehen. Im Rahmen der Gesamtorganisation wurden die einzelnen Arbeitsschritte so stark vereinfacht, dass Mitte der zwanziger Jahre T-Modelle buchstäblich im Minutentakt vom Band rollten. Die ausgeklügelte Produktionslogistik sorgte dafür, dass just in time angeliefert wurde, große Lagerhallen gab es nicht, und die Materialvorräte waren auf maximal 30 Tage angelegt.

Noch vor dem Ersten Weltkrieg lief die Riesen-Maschinerie Ford von allein: »I have no job here – nothing to do«, zitierte das Engineering Magazine vom April 1914 den Firmengründer. Zu diesem Zeitpunkt arbeiteten für Ford bereits 15.000 Menschen. In seiner ersten Werkstatt, 1901, hatte Henry Ford, der nun angeblich nichts mehr zu tun hatte, drei Mitarbeiter gehabt.

Mitte der dreißiger Jahre beschäftigte Ford in seinem amerikanischen Hauptwerk River Rouge 75.000 Mitarbeiter, darunter waren lediglich 800 Angestellte: Ford verabscheute alles, was nichts mit der Produktion im eigentlichen Sinne zu tun hatte, überhaupt alles, was seine wohl geordneten Arbeitsabläufe durcheinander bringen konnte. Die gesamte riesenhafte Maschinerie war nur darauf ausgelegt, einen einzelnen Typ zu produzieren. Das Herstellungs-Konzept des T-Modells wurde ständig verfeinert. Der gigantische Erfolg des Einheits-Autos behinderte aber die Entwicklung eines Nachfolgers, beim Wechsel vom T- zum A-Modell legte Ford sein Unternehmen beinahe ein Jahr still. In dieser Zeit holte die Konkurrenz gewaltig auf, die spätere Marktmacht von General Motors, insbesondere der Marke Chevrolet, ist diesem Stillstand zu verdanken.

Der erste Ford-Jahrgang mit Pontonkarosserie war der von 1949. Dieser achtsitzige Woody, der »Country Squire« Station Wagon, trägt das Gesicht des Modelljahres 1951.
(Foto: © Ford)

Der Ford Mustang entstand auf Basis des 1960er Falcon und löste die Pony-Car-Welle aus. Dritte Karosserievariante war das ab September 1964 lieferbare Fastback-Coupé.
(Foto: © Ford)

Flach und kantig, sollte der Thunderbird zwischen 1961 und 1967 nur unwesentlich verändert werden.
(Foto: © TAM)

Um Ferrari in Le Mans zu schlagen, wurde auf Initiative von Henry Ford II ein ambitioniertes Rennprogramm aufgelegt, das zum GT 40 und Le-Mans-Sieg führte.
(Foto: © Ford)

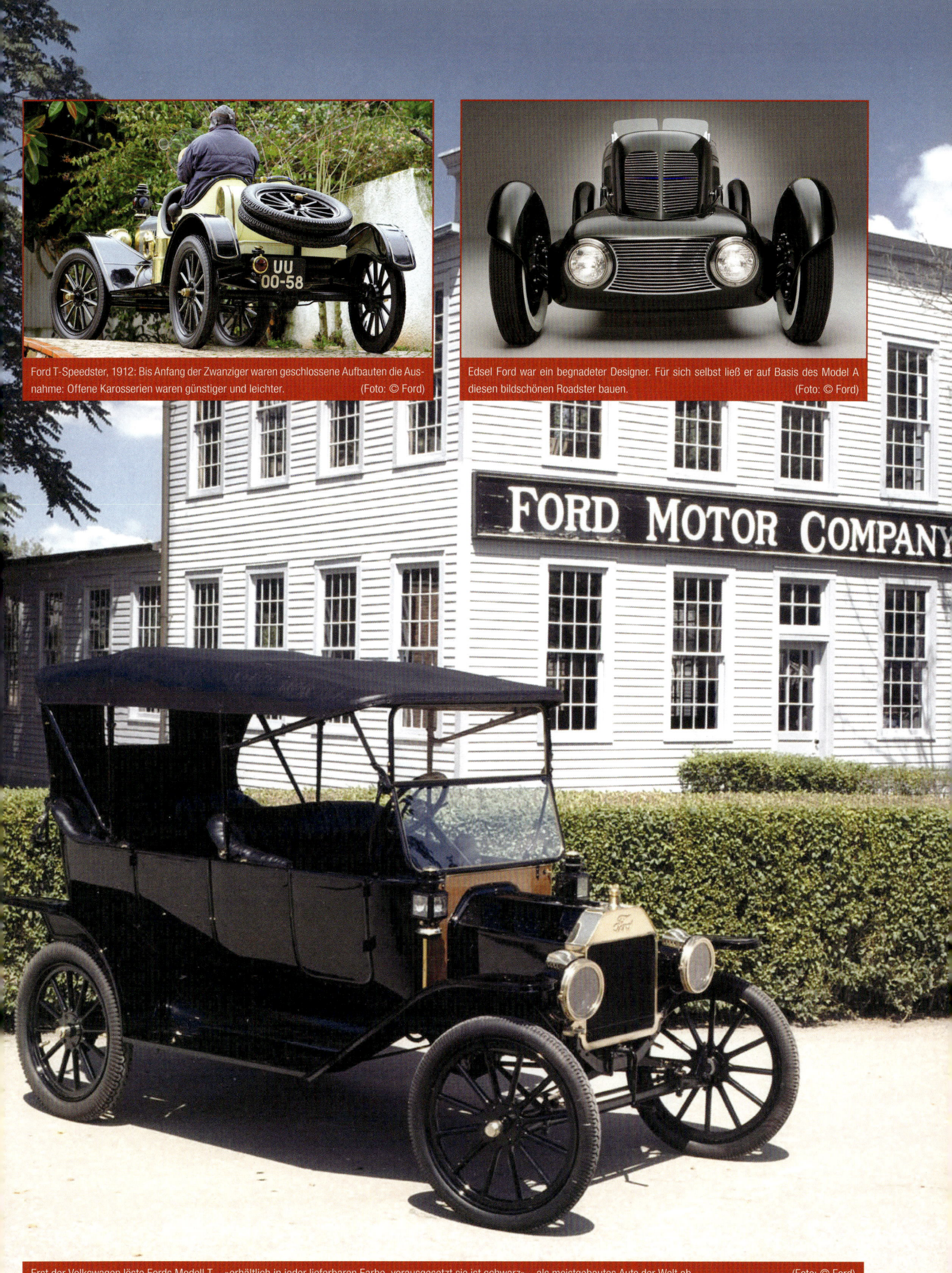

Ford T-Speedster, 1912: Bis Anfang der Zwanziger waren geschlossene Aufbauten die Ausnahme: Offene Karosserien waren günstiger und leichter. (Foto: © Ford)

Edsel Ford war ein begnadeter Designer. Für sich selbst ließ er auf Basis des Model A diesen bildschönen Roadster bauen. (Foto: © Ford)

Erst der Volkswagen löste Fords Modell T – »erhältlich in jeder lieferbaren Farbe, vorausgesetzt sie ist schwarz« – als meistgebautes Auto der Welt ab. (Foto: © Ford)

»Imperial« hießen eigentlich Chryslers Topmodelle. 1953 war das letzte Jahr, bevor Imperial zur eigenständigen Marke wurde. Dieser unrestaurierte Achtzylinder stammt aus dem Jahr 1932. (Foto: © Sicnag, CC-BY-2.0)

Die freistehenden Doppelscheinwerfer sollten den Imperial-Modellen 1961–63 einen »klassischen Look« verleihen. Die Modellpalette umfasste sieben Modelle. (Foto: © allen watkin, CC-BY-2.0)

1959er Crown Imperial: Konzernweit wurden in jenem Jahr die bisherigen Hemi-V8 ausrangiert, ohne dass sich dadurch die Millionenverluste verringerten. Nur 7000 Imperial wurden verkauft.

IMPERIAL

Chrysler entschloss sich, seine Spitzenmodelle ab 1954 unter dem separaten Markennamen Imperial auf den Markt zu bringen. Damit besaß das Unternehmen wie General Motors nun fünf Marken; mit den Imperial trat Chrysler in Konkurrenz zu den Cadillac. Die Luxus-Modelle besaßen ab 1957 Panorama-Frontscheiben und gekrümmte Seitenscheiben, 1958 Tempomat samt Zentralverriegelung und 1959 elektronisch abblendbare Innenspiegel. Knapp 6000 Dollar kostete das Topmodell, ein Vielfaches dessen, was für die kleinen Plymouth-Typen verlangt wurde (von denen übrigens im Januar 1957 das zehnmillionste Exemplar von den Bändern gerollt war). Ganz andere Stückzahlen indes erreichte der mit unglaublichen 15.075 Dollar ausgepreiste Crown Imperial, den Chrysler bei Ghia Ghia in Turin fertigen ließ: Von dieser Staatslimousine entstanden zwischen 1957 und 1965 lediglich 132 Exemplare. 1958 war das beste Jahr für Imperial, rund 38.000 Newport und LeBaron-Modelle entstanden, das war das erste und einzige Mal, dass Imperial mehr Autos verkaufte als Lincoln. Betont konservativ gaben sich die Imperial-Modelle zum neuen Jahrzehnt. Wahlweise mit Zusatz-Luftfederung für die Hinterachse lieferbar, behielt die Cadillac-Konkurrenz ihren separaten Rahmen auch dann, als alle anderen Modelle im Konzern auf selbsttragende Karosserien umgestellt wurden. Dass die Imperial-Zahlen abrutschten, lag allerdings nicht daran. Das sei, so Imperial-Chef Briggs, eine Folge des Stahlmangels. Vielleicht hätte auch ein neues Design geholfen, der Jahrgang 1961 mit seinen merkwürdig freistehenden Doppelscheinwerfern und den üppigen Heckflossen wirkte nicht mehr zeitgemäß. Auch die Bauweise mit separatem Rahmen passte mit ins Bild einer stockkonservativen Marke. Der Nachfolger von Chefdesigner Exner, Elwood Engle, korrigierte den Styling-Fehltritt seines Vorgängers mit dem Modelljahrgang 1964, die neuen Imperial ähnelten nun sehr stark den Lincoln, was wiederum niemanden verwunderte: Engle hatte vorher für die Luxusdivision von Ford gearbeitet. Die neue Linie kam sehr gut an, wie die 23.000 verkauften Fahrzeuge im ersten Jahr bewiesen. 1967 erhielten die überlangen Straßenkreuzer selbsttragende Karosserien im neuen Design. Fahrschemel stützten den Triebwerksblock und die Vorderachse ab. Der 7,2 Liter V8 von Chrysler 300/New Yorker in verschiedenen Radständen und Karosserieaufbauten bildete die Antriebsquelle des Imperial-Jahrgangs 1968, Spitzenmodell war der nur zwölfmal verkaufte Imperial LeBaron mit dem auf 4140 mm verlängerten Radstand. Zu diesem Zeitpunkt begannen die Imperial-Modelle, ihre Eigenständigkeit einzubüßen, Imperial begann, modifizierte Chrysler-Karosserien zu verwenden. Der Jahrgang 1969 war der erste, nach Meinung mancher Experten waren das die saubersten und klarsten Imperial aller Zeiten. Die Kunden sahen das ähnlich, mit 22.183 Fahrzeugen war 1969 das drittbeste in der Geschichte der Edelmarke. Mit den Siebzigern folgte der Abstieg, die Absatzzahlen der modifizierten Chrysler rutschten in den Keller, 1970 wurden nur knapp 11.000 Exemplare verkauft: 1975 nur noch 9000 Fahrzeuge. Rentabel war das schon längst nicht mehr. Und da Konzernmutter Chrysler selbst in der Krise steckte, war es nur folgerichtig, Imperial als Marke einzustellen. Der letzte Imperial lief am 12. Juni 1975 vom Band, das Modell selbst wurde als Chrysler New Yorker Brougham weitergebaut.

1974 erhielten alle Imperials serienmäßig Scheibenbremsen rundum, doch schon 1975 war das letzte Jahr für die Marke, die nur noch die LeBaron-Baureihe (mit zwei und vier Türen) umfasste.

Der 1967er Jahrgang erhielt die Chrysler-Einheitskarosserie, hatte aber einen etwas längeren Radstand. Hier einer der 9451 in jenem Jahr gebauten Crown Hardtop Sedan.
(Foto: © Greg Gjerdingen, CC-BY-2.0)

LA SALLE

1930 LaSalle Sedan. (Foto: © Paul Fisher, CC-BY-3.0)

Der Franzose Robert de La Salle (1643–1687) erforschte, wie sein Landsmann Antoine de La Mothe-Cadillac, Nordamerika. Cadillac wurde zum Namensgeber der Luxusmarke von General Motors, und wenn es nach GM-Boss Alfred P. Sloan gegangen wäre, hätte die zweite Entdecker-Marke eine ähnlich steile Karriere hingelegt. LaSalle als weitere GM-Marke sollte die Lücke füllen zwischen Buick und Cadillac, der erste Wagen mit dem klangvollen Namen erschien im März 1927. Er gilt gemeinhin als erstes Designer-Auto im heutigen Sinne: Das Styling nämlich stammte von Harley Earl, dessen Karosseriebaufirma Earl Automotive Works von der kalifornischen Cadillac-Niederlassung aufgekauft worden war und dort Cadillac-Karosserien für die Hollywood-Klientel fertigte. Der Leiter der Cadillac-Division, selbst von der Karosseriebaufirma Fisher kommend, erkannte das Potential des jungen Designers und engagierte ihn. Ursprünglich sollte Earl nur diesen kleinen Cadillac entwickeln, doch daraus sollte eine drei Jahrzehnte währende Erfolggeschichte an der Spitze der etablierten Art and Color Section werden, der ersten Designabteilung bei einem Hersteller. 1937 ging daraus die General-Motors Styling Divison hervor, natürlich mit Earl an der Spitze. Earl war nach eigenem Bekunden großer Fan der europäischen Formensprache, insbesondere Hispano-Suiza. Der LaSalle 303 (4,96 Liter, 75 PS) war im Grunde genommen ein Cadillac mit abgespecktem V8-Motor. Es gab ihn mit zwei Radständen, einer 3,85 m und einer 3,40 m langen Plattform. Was ihn auszeichnete war die Kombination aus Design, Farben und Preis. Es gab ihn mit elf Standardkarosserievarianten, die alle von Fisher gebaut wurden ($ 2495,- bis $ 2975,-) sowie vier bei Fleetwood gebaute Luxusmodelle. Der teuerste Fleetwood kostete $ 4.700 Dollar – dafür gab es zehn T-Modelle, mindestens –, aber noch immer rund $ 1000,- günstiger als ein Cadillac, der auch nicht mehr bot. Kein Wunder also, dass der erste LaSalle einschlug wie eine Bombe, im ersten Jahr wurden fast 16.850 Baby-Cadillac verkauft, doppelt so viele wie von den Originalen, und die Zahlen stiegen: auf knapp 30.000 Stück im letzten Jahr des 303, 1929. Die LaSalle wurden stets auf den Cadillac-Bändern gefertigt. Außerdem waren die LaSalle schön bunt, die GM-Tochter profitierte als Erste von den revolutionären schnelltrocknenden Nitro-Farben namens »Duco« von GM-Anteilseigner DuPont anstelle der bisher verwendeten, langsam trocknenden Japan-Lacke, bei denen der Trocknungsvorgang schon einmal drei Wochen dauern konnte. Der erste Wagen mit einem dieser Nitrolacke war der Oakland »True blue« von 1924 gewesen. Earls Design kam so gut an, dass beim großen Restyling der frühen Dreißiger das Cadillac-Styling den LaSalle folgte, was wiederum zur Folge hatte, dass die LaSalle-Zahlen bröckelten: Entfielen 1930 noch rund 75 Prozent des Cadillac-Absatzes auf LaSalle – und ermöglichten der Cadillac-Division so das Überleben – so entwickelte sich die Kunstmarke bald zum Pflegefall. Und diejenigen Kunden, die man schon hatte, vergraulte man durch die Tatsache, dass die neue Fahrzeuggeneration, die nach der großen Depression erschien, nur noch wenig Cadillac-haftes aufwies. Die 350er Serie von 1934 wirkte mit dem kürzeren Radstand (3,02 m) weniger imposant und hatte mehr Oldsmobile-Gene als solche von Cadillac, denn der neue Vierliter-Reihenachtzylinder kam nicht mehr von der Luxusdivision, sondern von Oldsmobile. Außerdem wurde die seit 1927 verwendete Doppelscheibenkupplung durch ein Einscheiben-System ersetzt; es kamen Hydraulikbremsen sowie eine vordere Einzelradaufhängung, was die ungefederten Massen reduzierte und das Fahrverhalten verbesserte. Problematisch indes sollte die Tatsache werden, dass praktisch zeitgleich die neue Packard-Serie 120 erschien, die mehr leistete und weniger kostete. LaSalle reagierte darauf im Folgejahr mit optischen Retuschen, neuem Namen und spürbarer Preissenkung, doch das war nicht genug, um die Verkaufszahlen aus dem Keller zu holen: Auf vier verkaufte Packard kam 1936 ein LaSalle. Der Jahrgang 1938 markierte den letzten Versuch, das Ruder noch einmal herumzureißen; jetzt kam wieder ein Cadillac-Motor der 60er Jahre (5,3 Liter) zum Einsatz. Mit dem großen Restyling 1940, das zum Beispiel in die Kotflügel integrierte Scheinwerfer brachte, setzte LaSalle ein letztes Mal Maßstäbe, die Marke selbst rettete es nicht: GM schickte LaSalle 1941 in's Museum.

1937 hatte LaSalle einen neuen 5,3-Liter-V8 mit 125 Brutto-PS eingeführt. Hier ein Convertible von 1939. (Foto: © Greg Gjerdingen, CC-BY-2.0)

1940 war das letzte Jahr von LaSalle. Der Sedan hatte serienmäßig Polster mit Sitzbezügen aus Cordstoff, optional gab es ein Faltschiebedach. (Foto: © sv1ambo, CC-BY-2.0)

Im Vordergrund ein LaSalle aus dem letzten Baujahr, dahinter ein 1939er Graham mit seiner Haifischnase. Auch für diesen Hersteller bedeutete der Kriegseintritt der USA das Aus. (Foto: © Greg Gjerdingen, CC-BY-2.0)

Lincoln war 1921 gegründet worden als Luxus-Division von Ford. Der Zephyr im Stromliniendesign erschien 1936 und hatte einen 4,4-Liter-V12 bei 3098 mm Radstand.
(Foto: © Ampnet)

Der Cosmopolitan löste den Continental als Spitzentyp ab. Die Pontonform war außergewöhnlich und wurde für 1952 grundlegend überarbeitet. Hier ein 1949er Convertible.
(Foto: © Stephen Foskett, CC-BY-SA-3.0)

Traurige Berühmtheit: Präsident Kennedy starb in einem Lincoln. Nicht aber bei dieser Gelegenheit: Hier ist Kaiser Haile Selassie auf Staatsbesuch im Weißen Haus. Das war am 1. Oktober 1963, sechs Wochen später geschah das Attentat.

LINCOLN

Ein Lincoln Continental Landau (Hardtop-) Sedan von 1960. Dieser Edel-Lincoln war ein Mark V und nur 1960 im Angebot – ausschließlich in Schwarz. Die optischen Unterschiede zum Vorjahresmodell waren gering.

Von Henry Leland 1920 gegründet (Leland hatte pikanterweise bereits 1903 die Marke Cadillac gegründet, die zu GM gehörte), aber schon knapp zwei Jahre später an die Nummer Eins des US-Marktes, Henry Ford, verkauft, avancierte die neue Marke schon bald zum Aushängeschild des Konzerns. Nach den eher konservativen und gediegenen Achtzylindern der zwanziger Jahre stand Lincoln in den Dreißigern für schwere und elegante Zwölfzylinder, die als Gegenstücke zu Cadillac und Packard gedacht waren, jedoch nie deren Verkaufszahlen erreichten. Lincoln-Wagen wurden Anfang der dreißiger Jahre auch in Deutschland angeboten: Als Achtzylinder mit 140 PS (25 Steuer-PS) sowie als Zwölfzylinder mit 28/160 PS markierten sie die Spitze auch in Deutschland und kosteten 7000 Reichsmark. Die Absatzzahlen waren nicht der Rede wert, obwohl die Wagen »in den verschiedensten Karosserietypen lieferbar« waren, wie der Hersteller im Februar 1933 wissen ließ. Nicht in den Export gelangte der 1936 erschienene »kleine« V12 namens Zephyr, der dann den Grundstock für alle Lincolns bis 1948 legte. Die großen Zwölfer strich man 1940 ersatzlos.

Nach dem Zweiten Weltkrieg kamen die Zephyr in aufgewärmter Form wieder in die Verkaufsräume; das 46er-Modell wartete erstmals mit hydraulischen Fensterhebern und einem ebensolchen Verdeck auf. Damit war Lincoln den anderen Herstellern einige Jahre voraus. Die ersten Nachkriegsmodelle hatten ab 1949 statt des V12 einen V8 unter der Haube, aber modern war der absolut nicht, und seine Automatik, die »Hydramatic«, stammte pikanterweise von GM. Der seitengesteuerte, lediglich 152 SAE-PS starke 5,5-Liter-Motor hatte mit dem schweren Luxus-Ford erheblich Mühle. Trotzdem lief er schneller als etwa ein 115 PS starker Mercedes 300, zumindest solang es geradeaus ging. Typisch für jene Epoche war das Lincoln-Modellprogramm: Es gab erzkonservative Sedans (Limousinen), Coupés und Cabrios, aber keine Kombis oder andere Nutzfahrzeuge. Ende 1955 stand dann eine zweite Lincoln-Baureihe bei den Händlern, zuerst als Lincoln Continental Mk. II. Dieses außergewöhnliche Coupé wurde sogar in Deutschland angeboten. Sein Preis lag bei utopischen 66.650 Mark. Dafür gab es ein schmuckes Einfamilienhaus im Grünen oder zwei Mercedes 300 SL Roadster oder drei Mercedes 300c Adenauer.

Und selbst die normalen Lincoln lagen preislich in SL-Regionen.

In der zweiten Hälfte des Jahrzehnts wurden die Wagen immer teuerer, luxuriöser (Luftfederung) und länger, mit 5,82 Metern waren sie dann selbst für US-Verhältnisse zu lang. Ende des Modelljahres 1960 war Fords Nobelmarke praktisch am Ende, erhielt aber 1961 Auftrieb durch die neue Continental-Reihe. Für fette Schlagzeilen sorgte aber erst wieder der Mark III von 1968. Treibende Kraft dahinter war Lee Iacocca, der damit einen amerikanischen Rolls Royce schaffen wollte, aus Kostengründen aber auf den viertürigen Ford Thunderbird zurückgriff. Die Verwandlung glückte, der Mark III war das rentabelste Auto im Konzern und trug maßgeblich dazu bei, dass Iacocca zur Nummer zwei in der Hierarchie aufstieg. Der 340-SAE-PS starke Mark III kostete 1969 immerhin 39.960 Mark, soviel ein Mercedes 300 SEL 6.3 Liter. Lincoln als Ford-Luxusmarke ist bis heute in den USA aktiv.

Lincoln Continental Cabriolet Modelljahr 1942, eines der letzten Exemplare vor der kriegsbedingten Produktionsunterbrechung. (Foto: © Alf van Beem)

MERCURY

Mercury war nach Lincoln die dritte Marke innerhalb des Ford-Konzerns und wurde am Vorabend des Zweiten Weltkriegs aus der Taufe gehoben. Zwischen Massenhersteller Ford und Luxus-Anbieter Lincoln angesiedelt, richtete sich Ford mit der Marke an jene Klientel, die sonst bei Buick, Dodge oder Studebaker fündig geworden wäre. Die Basis der ersten Entwicklungen bildeten die 39er Ford-Modelle, versehen mit einem größeren Radstand und einem anderen Design. Für Vortrieb sorgte der bekannte Ford-V8 mit 3,9 Liter Hubraum und 95 PS. Die neue Marke war zunächst ein großer Erfolg, die Entwicklung verlief analog zu der der Ford-Modelle: Als Ford die 49er Modelle ankündigte, mit neuer Optik, neuem Fahrwerk und vorderer Einzelradaufhängung waren das Neuerungen, die auch die nobleren Mercury-Limousinen aufwiesen; seit 1945 wurden Lincoln und Mercury über die gleichen Händler vertrieben; später kam auch noch die kurzlebige Marke Edsel dazu. Mitte der fünfziger Jahre begann Mercury ein eigenständigeres Design zu entwickeln, technisch fungierten die größeren Ford oder Lincoln als Teilespender. Die neuen Mercury trugen Namen wie Monterey oder Montclair, wuchsen auf bis zu 5,65 Meter Länge und hatten blubbernde Siebenliter-V8 mit bis zu 405 SAE-PS unter dem Hubschrauberlandeplatz, der hier Motorhaube hieß. 1960 trat man mit dem Parallelmodell zum Ford Falson (der die amerikanische Antwort auf die in den USA immer erfolgreicheren europäischen Fahrzeuge darstellen sollte) namens Mercury Comet wieder etwas bescheidener auf. Dieser »Kompakte« war mit seinen rund 14.000 Mark etwa doppelt so teuer wie der deutsche 20 M, schaffte aber kaum die 160-km/h-Marke. Flotter waren indes die nur wenig teureren Modelle mit dem größeren Sechszylinder (3,3-Liter und bis 120 SAE-PS) oder dem starken 4,8-Liter-V8 (ab 1965), den es gegen Mehrpreis von jeweils wenigen hundert Mark in verschiedenen Leistungsstufen von 175 bis 271 SAE-PS gab. Der Zweitürer in der Standardausführung kostete mit so einem Motor etwa 16.000 Mark und lederte sogar einen Mercedes 300 SE ab. Nach 1965 näherten sich die Mercurys optisch wieder den Ford-Modellen an, wobei der Cougar von 1967 auf Mustang-Basis eine spektakuläre Ausnahme bildete. Mercurys große Katze mit dem geheimnisvollen Namen »Cougar« stand in den Verkaufsräumen der Händler. Ein geringfügig längerer Radstand als beim Mustang beherbergte ein rassiges Sportcoupé, das sich mit den Oldsmobile 4-4-2 oder den Buick Wildcat messen sollte. Aggressive Ausstattungspakete wie z.B. die »Eliminator Package sollten diesen Anspruch unterstreichen. Gemeinsam war allen Cougar die verdeckten Scheinwerfer hinter dem schwarzen Grill. Modelle wie diese blieben aber die Ausnahme, und die eingezogene Heckscheibe der großen Mercurys der Jahre zwischen 1963 und 1966 ebenso: Die bis 1982 in der Schweiz vertriebene Ford-Tochter punktete durch seine reichhaltige Ausstattung, nicht durch stilistische Extravaganz. Mercury bildete auch das Auffangbecken für Importfahrzeuge der weltweiten Ford-Tochtergesellschaften, die in den USA angeboten wurden, so gab es den europäischen Ford Capri als Mercury. In den folgenden Jahren und Jahrzehnten waren die Mercury kaum mehr von den normalen Ford-Modell zu unterscheiden; nach der großen Krise 2008/2009, als Ford gerade noch am Konkurs vorbeischrammte, wurde Mercury Mitte 2010 beerdigt.

Die ersten Nachkriegs-Mercury (hier ein Mercury Club von 1946) waren aufgewärmte Vorkriegstypen. Das Ganzstahl-Cabriolet kostete USD 1604,–.
(Foto: © GTHO, CC-BY-SA-30)

Die erste Cougar-Generation wurde von 1967 bis 1971 gebaut, wobei diese Front nur in den letzten beiden Baujahren zum Einsatz kam.
(Foto: © Sicnag, CC-BY-2.0)

Der Mercury Monterey gehörte zu Fords Full-Size-Modellen. 1957 überarbeitet, wurde der Monterey zum zwanzigjährigen Jubiläum der Marke 1959 nur leicht modifiziert.
(Foto: © Allen Watkin, CC-BY-2.0)

Eine Mercury Marauder X100 von 1969. »X100« stand für ein optimales Ausstattungspaket mit dem größeren Siebenliter-V8. Das Coupé gab es nur in den Jahren 1969 und 1970.
(Foto: © John Lloyd, CC-BY-2.0)

Cougar hieß das Pony-Car der Lincol-Mercury-Division. Die Basis Technik spendierte der Ford Mustang. Dieses Cabriolet der zweiten Generation (1971–1973) fährt in gehobener XR7-Ausstattung vor.

Oldsmobile Model 30E Tourer, 1927: Dies war das letzte Jahr mit dieser Kühlermaske.
(Foto: © Sicnag, CC-BY-2.0)

Oldsmobile L38 Coupé, 1938: Serienmäßig mit Achtzylinder, eine Automatik war optional.
(Foto: © Sicnag, CC-BY-2.0)

Ein Dynamic 88 Holiday Sedan: Diese Modellreihe wurde 1958 eingeführt und hatte einen Radstand von 3111 mm. Gab's auch als Dynamic 98 mit 3213 mm zwischen den Achsen.
(Foto: © Achird, CC-BY-SA-3.0)

OLDSMOBILE

1972 Oldsmobile Delta 88 Royale: Royale hieß die neue Sub-Serie der Delta-Reihe.
(Foto: © Alf van Beem)

Der 29. April 2004 war ein schwarzer Tag für die amerikanische Automobilgeschichte: Nach 107 Jahren verbannte General Motors mit Oldmobile den nach Peugeot und Daimler ältesten Automobilhersteller der Welt ins Museum.

Das in Detroit beheimatete Unternehmen von Mister Olds baute ab 1901 zunächst ausschließlich den Curved Dash, so genannt wegen der vorderen Stehwand. Denn nur dieser Prototyp hatte das Großfeuer überlebt, dem andere, ebenfalls serienreife Entwürfe zum Opfer fielen. Mit 425 Fahrzeugen war der Curved Dash das erste Großserienfahrzeug und das erste, das auf einer Art Automobilmontagelinie entstand. Gründer Olds verließ das Unternehmen 1904, dem letzten Jahr des Curved Dash, nach einem Streit und formierte die REO Motor Car Company; General Motors stieg bei den Olds Motor Works 1908 ein. Topmodell der Vorkriegsjahre war der »Limited Touring« von 1910 mit 42-Zoll-Rädern und »weißen« Reifen; der Olds hatte Ziegellederpolster und einen Sechszylindermotor mit 11,6 Litern Hubraum. Er kostete so viel wie ein Einfamilienhaus, was den Käuferkreis natürlich stark einschränkte.

Mit Einführung der B-Plattform im Jahr 1926 begann auch bei Olds die intensive Zusammenarbeit mit den anderen Konzernmarken, die 1937 eingeführte Viergang-Halbautomatik war zum Beispiel eine Buick-Entwicklung, auch wenn Buick selbst diese erst 1938 liefern konnte; Oldsmobile bot auch als erster Automobilhersteller mit der »Hydramatik« eine Viergang-Vollautomatik an. Der Wählhebel befand sich an der Lenksäule. Die Fahrzeugproduktion endete im Februar 1942, die ersten neuen Zivilfahrzeuge verließen dann im Oktober 1945 die Werkshallen. Alle Oldsmobiles trugen nun zweistellige Modellbezeichnungen. Die erste bezeichnete die Rangordnung in der Modellhierarchie, die zweite die Anzahl der Zylinder. So war ein Oldsmobile 66 ein Vertreter der (kleinen) 6er-Serie und hatte einen Sechszylinder unter der Haube, und ein 98er war der größte Wagen mit Achtzylinder. Dazwischen waren alle möglichen Varianten denkbar, außerdem wurden dieser nüchternen Kombination gerne noch feurige Verkaufsbezeichnungen beigefügt. 1949 brachte Oldsmobile neue V8-Motoren, die OHC-Triebwerke wurden erst Mitte der Sechziger durch eine neue Motorengeneration ersetzt. Dieser »Rocket«-Motor sollte Oldmobile geradewegs ins Raketenzeitalter führen, entsprechend geriet auch die Werbung. Auch die Heckflossen, 1949 erstmals bei Cadillac zart angedeutet, wurden immer spaciger, die zweite Hälfte der Fünfziger war die große Zeit der Chromflossen und Panoramascheiben, auch hier schritt Oldsmobile voran. Ende der Fünfziger verlor das Oldsmobile-Design an Strahlkraft, hier gab nun Chrysler die Richtung vor, insbesondere der Jahrgang 1958 markierte einen herben Einschnitt: Zu viel Blingbling, zu wenig Substanz, Kritiker sprachen von der »Karikatur eines Autos«. Im Jahr 1959 erhielt die Oldsmobile-Palette ein komplettes Restyling, erholte sich aber von diesem Styling-Desaster erst allmählich. In den frühen Sechzigern geriet die Marke unter Druck. Dennoch fehlte es in diesem Jahrzehnt nicht an Höhepunkten: 1962 sah die Einführung des ersten Turbo-Motors (Turbo Jetfire), 1966 kam der erste moderne amerikanische Frontantriebswagen (Toronado), mit dem Vista Cruiser Station Wagon der Kombi mit großem Glasdach und der 442, einer der Stars unter den amerikanischen Muscle Cars: In den Siebzigern ging es wieder aufwärts, wobei der Rückschlag des Jahres 1977 den Höhenflug nur kurz bremsen konnte: Die GM-Marken nutzten bis dahin jeweils eigene V8-Motoren (und kommunizierten das auch entsprechend), und als Oldsmobile aus Kapazitätsgründen dann auf einen Chevy-V8 zurückgriff, entwickelte sich das zu einem ausgewachsenen Skandal. Das führte dazu, dass GM heute alle Motoren als Produkte der »GM Powertrain« ausweist und nicht der einzelnen Marken. Nachdem sich in den Achtzigern – 1985 war mit 1,066 Millionen Fahrzeugen das beste Jahr in der Geschichte für Olds – die Marke noch hatte bestens behaupten können, folgte in den Neunzigern der rasche Niedergang, begünstigt durch die immer stärkere japanische Konkurrenz. Oldsmobile geriet vollends unter die Räder, GM favorisierte ganz klar die günstigeren Marken Pontiac und Chevrolet: Oldsmobile wurde von der Kernzielgruppe nie als Alternative zu den Lexus, Acura oder Infiniti betrachtet. Im Strudel der GM-Pleite wurde der Geschäftsbereich 2009 endgültig abgewickelt.

PACKARD

James Ward Packard war mit seinem 1898er Winton höchst unzufrieden. Geld war durch die eigene Firma, die Glühlampen produzierte, reichlich da, und so warb er einige Winton-Ingenieure ab und begann zusammen mit seinem Bruder William, selbst Autos zu bauen: Fünf in 1899 – dem Gründungsjahr seiner Ohio Automobile Company in Warren, Ohio –; 49 im Jahr 1900 und 89 in 1901. Das Packard Model C Dos-A-Dos Runabout aus jenem Jahr hatte als erstes amerikanisches Fahrzeug ein Lenkrad und eine H-Schaltung. Die nunmehrige »Packard Motor Car Company« verlegte 1903 ihren Sitz nach Detroit, das sich zum Zentrum der aufstrebenden Autoindustrie entwickeln sollte. In jenem Jahr erschien der erste Vierzylinder, der in Gestalt des K-S Gray Wolf zu einem der berühmtesten Rennwagen jener Epoche aufsteigen sollte. Es folgten Rennsiege, technische Innovationen, die Angliederung einer Nutzfahrzeugsparte und steigende Absatzzahlen, 1904 wurden bereits über 200 Packards gebaut: Kaum sieben Jahre nach dem ersten Auto war die Marke ein Begriff, billig waren sie aber nie: Ein 28-PS-Vierzylinder war 1905 nicht unter 3500 Dollar zu haben. In den nächsten Jahren folgten zahlreiche neue und in jedem Fall leistungsstärkere Modelle, 1912 lief die Produktion von Sechszylinder-Modellen an, der Packard 38 (6,8 Liter, 60-82 PS) galt als einer der besten und laufruhigsten Wagen der Vorkriegszeit. Zwei mal sechs macht zwölf, mit dem Twin Six von 1916 stieg Packard in das Rennen um Hubraum und Zylinder ein. Ihre Zwölfzylinder-Baureihe machte, so die Briten in einem Statement, die Marke zum Rolls Royce Amerikas. Gleichzeitig war dieses Spitzenerzeugnis der Packard Motor Car Company 1916 das welterste serienmäßige V12-Modell.

Im Krieg baute Packard dann Flugmotoren; die mit 88 PS nicht übermäßig kräftigen Twin Six blieben bis 1923 im Programm; zwischen 1933 und 1939 gab es dann als Antwort auf den Sechzehnzylinder von Cadillac einen neuen Zwölfzylinder-Typ: dieser Packard Twelve wurde über 35.000 Mal gebaut. Daneben bot Packard weiterhin seine bewährten Achtzylinder-Baureihen an. In den Zwanziger- und Dreißigerjahren wurde Packard zur Marke der Wirtschafts- und Politprominenz, 1928 zum Beispiel wurden über 50.000 Autos gebaut, die längst schon über Features wie Schraubenfedern und Stoßdämpfer verfügten; eine serienmäßige Klimaanlage kam aber erst 1940. Bereits zur Mitte des Jahrzehnts hatten Unternehmen begonnen, das Modellprogramm nach unten auszuweiten, der Packard 120 von 1935 war der erste Packard unter $ 1000,– und zugleich der erste mit vorderer Einzelradaufhängung; 1937 erschien mit dem Packard 115 der erste Sechszylinder-Typ seit 1927.

Nach dem Krieg stand Packard zunächst glänzend da und begann wieder mit dem Autobau, erst mit Vorkriegs-Sechs- und dann Achtzylindern. Doch gleich mit wie vielen Zylinder: die Packards waren groß, breit und schwer, sehr solide und teilweise auch innovativ – doch in jedem Fall teuer, und das führte zu sinkenden Verkaufszahlen im neuen Jahrzehnt: Packard geriet in Schwierigkeiten, wollte aber einer Fusion mit Nash Motors nicht zustimmen. 1954 war ein weiteres schlechtes Jahr für die Hersteller von Luxusautos, die »Big Three« besetzten nahezu jede Nische, und die wenigen unabhängigen Hersteller gerieten immer mehr unter Druck.

Nash Motors fusionierte mit der Hudson Motor Car zur American Motors Corporation, und Packard blieb nur Studebaker als Partner – ein Blinder und ein Lahmer machten gemeinsame Sache: Wohl hatte Studebaker das größere Händlernetz, doch noch schlechtere Verkaufszahlen und kein besonderes Image. Damit nicht genug: Chrysler kaufte die Karosseriebaufirma Briggs auf, Packards Stammlieferanten.

Ein neuer Karosseriezulieferer war nicht zu finden, 1955 war Packard sogar gezwungen, seine Aufbauten bei Chrysler zu kaufen. Auch der längst überfällige und 1955 endlich in zwei Größen eingeführte OHV-V8-Motor anstelle der veralteten seitengesteuerten Achtzylinder-Motoren vermochte daran nichts zu ändern. Das Unternehmen war nicht mehr zu retten, die Flugzeugbauer von Curtiss-Wright stiegen ein und beendeten den Automobilbau im Juni 1956. Was bis 1959 als Packard verkauft wurde, waren besser ausgestattete Studebakers. Teile des Händlernetzes übernahmen dann die Vertretungen für Fahrzeuge der Marke Mercedes-Benz.

Packard mit 7,3-l-V12 von 1934, Karosserie Dietrich oder LeBaron.
(Foto: © Greg Gjerdingen, CC-BY-2.0)

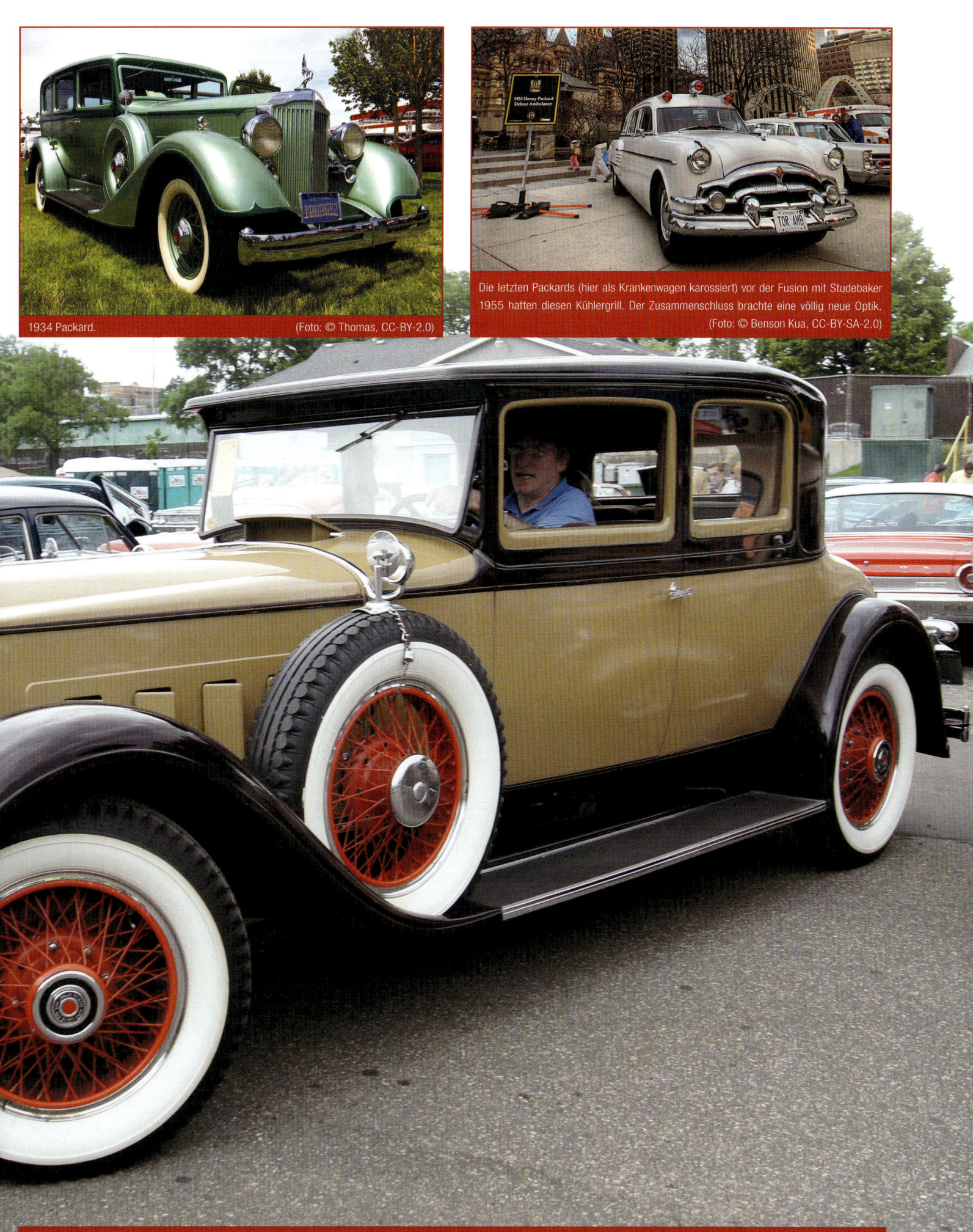

1934 Packard. (Foto: © Thomas, CC-BY-2.0)

Die letzten Packards (hier als Krankenwagen karossiert) vor der Fusion mit Studebaker 1955 hatten diesen Kühlergrill. Der Zusammenschluss brachte eine völlig neue Optik. (Foto: © Benson Kua, CC-BY-SA-2.0)

1929 bot Packard nur Achtzylinder-Modelle an, entweder mit 5,3 Litern und 90 Brutto-PS oder 6,3 Litern und 106 PS. (Foto: © Greg Gjerdingen, CC-BY-2.0)

Was bei Chrysler »Town & Country« hieß, vermarktete Plymouth als »Special De Luxe«: Achtsitzer-Kombis mit Eschenholzrahmen und Sperrholz-Paneelen. 1949 war das letzte Jahr für den Plymouth-Woody. (Foto: © MrChoppers, CC-BY-SA-3.0)

Die frühen Fünfziger waren die Zeit der Concepts, jeder Autobauer ließ solche Designerstücke bauen. Dieser Plymouth Explorer Sport Coupé von 1954 wurde von Luigi Segre gestaltet und von Ghia umgesetzt. (Foto: © Rex Gray, CC-BY-2.0)

Die Roadrunner-Serie kam 1970 mit neuem Styling. Der an diesem Wagen zu sehende Chromgrill war optional. Dahinter verbirgt sich ein 7,2-Liter-V8 mit 370 SAE-PS. (Foto: © Alf van Beem)

PLYMOUTH

Der Valiant erschien 1960 als Chryslers Antwort auf die europäischen Kompaktwagen. Zunächst wurde er als eigenständige Marke angeboten. Eine Zweifarblackierung gab es 1962 nicht serienmäßig. (Foto: © Alf van Beem)

Plymouth sollte für Chrysler das werden, was Chevrolet für General Motors schon war: Eine Marke im volumenträchtigen Niedrigpreissegment. Der Name erinnerte an den Plymouth Rock der ersten Pilgerväter und war fast so etwas wie ein nationales Heiligtum, außerdem gab es auch eine Drahtsorte dieses Namens, die auf den Farmen des Mittleren Westens weit verbreitet war. »Plymouth« signalisierte Solidität, Seriosität und eine gewisse Verbundenheit mit den zahllosen Farmern im Land, jenen Kunden, die Ford groß gemacht hatten. Nun, die konservativen Farmer hatten ab 1928 im Plymouth eine Alternative. Das erste Modell der neuen Marke war ein modifizierter Chrysler 58 von 1926, der wiederum ging auf den Maxwell-Vierzylinder von 1921 zurück. Die Marke, die nur Vierzylindermodelle anbot, passte prima in die Zeit. 1931 präsentierte Chrysler seinen neuen Wagen, den Typ PA. Seine Besonderheit war die »Floating Power«, der in Gummi gelagerte Motor. Chrysler fuhr angeblich damit zur Ford-Firmenzentrale und führte ihn Henry Ford vor. Angeblich hat dieser daraufhin eine tiefgreifende Überarbeitung seines Model A in Auftrag gegeben. Jedenfalls katapultierte der PA die Marke auf den vierten Platz der US-Produktion, und Louie Miller fuhr damit binnen 132 Stunden 10.000 km (was einem Schnitt von 75,76 km/h entsprach): Plymouth etablierte sich hinter Chevrolet und Ford als Nummer Drei auf dem US-Markt und sollte sich in den nächsten beiden Jahrzehnten dort auch behaupten. 1933 ersetzte ein neuer 3,1-Liter-Sechszylinder den bisherigen 3,2-Liter-Vierzylinder, und damit unterstrich Plymouth seinen Anspruch, grundsolide, sehr zuverlässige Autos zu bauen. Die Kunden honorierten das, 1937 erreichte der Plymouth-Ausstoß 552.000 Einheiten. Die Nachkriegsära mit den aufgefrischten Vorkriegstypen endete 1949 mit einer komplett neuen Gestaltungslinie mit Ponton-Stilelementen. Raffinesse gab es weder in optischer noch technischer Hinsicht, denn der oberste Chrysler-Chef war ein stockkonservativer älterer Herr, der der Meinung war, in Autos müsse man auch mit Hut berquem sitzen können. Die Absatzzahlen bröckelten. Erstaunlich, dass ausgerechnet die Plymouth-Division mit dem Plymouth XX-500, den Ghia in Italien gebaut hatte, das erste Chrysler-Dream-Car bauen ließ. 1955 wehte mit Virgil Exners »Forward Look« frischer Wind durch das angestaubte Stylingdepartment. Zusammen mit einem neuen V8-Motor (4,3 Liter) und Features wie einem per Knopfdruck vom Armaturenbrett aus zu betätigenden Automatikgetriebe und einer neuen Vorderachse schossen die Absatzzahlen auf knapp 750.000 Einheiten nach oben. Um der zunehmenden Konkurrenz durch die Importfahrzeuge etwas entgegenzusetzen, erschien 1960 die zunächst als Eigenmarke eingeführte Kompaktreihe Valiant. Zu diesem Zeitpunkt stellte Plymouth auf eine selbsttragende Bauweise mit vorderem Fahrschemel um. Die Kompakten hielten Plymouth auf dem vierten Platz in den USA-Charts, denn die neuen Mittel- und Oberklassemodelle fielen beim Publikum durch. Das Blatt wendete sich mit der neuen großen Fury-Baureihe und der im Folgejahr entsprechend gestalteten mittleren Belvedere-Baureihe. Das Zeitalter der Muscle Cars begann mit dem »Street Hemi« von 1966. Der 426er Hemi-V8 (7,0 Liter Hubraum) leistete rund 335 DIN-PS (in ziviler Ausführung waren es immer 290 PS), das machte ihn zu einem nur mühsam gezähmten NASCAR-Renner, der, je nach Hinterachse, in 13 Sekunden auf 200 km/h beschleunigte. Und auch bei den Kompakten gab es attraktiven Zuwachs: Das ab 1964 gebaute Sechszylinder-Fastbackcoupé Barracuda auf Valiant-Basis heizte der Konkurrenz Ford Mustang und Chevrolet Monza mächtig ein und entwickelte sich zum meistverkauften Modell im Plymouth-Programm. Das Aufsehenerregendste war dann der »Superbird« des Modelljahrs 1970 auf Basis des Dodge Charger Daytona von 1969: Mit aerodynamisch geformter Nase und mächtigen Heckflügeln kam dieser Super-Plymouth (der zur Road Runner-Familie gehörte) im Renntrimm mit dem Hemi-V8 – Standard war ein 440er Motor mit 7,2 Liter – auf eine Höchstgeschwindigkeit von gut 350 km/h: Von den 38 Chrysler-Siegen bei den großen amerikanischen Tourenwagenrennen des Jahres 1970 gingen alleine 21 auf das Konto der Superbirds. Aufgrund dieser Dominanz wurden die Regeln für 1971 geändert. In den Siebzigern verblasste der Ruhm, die Verkaufszahlen sanken, Dodge hatte das größere Potenzial. Die Marke verabschiedete sich 2001 in Richtung Museum.

PONTIAC

Mindestens zwei Marken trugen Namen des berühmten Indianerhäuptlings. Die eine ist fast vergessen, die Pontiac Springs and Wagon Works of Pontiac, Michigan, baute nur zwischen 1904 und 1907/1908 Motorwagen, von den maximal 60 Fahrzeugen hat aber zumindest eines überlebt. Viel bekannter ist Pontiac als eine Marke der General Motors. Der erste Pontiac wurde 1926 als Sub-Marke der Oakland Motor Car Company eingeführt. Diese wiederum, 1883 als Pontiac Buggy Company in Pontiac, Michigan, gegründet, 1907 umgegliedert und seit 1909 zur Hälfte im Besitz von GM, war nach dem Tod des Firmengründers Edward Murphy im Sommer 1925 komplett von General Motors übernommen. Der bei Oakland entwickelte Pontiac Series 6-27 stand auf der New York Auto Show im Jahr 1926, war ein Sechszylinder-Wagen (186.5 cui) mit 40 PS und sollte innerhalb des GM-Konzerns die Lücke füllen zwischen Oakland und Chevrolet. Der neue Häuptling unter den Sechszylindern, so sinngemäß ein Werbespruch von damals, verkaufte sich aber so gut, dass Oakland nach 1932 nicht mehr weitergeführt wurde. Zu diesem Zeitpunkt erfolgte auch die Abkehr vom bisherigen V8, stattdessen kam auch hier die konzernweit eingeführte Familie von Sechs- und Achtzylindermotoren mit L-Zylinderkopf (benannt nach der Position von Ein- und Auslass); diese Motoren wurden erst 1954 abgelöst. Pontiacs neue Achtzylinder-Familie bestand aus sieben Ausführungen; am Vorabend des Zweiten Weltkrieges umfasste das Pontiac-Portfolio die eng miteinander (und den Konzernmarken) verwandten Sechs- und Achtzylinderbaureihen Quality Six, Deluxe Six und Deluxe Eight, wobei der mittlere Typ das Achtzylinder-Chassis mit dem Sechszylinder-Motor (85 PS) kombinierte. Das neue Styling 1935 bescherte den Pontiacs einen »Wasserfall«-Kühlergrill und innerhalb von zwei Jahren vervierfachte Verkaufszahlen: 1936 war Pontiac mit 176.270 Fahrzeugen sechstgrößter amerikanischer Autohersteller. Beim 1939 Deluxe kam erstmals eine Hinterachse mit Hypoid-Verzahnung zum Einsatz – was sich positiv auf die Platzverhältnisse in der Kabine auswirkte – sowie ein neues Lenkgestänge, das, wenn auch modifiziert, bis in die Neunziger hinein bei allen Hecktrieblern des Konzerns eingesetzt wurde. Der zweitürige Streamliner Coupé war der erste neue Nachkriegs-Pontiac. Er basierte auf dem gleichnamigen 1942er Modell und unterschied sich von den Konzerntypen vor allem im Styling, durch Chromstoßstangen mit integrierten Parkleuchten und weitere Features wie das riesige Kühlergitter, Zierleisten und so weiter: Kurzum: üppig geformtes Blech, so weit das Auge reichte. Böse ausgedrückt: Mittelmaß und Langeweile. Vor dem Krieg galt Pontiac als erzkonservative Marke für Hutträger und geborene Oberlehrer. Den Wandel im Käufermarkt hin zu flotteren Formen verschlief man komplett und ließ sich durch die stürmische Nachkriegskonjunktur einlullen, immerhin waren die Zahlen der auf den drei Konzernplattformen basierenden Straßenkreuzern prächtig: Im Jahr 1951 wurden insgesamt knapp 1,4 Millionen Einheiten produziert, um dann, nach einem Rückgang auf 984.000 Pontiac im Jahr 1952, im Folgejahr wieder auf bis 1,33 Millionen Stück zu steigen. In der zweiten Hälfte der Fünfziger gelang GM der Imagewandel. Begonnen hatte dieser 1955 mit der Einführung des neuen OHV-V8, der den 1957er Bonneville (den ersten mit Benzineinspritzung) zum bis dahin schnellsten Pontiac aller Zeiten machte, oder dem ab Mitte der Sechziger verkauften GTO, den John Z. De Lorean durchgesetzt hatte: Pontiac avancierte in den Sechzigern und frühen Siebzigern zur GM-Marke für Kunden, die etwas Flotteres suchten. Dass die Sportlichkeit meist in der Optik, und – von wenigen Ausnahmen abgesehen – nicht in der Technik steckte, interessierte in diesem Zusammenhang nicht. Schönes Beispiel dafür ist die ebenfalls in der DeLorean-Ägide entstandene und wegen ihres Designs gefeierte Grand-Prix-Serie von 1962, die auf der mittleren (B-) Konzernplattform basierte: General Motors hatte ein Baukastensystem aus Plattformen und Karosserien geschaffen, das nahezu unendlich Variationsmöglichkeiten erlaubte. Nach dem Ende der Muscle-Car-Ära waren es Typen wie der Firebird, die das Image trugen, ohne aber an der Tatsache etwas ändern zu können, dass Pontiac zunehmend an Boden verlor: Im Zuge der großen Absatzkrise des neuen Jahrtausends trug GM 2010 den alten Indianer zu Grabe.

Pontic Six, 1929/30 mit Fisher-Body. (Foto: © dave 7, CC-BY-2.0)

Pontiacs 1941er Streamliner basierte auf der B-Plattform von GM. Er wurde in großen Stückzahlen erst zwischen 1946 und 1949 gebaut. (Foto: © Whizser, CC-BY-SA-3.0)

Beim Pontiac Catalina – der 1959 als Chieftain-Nachfolger lanciert worden war – stand die Modellbezeichnung in Schreibschrift auf dem Kühlergrill. Hier das Kombimodell »Safari«.

Der Pontiac GTO debütierte 1964 nach einer Idee von John Z. DeLorean. Dieser GTO der zweiten Generation von 1968 hat die optionalen Klappscheinwerfer.
(Foto: © Automotive traveler, CC-BY-SA-2.0)

Nach 1968 waren die Shelby-Mustang kaum mehr verkäuflich. Die auf Halde stehenden Shelbys – hier ein GT-350 Convertible – wurden für das letzte Modelljahr 1969/70 noch einmal aufgefrischt, zu erkennen an den Lufteinlässen auf der Haube.
(Foto: © Sicnag, CC-BY-2.0)

Nein, kein Shelby, ein AC 16/80 Six »Ace«, wie er 1936 eine Alpenfahrt gewann. Der USA-Export begann 1937, und nach dem Krieg wurde Shelby dann auf die feinen britischen Sportroadster aufmerksam.
(Foto: © Brian Snelson, CC-BY-2.0)

Standardfarbe aller Shelby GT-350 des Jahres 1965 – des ersten Verkaufsjahres – war Weiß. Zier- und Seitenstreifen waren zunächst serienmäßig, ebenso wie die Magnesium-Räder und die Kunststoff-Heckscheibe. Der Rennmotor leistete 370 SAE-PS.
(Foto: © Alf van Beem)

SHELBY/AC

Der AC Ace wurde zwischen 1953 und 1963 in England gebaut. Shelby American importierte diese Roadster, modifizierte sie und versah sie mit Ford-V8-Motoren. Letzte Ausbaustufe war der Cobra 427 mit 400 SAE-PS.

Carroll Shelby (1923–2012) war ein typischer amerikanischer Selfmademan. Er hatte sich auf allen möglichen Gebieten – auch als Hühnerzüchter – betätigt, große Erfolge erzielt und konnte so seinen Traum als Autorennfahrer, Rennstallbesitzer und Tuner leben. Neben britischen AC hatte er mit der Cobra für Furore gesorgt, und weil dabei Ford-Technik eine wesentliche Rolle spielte, war klar, dass Entwicklungspartner Ford auch eine große Rolle beim Sportwagenprojekt spielen sollte. Der im Frühjahr 1964 vorgestellte Mustang war zwar populär, aber viel zu brav. Doch obwohl Ford selbst wenige Monate nach dem spektakulären Debüt im Motorabteil seines neuen Pony Car eine aufgemotzte 4,9-Liter-Maschine mit 270 PS versenkte, war das Potenzial des Wagens noch lange nicht ausgereizt. Dazu kam: Das PS-Rennen nahm Fahrt auf. Bei Chrysler entstand der Plymouth »Barracuda« und bei Pontiac das Muscle Car mit dem klangvollen Namen »GTO«, 1967 schob Chevrolet den »Camaro« und den Pontiac »Firebird« nach. Und Ford? Hatte den Mustang. Ein tolles Auto, gewiss, aber kein Racer. Und da kam Mr. Shelby ins Spiel, er war in der Lage, aus dem Mustang ein Auto zu machen, das bei nationalen Rennen ganz vorne mitfahren konnte. Dazu musste allerdings erst eine gewisse Anzahl an Homologationsexemplaren gebaut werden, und Shelby hatte mit der Cobra (die ja Ford-Motoren hatte) bereits 1962 bewiesen, dass er so etwas konnte. Shelby machte sich nach anfänglichem Zögern daran, diese Aufgabe schnell und effektiv zu lösen, denn für die Homologation mussten schon zum Jahresbeginn 1965 mindestens 100 gleiche Fahrzeuge gebaut worden sein. Sein kleines Werk »Shelby American« in Los Angeles belieferte Ford mit zerlegten Fahrzeugen, die dann bei Shelby komplettiert wurden. Der Weg zu mehr Speed führte damals wie heute über Gewichtseinsparungen, Fahrwerksverbesserungen und Motortuning. Anstatt der serienmäßigen Motorhaube verwendete man eine Fiberglas-Konstruktion mit einer Lufthutze und Schnellverschlüssen. Die Rückbank wurde kurzerhand weggelassen, was die Shelby-Mustangs zu reinen Zweisitzern machte. Die Batterie wanderte zur besseren Gewichtsverteilung in den Kofferraum. Eine Differenzialbremse war unverzichtbar, eine Aluguss-Ölwanne und ein Getriebegehäuse aus demselben Material ergänzten zusammen mit den kürzeren Koni-Dämpfern (!) und den Traction-Bars die Shelby-Umbauten. Antriebsseitig kamen die besten Motoren aus der Serienproduktion zum Einsatz, solche mit der höchsten Streuung nach oben. Dieser noch eher zahmen Homologationsversion »Shelby Mustang GT-350« folgte kurze Zeit später noch eine Ausführung im reinen Renntrimm mit heftigen 370 SAE-PS bei 6000 Umdrehungen, die mit der längsten Hinterachsübersetzung bis zu 240 km/h gerannt sein soll. Kostenpunkt 5995 Dollar. Magnesium-Räder gab's auf Wunsch noch dazu, Holzlenkräder waren sowieso immer dabei. Die Bremsen der Production-Racer waren den gestiegenen Fahrleistungen angepasst worden, so kamen vorne Bremsscheiben und hinten die größeren Trommeln der Full-Size-Kombis zum Einsatz. Im Modelljahr 1968 sollten sich die Dinge für Carroll Shelby massiv verändern. Aus der Manufaktur am Flughafen von L. A. war ein beachtenswerter Autohersteller geworden, und die Ford-Leute drängten ihn regelrecht zur Einrichtung einer Großserienproduktion. Doch dazu war das Werk zu klein. Es entstanden drei einzelne Unternehmen aus der bisherigen »Shelby American« heraus. Die Produktion erfolgte ab sofort bei »Shelby Automotive« in Michigan, die Montage bei der Firma Smith, einem Subunternehmer. Im sonnigen Kalifornien blieben nur noch die frisch gegründete »Shelby Racing Company« und für die Vermarktung des exklusiven Zubehörs die »Shelby Parts Company«. Das Ganze funktionierte wohl nur 1968 bestens, Shelby feierte in jenem Jahr einen neuen Produktionsrekord: Viereinhalbtausend Fahrzeuge verließen die Bänder der Firma Smith in Michigan. Die Verkaufszahlen entwickelten sich jedoch in die falsche Richtung. Ford nämlich bot seinen Mustang nun ebenfalls mit den leistungsstarken Motoren, aber zu wesentlich niedrigeren Preisen an. Den meisten Kunden reichte das, so dass die Shelby-Verkaufszahlen drastisch zurückgingen. Für »Mr. Cobra« rentierte sich der Aufwand nicht mehr. Im Prinzip endete die Fertigung 1969, am Ende des Modelljahres standen noch Hunderte von Shelbys unverkauft auf Halde. Um die Bestände abzubauen, wurden diese Exemplare mit kleinen Retuschen versehen und als 1970er-Modelle verkauft. Danach war Schluss.

STUDEBAKER

Die Firma Studebaker war 1852 aus einer Stellmacherei hervorgegangen und war amerikaweit bekannt für seine Pferdewagen. Geleitet von John M. Studebaker, hatten die Wagenbauer 1897 begonnen, Elektrofahrzeuge der Marke EMF (hinter denen die Firma Edison stand, der Pionier der Glühbirne) zu verkaufen, die allerdings nicht sonderlich zuverlässig waren. Fünf Jahre später hatte er genug davon und suchte einen neuen Vertragspartner, der bessere Qualität liefern konnte. Elektrisch mussten sie aber sein, seine Wagen, denn um seine Worte zu benutzen: Benzinfahrzeuge »stinken zum Himmel«. Sein Elektrokarren leistete 24 Ah bei 40 Volt. Und wie weiland Kaiser Wilhelm II musste er einsehen, dass das Auto mehr war als eine »vorübergehende Erscheinung«. 1904 schwenkte er widerwillig um und begann mit dem Verkauf von diesen Stinkekarren. Gebaut wurden diese von einer heute längst vergessenen Firma Garford. Nach 1912 verkaufte Studebaker keine Elektrofahrzeuge mehr, 1913 kam der erste Sechszylinder. Als John 1917 starb, gehörte seine Firma zu den Großen im Lande mit einem Jahresausstoß, der bei 45.000 Fahrzeugen gelegen haben soll. Die Nachkriegszeit brachte unter anderem den Big Six – 5,8-Liter Hubraum, 60 bzw. 75 PS –, den ersten komplett bei Studebaker gebauten Wagen. Er war in der Tat ein großes Auto, ein teurer Siebensitzer, der 1927 dann einen V8-Motor (5,1 Liter Hub »President« vermarktet wurde. Der darunter angesiedelte Standard-Sechszylinder hieß dann »Dictator«. Der Versuch, wie andere Hersteller auch durch Untermarken das Produktionsvolumen auszuweiten, scheiterte. Die Firma ging 1933 in Konkurs, wurde aber vom neuen Management und einer neuen Modellpalette gerettet. Das Modellprogramm am Vorabend des Zweiten Weltkriegs umfasste drei Baureihen – Champion, Commander und President – und hatte mit Raymond Loewy einen begnadeten Designer gefunden. Da Loewy (die eigentliche Stylingarbeit erledigte Virgil Exner) aber unabhängig vom Konzern arbeitete, war Studebaker bereits vor allen anderen 1947 mit einem neuen Design – langgestreckt, niedrig, viel Glas, harmonisch integrierte Stoßfänger – am Start. Die Studebaker waren ungewöhnlich niedrig und als Modell im Windkanal der Universität Michigan getestet worden. Der Motor saß weit vorne und die hintere Sitzbank vor der Hinterachse, was mit zu der niedrigeren Silhouette beitrug. Diesen Gestaltungsprinzipien blieb Studebaker treu, das Facelift 1949 brachte die »Bullet Nose«, die zentral oberhalb des Grills angeordnete Lufteinlassöffnung mit Chromspitze. Zur Legende aber wurden die sogenannten Loewy-Coupés – Commander und Champion Starliner Hardtop sowie Starlight – waren mit 1,52 m ultraflache Coupés mit graziler, fast schwebend wirkender Dachpartie. Dieser Modelljahrgang 1953 im »New European Look« kam aber zu spät, um das Unternehmen retten zu können, eher im Gegenteil: Die Bestelleingänge für die neuen Coupés waren vier Mal so hoch wie geplant, Studebaker konnte nicht liefern und verkaufte noch nicht einmal die Hälfte jener 250.000 Wagen im Jahr, welche das Überleben garantiert hätten. 1954 kam es zur Fusion mit Packard, ohne dass die Fusion das Überleben gesichert hätte: Ende 1963 schloss das Hauptwerk South Bend in Indiana, 1966 das Zweigwerk in Kanada. Nur der ursprünglich 1962 lancierte, von den Loewy-Studios designte Avanti mit Fiberglas-Karosserie sollte überleben, wenn auch nicht bei Studebaker-Packard.

Der Studebaker Dictator (1927–1936), der den Standard Six ablöste, stellte 28 nationale Rekorde auf, was der Marke viel Zuspruch bescherte. Dieses ist eines der letzten Modelle. (Foto: © Loco Steve, CC-BY-2.0)

Den Avanti führte Studebaker nach kurzer Entwicklung für 1963 ein. Das Design stammte wieder aus Loewy-Studios. Es gab ihn in vier Ausführungen, zwei davon mit Aufladung. (Foto: © Sicnag, CC-BY-2.0)

Die Bezeichnung »Commander« nutzte Studebaker über Jahrzehnte für verschiedene Typen, von den Zwanzigern bis zum Ende 1966. Das hier ist ein Vertreter des Modelljahres 1951. (Foto: © Tony Hisgett, CC-BY-2.0)

Studebaker verhandelte mit AMC über die Belieferung von Motorblocks. Dazu kam es aber nicht, weshalb dieser 1956er Flight Hawk den Sechszylinder des Champion 6 hat. (Foto: © GMCOLVIN, CC-BY-SA-3.0)

1961 war das letzte Jahr, in dem der Hawk noch seine Flossen trug. Die Modellreihe, die 1956 im Loewy-Design gestartet war, gab es jetzt nur noch mit V8-Triebwerk. (Foto: © jeremyg3030, CC-BY-2.0)

Francis Ford Coppola ist ein großer Fan des Tucker Toroedo. Drei der insgesamt 51 gebauten Fahrzeuge gehören ihm, weitere 44 stehen bei Museen und Sammlern.
(Foto: © DimiTalen, CC-BY-SA-3.0)

Als der Tucker vorgestellt und vermarktet wurde, hieß der Wagen noch »Tucker Torpedo«, als dann das Serienmodell erschien, hieß es »Tucker 48«, nach dem Modelljahr.
(Foto: © Brian Snelson, CC-BY-2.0)

Bei Produktionsanlauf begannen die Finanzbehörden zu ermitteln. Auf kleinster Flamme machte Tucker nur noch bis März 1949 weiter. (Foto: © rixie99beldon, CC-BY-SA-3.0)

TUCKER

Sicherheit hatte Tucker groß geschrieben. Das Armaturenbrett war gepolstert und frei von verletzungsträchtigen Hebeln und Schaltern. Außerdem hatte er Kurvenlicht.
(Foto: © Rex Gray, CC-BY-2.0)

Preston Tucker begann seine Karriere in den Zwanzigern als Botenjunge in der Cadillac-Fabrik. Um nicht so viel gehen zu müssen, schnallte er sich Rollschuhe unter und flitzte durch die Gänge, so lange, bis er einen der Bosse über den Haufen rannte. Anschließend versuchte sich der Waffennarr, der angeblich schneller den Revolver zog als Lucky Luke, als Polizist, war aber – es waren die ausgehenden Zwanziger – zu unbestechlich. Er quittierte den Polizeidienst und heuerte bei Studebaker als Verkäufer an, wo er seine wahre Bestimmung fand: Der Mann mit der geschmeidigen Zunge vermochte angeblich auch Eskimos Kühlschränke zu verkaufen. Hier war er richtig, verdiente richtig gut und begann 1935 mit einem Partner, Rennwagen zu entwickeln und beim Indianapolis 500 einzusetzen. Der rastlose Geist – das Jahrzehnt neigte sich dem Ende zu – unterbreitete dann den Militärs die Pläne für ein gepanzertes Radfahrzeug, das 160 km/h laufen sollte. Nachdem die Herren in Oliv sich schließlich die Lachtränen aus den Augen gewischt hatten, warfen sie ihn hochkant hinaus, kurze Zeit später kam er aber mit Plänen für einen Flugzeug-Drehturm wieder herein. Diesmal lachte keiner, er erhielt den Auftrag, produzierte sie in einem eigenen Werk und verdiente klotzig.

Nachdem der Krieg zu Ende war, sah er die Chance, Autos zu bauen: Der Fahrzeugbestand in den USA war überaltert, die Regierung schätzte den Bedarf auf mindestens zehn Millionen Neufahrzeuge, doch die Industrie konnte nicht liefern: Der Frieden hatte Detroits Autoindustrie kalt erwischt. In aller Eile kramten sie ihre Vorkriegsentwürfe wieder vor. Preston Tucker indes hatte andere Pläne, ihm schwebte ein Auto vor, das eine Spitze von 160 km/h schaffte und für den Sprint von null auf 100 km/h weniger als zehn Sekunden benötigte. Außerdem sollte der neue Wagen rund 2500 Dollar kosten, 1500 weniger als ein Neuwagen etablierter Hersteller. Geld hatte er nicht, er gründete aber 1946 eine Autofirma, und begann, Händler Konzessionen und Interessenten Aktien an dieser im Werden befindlichen Firma zu verkaufen. Anschließend erhielt er die Möglichkeit, gegen bestimmte Auflagen, eine ehemalige Flugzeugfabrik zu erwerben, obwohl sich auch Ford dafür interessierte. Fehlte nur noch das Auto. Tucker heuerte Alex S. Tremulis als Chefdesigner an, der für Auburn und Duesenberg gearbeitet hatte, einen begnadeten Künstler, der aber sonst ziemlich schräg drauf war. Innerhalb von sechs Tagen verwandelte der Ufologe Tuckers Vorentwürfe in Konstruktionspläne, und weil sie keinen Modellierton hatten, um den Entwurf in Originalgröße umzusetzen, übersprangen sie diesen Schritt und formten den Prototyp gleich in Lebensgröße in Metall.

Tuckers Auto war dramatisch anders als jeder andere Wagen jener Zeit, lang (5,56 m), niedrig (1,52 m) mit aerodynamischer Linienführung, (cw-Wert 0,27 – eine Sensation). Der Wagen hatte 800 Einzelteile weniger als ein konventioneller Wagen und viele ungewöhnliche Lösungen, etwa eine Hartgummi-Schottwand vorn, hinter die sich die Passagiere ducken sollten, falls es zu einem Aufprall käme. Der knapp zwei Tonnen schwere Tucker hatte einen Heckmotor, einen 5,5-Liter-Leichtmetall-Franklin-Sechszylinder aus einem Bell-Hubschrauber, den Tucker von Luft- auf Wasserkühlung umkonstruiert hatte. Die Leistung lag bei 166 PS und das Drehmoment bei schier unfassbaren 504 Nm.

1947 war dieser erste Prototyp des Tucker 48 fertig und wurde von seinen stolzen Vätern auf Amerika-Tournee geschickt, um weitere Aktien zu verkaufen, denn noch immer fehlte Geld in der Kasse, um mit dem Fahrzeugbau loslegen zu können. In der Zwischenzeit war die etablierte Konkurrenz nicht untätig gewesen, es kam zu Fällen von Werksspionage, Verleumdungskampagnen und einem Boykott der Zulieferindustrie auf Druck der großen Autohersteller. Schließlich zerrte man ihn vor Gericht, weil Tuckers Wagen – ursprünglich hieß er Tucker 48, dann Torpedo – angeblich seine Kunden mit falschen Prospektangaben ködere. Der Richter ordnete einen Baustopp an, 51 Tucker waren gebaut worden. Diesen anschließenden Skandal überlebte die Firma nicht, Mitte 1948 war Tucker erledigt, die Aktionäre pleite und die 2000 Arbeiter ohne Job. Tucker wanderte aus nach Brasilien und starb dort Ende 1956 an Lungenkrebs. Sein Auto hat ihn aber unsterblich gemacht.

WILLYS / JEEP

Die Ursprünge der Firma gehen zurück auf John North Willys, der zwischen 1909 und 1926 das Mehrmarken-Imperium Willys-Overland Company in Toledo gezimmert hatte. 1933 war der Konzern am Ende, die Marke Willys mit seinem Vierzylinder-Motor überlebte und beteiligte sich zusammen mit American Bantam und Ford im Juni 1940 an einer Ausschreibung zur Entwicklung eines Allrad-Vierteltonners für das Militär. Allerdings entsprach keiner der Entwürfe dem Army-Ideal, letztlich war es eine Kombination aus allen drei Entwürfen, die zum ab 1941 in Serie gebauten MB »Jeep« führten (diese Bezeichnung wurde schon 1944 markenrechtlich geschützt). Bis 1945 liefen rund 650.000 Jeep vom Band, allesamt mit dem leistungsstarken »Go Devil«-Vierzylinder-Motor mit 61 PS. Der seitengesteuerte 2,2-Liter hatte schon in der Vorkriegszeit diverse Willys-Personenwagen befeuert und bildete den Standardantrieb auch für die Nachkriegs-Jeeps. Die Zivilversion des legendären Army-Jeep erhielt den Namen CJ-2A, war noch 1945 lieferbar und sollte vor allem in Land- und Forstwirtschaft, auf Baustellen und im Bergbau seine Käufer finden. Die technischen Unterschiede zum olivgrünen Militärmodell waren gering. Der CJ-2A blieb bis 1949 in Produktion, kenntlich am seitlich montierten Ersatzrad, sein Nachfolger hatte dann eine einteilige Windschutzscheibe, damit hatte es sich dann auch schon. 1947 wurde dem bisherigen Einheitsmodell der Jeep Pickup-Truck mit Zwei- und Vierradantrieb sowie der Station Wagon 463, der erste Großserienkombi der Welt aus Ganzstahl, der bis 1961 im Programm blieb, zur Seite gestellt. 1949 bereits verbuchte Willys erste Verluste, der Versuch, auf Basis des Jeep-Konzepts eine Modellfamilie mit Kombi/Pickup und Jeepster (eine Art viersitzigem Funcar) auf die Räder zu stellen, scheiterte. 1950 ergaben sich erstmals wesentliche technische Änderungen. Anstelle des bisher verwendeten »Go Devil«-Vierzylinders kam der 72 PS starke Hurricane-Vierzylinder zum Einsatz. Von 1952 bis 1955 gab es zudem konventionelle Pkws. Die hießen Aero, waren selbsttragend aufgebaut und hatten den 2,2-Liter-Vier- oder einen 2,6-Liter-Sechszylindermotor. Im April 1953 erwarb Henry J. Kaiser für etwa 60 Millionen Dollar Willys – ein Lahmer und ein Fußkranker taten sich zusammen und stolperten gemeinsam bis 1970 durch die Geschichte. Danach übernahm die American Motors Corporation AMC die Kaiser-Jeep Cop. Ab 1972 waren AMC-V8-Motoren für alle Jeep-Modelle zu haben, 1974 erschien dann der erst AMC-Jeep, der Cherokee, der sich sogleich zum Publikumsliebling entwickelte und dem Unternehmen die zweite erfolgreiche Modellreihe bescherte. Der Cherokee ergänzte das klassische CJ-Konzept um das, was ihm bislang gefehlt hatte, nämlich Komfort, Reisetauglichkeit und größere Ladekapazität. Und mit der zweiten Generation des Jeep Cherokee ab 1984 begann ein neues Zeitalter im Geländewagenbau. 1978 übernahm Renault die in Schwierigkeiten geratene AMC. Renault erhoffte sich von der Übernahme ein starkes Standbein in den USA; die Jeep-CJ- und Cherokee-XJ-Modelle standen nun beim Renault-Händler im Schaufenster. Manche Kombinationen wurden ausschließlich für den europäischen Markt gebaut, so etwa der Cherokee von 1984 mit 2,1-Liter-Diesel von Renault. Viel Freude hatten die Franzosen an ihrem amerikanischen Ableger nicht, man war froh, die Anteile 1987 an Chrysler abtreten zu können; die Marke ging 2009 dann in der neuen Fiat Chrysler Automobiles auf.

1930er Willys Six, mit 3,2-Liter-Sechszylinder und 66 PS. (Foto: © dave_7, CC-BY-2.0)

Willys hat eine bewegte Vergangenheit und ging durch verschiedene Hände. Dieser Wagooner entstand in der AMC-Ära, die von 1970 bis 1978 dauerte. (Foto: © A.van Beem)

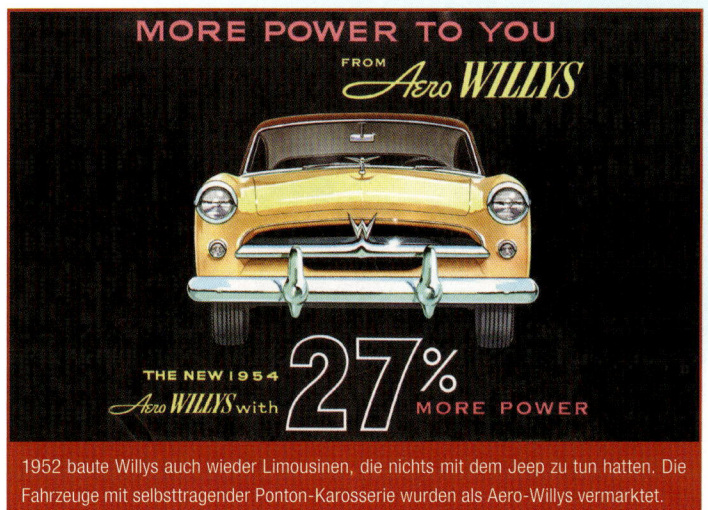

1952 baute Willys auch wieder Limousinen, die nichts mit dem Jeep zu tun hatten. Die Fahrzeuge mit selbsttragender Ponton-Karosserie wurden als Aero-Willys vermarktet.

Im Zweiten Weltkrieg wurden für die US-Army über 650.000 Jeeps gebaut, 363.000 bei Willys-Overland in Toledo, Ohio. (Foto: © Ampnet)

Der Jeep-Truck auf Basis des Weltkriegs-Typs CJ-2 als Nutzfahrzeug war mit zwei- und vier angetriebenen Rädern erhältlich. Die einzelnen Jahrgänge unterschieden sich kaum voneinander. (Foto: © dave 7, CC-BY-2.0)

»Vornehm-elegant« sei das Design, »Edsel-Styling in seiner stolzesten Form«, so die Werbung für den 1959er Corsair.

Die Brüder Graham stiegen 1927 in das Autogeschäft ein, indem sie die Firma Paige Motors kauften: Graham-Paige 621 Six, 1929. (Foto: © Thomas Quine, CC-BY-2.0)

Der Continental-Kit, die Reserveradausbuchtung auf dem Kofferraum des Mark II, wurde stilbildend für Jahrzehnte und zum Markenzeichen der Lincoln-Continental-Modelle. (Foto: © Greg Gjerdingen, CC-BY-2.0)

Mit seinem »Step-down«-Design landete Hudson mit dem Commodore einen echten Volltreffer: 1948 verkaufte Hudson über 50 % mehr Autos als noch im Vorjahr.
(Foto: © Rex Gray, CC-BY-2.0)

WEITERE MARKEN

CONTINENTAL

Continental war zunächst die Bezeichnung für das Spitzenmodell der Ford-Luxusmarke und wurde 1939 für den V12 eingeführt. Das Design stammte von Edsel Ford. Der Lincoln-Spitzentyp sollte dann ab 1952 als eigenständige Luxusmarke im obersten Preissegment Kunden finden: Mindestens Cadillac, wenn nicht gar Rolls-Royce-Kunden sollten zum neuen Continental greifen, der im Oktober 1955 erschien und einen Sechsliter-V8 mit der Dreistufen-Automatik »Turbo-Drive« unter der ellenlangen Motorhaube hatte. Charakteristisch war die Reserveradausbuchtung hinten am Kofferraum. Vom Continental Mark II wurden bis Mai 1957 3000 Stück gebaut, der Mark III lief dann wieder als Lincoln.

EDSEL

Henry Fords 1943 verstorbener Sohn Edsel gab der neuen Marke ihren Namen, die zwischen Mercury und Lincoln positioniert wurde. Vier Baureihen mit zwei Radständen sowie zwei V8-Motoren änderten nichts daran, dass die Optik beim Publikum völlig durchfiel. Mit gigantischem Werberummel in den Markt gedrückt, zeichnete sich schon bald ab, dass die neue Marke mit dem befremdlichen Frontdesign sich zu einem Desaster entwickelte: Anstelle der geplanten 250.000 Fahrzeuge verkaufte Edsel lediglich 63.000 Fahrzeuge, und die Modellpflege des Jahres 1959 mit konventionellerem Grill und kleineren V8-Motoren änderte daran nichts: Ford stellte die Marke 1960 ein. Angeblich kostete dieses Experiment beinahe eine halbe Milliarde Dollar, was es lange Zeit zum größten Flop in der Automobilgeschichte machte.

GRAHAM-PAIGE

Die drei Brüder Graham hatten 1919 begonnen, Teilesätze für den Umbau von Ford T-Modellen zu Lastwagen zu entwickeln; schwenkten dann aber auf Dodge-Basis um und waren so erfolgreich, dass Dodge 1925 ihre Firma kaufte. Nach einem Ausflug ins Management kauften sie 1927 die in Schwierigkeiten geratene Firma Paige, die neue Marke Graham-Paige machte sich zunächst mit Sechs- und Achtzylindern einen Namen und avancierte – verkürzt auf den Namen Graham – Mitte der Dreißiger kurzzeitig zum weltgrößten Hersteller von Kompressorfahrzeugen. Lohnen tat sich das nicht, nach 1936 begann die Übernahme von Karosserien anderer Hersteller wie Reo, auch der Versuch, für Hupmobile (das die Rechte am Cord 810/812 übernommen hatte) und unter eigenem Namen aufgefrischte Cords zu bauen, scheiterte. Graham stellte 1940 die Fertigung ein. Der neue Chef, Frazer, kam 1947 zu einer Zusammenarbeit mit Henry J. Kaiser, was zur gleichnamigen (kurzlebigen) Marke führte.

HUDSON

Hudson war eine Gründung ehemaliger Oldsmobile-Ingenieure. Auf Anhieb – in dem Fall 1909 – war das Unternehmen ein Erfolg. Nach 1914 gab es ausschließlich Sechszylinder-Modelle, von denen Hudson 1929 über 300.000 Stück verkaufte. 1930 kam mit dem Hudson Eight eine neue Modellreihe, die Sechszylinder vermarktete die neue Untermarke Essex. Nach Kriegsende sorgte 1947/48 Hudson mit einem innovativen, stromlinienförmigen Entwurf für Furore, weil der 1,52 m hohe Wagen eine nach damaligen Maßstäben ungewöhnlich niedrige Silhouette aufwies. Für Vortrieb sorgten ein 4,3-Liter-Sechs- und ein 4,2-Liter-Achtzylinder, 1953 ergänzte das Unternehmen, das im Krieg zu den wichtigsten 100 Rüstungsfirmen gehört hatte, seine Modellpalette um die kleinere Jet-Reihe mit konventionellem Stufenheck und 3,3-Liter-Sechszylinder. Im Gefolge der großen Schlacht zwischen GM und Ford um die Spitze des US-Automarkts kam Hudson unter die Räder. 1954 erfolgte der Zusammenschluss mit Nash zur American Motors Corporation AMC, die Marke erlosch 1957.

KAISER

Joseph W. Frazer, früher bei Graham-Paige und Willys-Overland, sowie der Selfmade-Millionär Henry J. Kaiser (der sich vom Laufburschen zum Stahlmagnaten

WEITERE MARKEN

emporgearbeitet hatte) versuchten 1945, die Autobranche zu revolutionieren. Die Euphorie war groß, die hochfliegenden Pläne sahen einen Heckmotorwagen (vielleicht aber auch einen Fronttriebler, am Anfang schien alles möglich) mit selbsttragender Karosserie und stromlinienförmigen Design vor. Was dann 1946 aus der ehemaligen Flugzeugfabrik rollte, geriet aber sehr konventionell, hatte Kastenrahmen und Standardantrieb (in dem Fall ein 3,7-Liter-Sechszylinder von Continental). Nur das Pontondesign war neu, es stammte von Howard Darrin und kam so gut an, das bis Ende 1948 bereits 300.000 Fahrzeuge entstanden waren. Rentabel war das aber nicht, das deckte noch nicht einmal die Anlaufkosten. Kaiser versuchte mit massiven Preissenkungen gegenzuhalten und propagierte das 1000-Dollar-Auto, das auch im Export punkten sollte. 1951 stand auf dem Genfer Salon dann der neue Vierzylinder-Typ Henry J 513 mit 2,2-Liter-Hubraum und 69 PS. Für die USA war auch ein 2,6-Liter-Sechszylinder von Willys vorgesehen. Die Limousine mit großer Heckklappe floppte ebenfalls; das mit einem Notkredit finanzierte Modell vermochte nicht, die Käufer auf Dauer zu überzeugen. 1953 erfolgte die Fusion mit Willys, 1955 lief die Produktion aus. Der Namen lebte weiter in der zwischen 1963 bis 1970 aktiven Marke Kaiser-Jeep. Auf Basis des Henry J entstand auch der Darrin-Kaiser DKF-161 mit Kunststoffaufbau und in der Karosserie verschwindenden Schiebetüren.

Der Kaiser-Darrin war das erste Kunststoff-Roadster der Welt und kam einen Monat vor der Corvette auf den Markt. Er wurde nur 1954 gebaut.
(Foto: © CZmarlin, CC-BY-SA-4.0)

NASH

Charles W. Nash gehört zur Mannschaft, welche General Motors aufbaute. Nachdem er es bis an die Spitze geschafft hatte, kaufte er 1916 die Firma Jefferey Motor Co. in Kenosha, Wisconsin, und hob damit eine Eigenmarke aus der Taufe, die sich rasch zu einer der erfolgreichsten konzernunabhängigen Marken entwickelte, gründete selbst diverse Submarken wie LaFayette und leistete Pionierarbeit auf technischem Gebiet: Dank des Zukaufs der Kühlschrank-Firma Kelvinator bot Nash bereits 1938 eine Klimaanlage an, der Nash Ambassador 600 von 1941 war der erste amerikanische Großserienwagen mit selbsttragender Karosserie und vorderer Einzelradaufhängung. 1950 erfolgte die Einführung von Sicherheitsgurten. Die Modellreihe Airflyte erregte 1949 durch stromlinienförmige Extravaganz Aufsehen, 1952 führte Nash dann Fahrzeuge mit Designimpulsen von Pinin Farina ein. 1954 ging es dann in der AMC auf.

PIERCE-ARROW

Pierce-Arrow gehörte zu den großen amerikanischen Luxusmarken, die durch ihr Design Akzente setzten. Hervorgegangen aus einer Fabrik für Vogelkäfige und einem Tapetenfabrikanten als Investor, entstand ein Dampfwagen, nach 1901 dann ein Kleinwagen mit De Dion-Bouton-Motor. Der erste Arrow hatte einen zugekauften Zweizylinder, der erste Vierzylinder erschien 1904. 1909 entstand die Pierce-Arrow Motor Car Company, die zunächst Sechszylinder mit bis 8,6 Liter Hubraum baute. 1929 folgten Achtzylinder, 1932 der legendäre Siebenliter-V12. Zu dem Zeitpunkt war Pierce-Arrow bereits im Besitz von Studebaker, das PA 1933 an eine Investorengruppe verkaufte. 1938 war die Firma am Ende.

STUTZ

Harry C. Stutz gründete seine Firma 1910 in Indianapolis, und die benachbarte Rennstrecke wurde zu seinem Versuchsfeld. Erfolgreichstes Vorkriegsmodell war der Bearcat, ein Sportwagen mit zugekauften Vier- oder Sechszylindermotoren von Wisconsin, eigene Motoren baute Stutz erst 1917. Es handelte sich dabei um hochmoderne 16V-Konstruktionen, die aber nicht verhindern konnten, dass Stutz 1919 verkauft werden musste. Die neuen Eigner bauten schnelle Luxuswagen wie den »Black Hawk«, der 1927 Amerikas schnellster Serienwagen war. 1932 erschien noch als Neukonstruktion der DV-32-Motor mit zwei oben liegenden Nockenwellen und 32 Ventilen, doch auch der konnte den Niedergang nicht aufhalten: Stutz strich 1935 die Segel; die zwischen 1970 und 1988 gebauten Stutz Blackhawk II mit dem Design von Virgil Exner entstanden auf Basis des Pontiac Grand Prix.

Pierce-Arrow war zeitweise der größte Anbieter von Sechszylinderwagen. Die Kombination aus Kotflügel und Scheinwerfer, wie beim Tourer von 1930, machte PA unverwechselbar.
(Foto: © Chicken Falls, CC-BY-SA-3.0)

Den Bearcat baute die wiederbelebte Stutz Motor Company nach einem Design von Virgil Exner basierend auf einer GM-Plattform. Rund 13 Exemplare entstanden, der hier mit Kompressor.
(Foto: © Chris Phutully, CC-BY-2.0)

Nachdem sich Nash mit soliden Mittelklasseautos einen Namen gemacht hatte, versuchte man, mit den Achtzylinder-Typen mit Doppelzündung 1930 zu einer Höherpositionierung zu kommen. Der Typ 970 von 1932 hat so einen Motor.
(Foto: © Rex Gray, CC-BY-2.0)

AUS ALLER WELT

Nahezu jede Industrienation hatte das Ziel, eine eigene Automobilproduktion zu etablieren, oder durch den als Schlüsselindustrie betrachteten Autobau den Industrialisierungsprozess zu beschleunigen. Wo der nationale Markt zu klein war, versuchte man ausländische Investoren ins Land zu holen oder konzentrierte sich vielfach auf die Nutzfahrzeugproduktion. Der Personenwagen bildete quasi das Abfallprodukt. Diese Entwicklung verlief weltweit ähnlich, von Japan bis Spanien: Am Anfang standen Lastwagen, Busse und Militärgerät, und erst nachdem zu erkennen war, dass dieser Bedarf gedeckt werden konnte, begannen Firmen und Behörden, sich mit dem Problem des Individualverkehrs zu befassen. Je nach Staats- und Gesellschaftsform führte das zu einigen der interessantesten Entwicklungen der Automobilgeschichte.

(Foto: © Ampnet/ Škoda)

Der FN 1300 Sport von 1925 bildete das sportliche Einstiegsmodell in die Modellpalette der Zwanziger. (Foto: © André Ritzinger, CC-BY-3.0)

Der FN 2700a von 1919 hatte zwar einen Elektrostarter, für alle Fälle war aber auch noch die Drehkurbel mit an Bord. (Foto: © André Ritzinger, CC-BY-3.0)

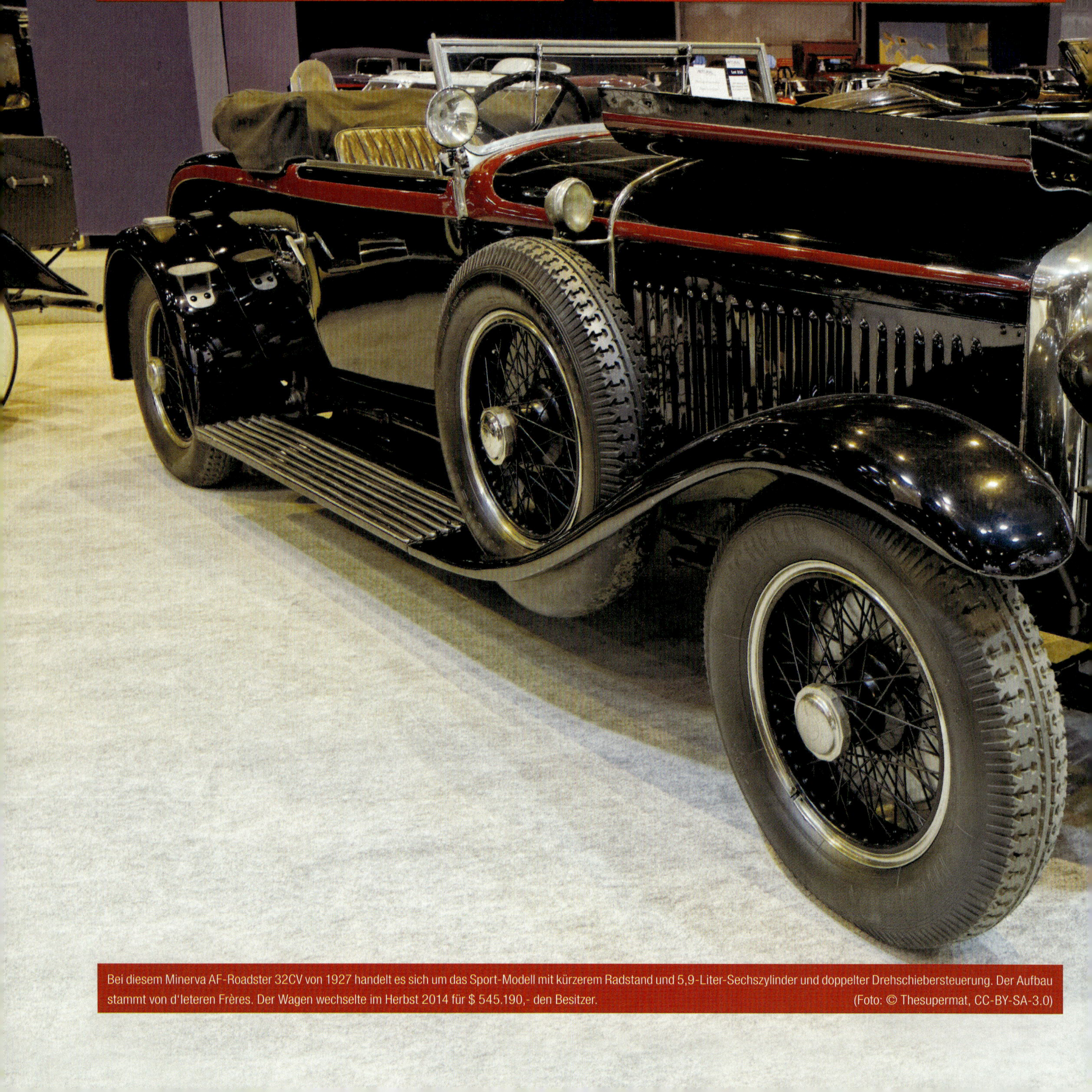

Bei diesem Minerva AF-Roadster 32CV von 1927 handelt es sich um das Sport-Modell mit kürzerem Radstand und 5,9-Liter-Sechszylinder und doppelter Drehschiebersteuerung. Der Aufbau stammt von d'Ieteren Frères. Der Wagen wechselte im Herbst 2014 für $ 545.190,- den Besitzer. (Foto: © Thesupermat, CC-BY-SA-3.0)

BELGIEN

Der Minerva AK von 1929 ist hier als Faux Cabriolet karossiert, denn Cabrioverdeck und Sturmstangen sind nur Attrappe. 2013 für £ 247.308,– versteigert.

(Foto: © Thesupermat, CC-BY-SA-3.0)

FN

Die Fabrique Nationale d'Armes de Guerre (Belgiens nationale Kriegswaffenfabrik) war 1889 in Herstal bei Lüttich gegründet worden. Das erste FN-Automobil, ein Zweizylinder mit Kettenantrieb, entstand 1900 und war eher eine pferdelose Kutsche. Diesem »Spider« folgte 1904 das erste Vierzylindermodell mit vier Liter Hubraum, im Jahr darauf erschien der Luxuswagen FN 6900 Typ 30-40, der zur standesgemäßen Beförderung des belgischen Königshauses herangezogen wurde. Auch der Schah von Persien, der serbische König und der deutsche Kaiser fuhren FN. Die Motoren wurde nicht mehr zugekauft, sondern entstanden nach Lizenz von Rochet-Schneider. 1906 umfasste das Produktprogramm einen 24 HP-Vierzylinder und einen 40 HP-Sechszylinder, jeweils mit Antriebswelle. Wie die meisten anderen Hersteller auch, bot FN in erster Linie fahrbereite Chassis, die Aufbauten lieferten Karosseriebauer wie Van den Plas und d'Ieteren. Daneben baute FN auch Motorräder und Nutzfahrzeuge. Spitzentyp der Vorkriegsjahre war der FN 2700 mit eigen konstruiertem Motor. Mit dessen Weiterentwicklung 2700a – der sich durch den Elektrostarter, einen Drehzahlmesser, eine weniger wartungsintensive Chassisschmierung und einen Alumotor auszeichnete – begannen in Herstal die Zwanziger. Dank der neuen Einstiegsreihe FN 1250 und deren Weiterentwicklung FN 1300 konnte FN auch einige Sporterfolge erzielen. In der Mittelklasse. Wichtige Neuerscheinung in der zweiten Hälfte des Jahrzehnts war der FN 10 CV (1,45 Liter) von 1927, der drei Jahre lang in Produktion blieb. Die Zeitläufe sprachen aber eher für die Konzentration auf den krisensichereren Waffensektor: Nach 1931 produzierte FN täglich 1000 Selbstladepistolen, 1200 Gewehre und 600.000 Schuss Munition, die 5.000 Autos pro Jahr fielen da weit weniger ins Gewicht, zumal das FN-Modellprogramm aus 16 verschiedenen Typen bestand und damit viel zu groß war, um rentabel zu sein. 1930 erschien auf Basis des 10-CV-Nachfolgers ein neuer Zweiliter-Typ, der »Prince Baudouin« war nach dem Enkel des belgischen Königs benannt, wie auch dessen Nachfolger »Prince Albert« von 1934. Technisch waren sie im Grunde gleich, die Karosserie machte den Unterschied. Nachdem FN ausschließlich Vier- und Sechszylindermodelle gebaut hatte, kam 1930 dann der erste Achtzylinder-Typ hinzu, ein Luxuswagen mit einem 3,25-Liter-V8, der ohne Zweifel amerikanische Wurzeln hatte. Immerhin gewann ein solcher V8 im Juli 1932 bei den 24 Stunden von Spa den Preis des belgischen Königshauses. Die Automobilproduktion endete 1935, danach beschränkte sich FN auf den Bau von Waffen, Motorrädern (bis 1962) und Nutzfahrzeugen (bis 1970).

MINERVA

Die Brüder De Jong hatten bereits Erfahrungen mit der Produktion von Fahrrädern und Motoren gesammelt, bevor sie im Jahre 1900 ihr erstes Auto bauten, einen Zweizylinder mit sechs PS, Kettenantrieb und Dreigang-Getriebe. Minerva weitet sein Angebot rasch auf Drei- und Vierzylindertypen aus, 1904 wurde der Autozweig der Fahrrad- und Motorradfirma Sylvain de Jong & Cie unter der Bezeichnung SA Minerva Motors Ltd. selbstständig und begann mit der Produktion einer neuen Modellpalette, wobei von Anfang an der Export im Fokus stand. Einstiegsmodell war die Minervette mit 5-PS-Einzylinder, Spitzenmodell der große Sechszylinder mit 40 PS von 1906, auf dessen Basis der grandiose Achtliter-Rennwagen entstand, mit dem Minerva beim Kaiserpreisrennen 1907 in den Ardennen einen Vierfachsieg einfuhr. Minerva baute nach 1910 ausschließlich Knight-Drehschiebermotoren, an diesen ventillosen Motoren hielte Minerva bis zur Aufgabe des Autobaus 1935 fest. Auf technischem Gebiet waren Minervas große Zeit die Zwanziger, als Luxuslimousinen mit Achtzylinder-Motoren und bis zu 6,6 Litern Hubraum entstanden, die Aufbauten von den bekanntesten und besten Karosseriebauern ihrer Zeit stammten. Mit dem Börsenkrash endete dieses goldene Jahrzehnt, Anfang der Dreißiger versuchte Minerva vergeblich, mit kleineren Wagen an die großen Erfolge anzuknüpfen. 1935 erfolgte die Fusion mit der belgischen Marke Imperia. Als Produktions- und Montagewerk – etwa für Land Rover – war Minerva bis in die Sechziger aktiv.

NORDIRLAND/IRLAND

DE LOREAN

Die Geschichte des DeLorean ist in der Automobilgeschichte ziemlich einzigartig. Gegründet wurde diese Firma von John Z. De Lorean, der als Pontiac-Chef eine steile Karriere hingelegt und den GTO auf Schiene gesetzt hatte. Er galt als nächster Präsident von General Motors, und um so erstaunlicher war es, dass er nach einem halben Jahr als GM-Vizepräsident 1973 seinen Millionenjob hinwarf und ausstieg. Er schrieb dann ein Buch über das GM-Management – für das sich Jahre lang kein Verleger fand – und schmiedete Pläne für einen Sportwagen der ganz anderen Art. Seine Suche nach einem Standort für seine Firma – und in den USA Detroits Rache fürchtend –, führte ihn schließlich nach Nordirland, wo ihm die britische Regierung mit einem dreistelligen Millionenbetrag den Aufbau einer Fabrik ermöglichte. Das, was da gebaut werden sollte, erschien als Prototyp erstmals im Oktober 1976. DeLorean wollte seinen Sportwagen in einem neuen Fertigungsverfahren herstellen, aus Zeitgründen aber wurde dann eine von Colin Chapmans Firma Lotus überarbeitete Kunststoff-Bodengruppe mit Zentralrohr aus dem Lotus Esprit verwendet. Der DMC-12 verfügt über eine Reihe von einzigartigen Konstruktionsdetails, einschließlich Flügeltüren, eine unlackierte Karosserie aus gebürstetem Edelstahl-SS304 und einen Heckmotor. Das Karosseriedesign stammte von Giorgio Giugiaros Firma Ital Design, der 2,9-Liter-V6 stammte aus französischer Produktion, er saß im Heck und leistete bescheidene 130 PS. Der Serienanlauf verzögerte sich aber immer wieder, erst Anfang 1981 rollte der erste DMC-12 – die Ziffer verdankte er dem 1978 projektierten Verkaufspreis von 12.000 Dollar – zu den Kunden. De Lorean hatte angeblich bereits Händleraufträge über 4.000 – andere Quellen sprechen von 40.000 – Fahrzeuge, doch die lange Verzögerung hatte viele Kunden bereits abspringen lassen. Dazu kamen Verarbeitungsmängel, die bei einem 25.000-Dollar-Wagen nur schwer zu entschuldigen waren: Die DeLorean Motor Company meldete Ende 1982 Konkurs an; John DeLorean selbst wurde im Oktober desselben Jahres wegen Drogenhandels verhaftet (und später freigesprochen). Rund 9.200 DMC-12 wurden bis Dezember 1982 hergestellt, darunter drei mit Goldauflage für eine Kreditkartenfirma.

Der DeLorean als erster Sportwagen mit Edelstahl-Karosserie entstand mit britischen Steuergeldern in Nordirland; die Regierung hoffte auf eine Atempause im nordirischen Bürgerkrieg. (Foto: © Jiří Sedláček, CC-BY-SA-4.0)

HEINKEL-I/TROJAN

Der Kabinenroller von Ernst Heinkel, der in Deutschland nie die Popularität der Isetta erreichte, war ein internationaler Erfolg. Er wurde in verschiedenen Ländern in Lizenz gebaut, darunter auch zwischen 1958 und 1961 bei der irischen Dundalk Engineering Company, einer Firma, die in den Räumen einer ehemaligen Lokomotivfabrik 1948 mit der Fertigung von Lizenz-Austins begonnen hatte. Das Maschinenbau-Unternehmen war in erster Linie ein Montagebetrieb, die Teilesätze lieferte Heinkel zu. Nachdem die Heinkel-Produktion in Deutschland ausgelaufen war, versuchte das Unternehmen zu expandieren, doch während der Export nach Schweden ganz gut lief, so war die Nachfrage in England gering. 1961 verkaufte die in Schwierigkeiten steckende Company die Rechte wie auch die Produktionsanlagen an die Firma Trojan, die zwar die Rechte an der Kabine, nicht aber an den Rollern übernahm, denn Trojan baute bereits den Lambretta-Roller. Trojan wiederum war eine britische Firma, die 1914 gegründet wurde und vor dem Krieg gerade einmal zwei Prototypen auf die Vollgummiräder gestellt hatte und 1920 dann mit Leyland Motors zu einer Lizenzvereinbarung kam, die 1928 auslief. Zu dem Zeitpunkt war die Marke Trojan, dank Leyland, vor allem für seine Kleinlieferwagen bekannt. In den Dreißigern waren es die kleinen Frontlenker-Typen – »nur sieben bewegte Teile im Motor«, so die Werbung, »das spart Kosten« –, für welche die Marke stand. Die Kleinwagenfertigung wurde 1936/37 eingestellt, jetzt verlagerte sich die Produktion hin zu Flugzeugteilen. Die Fahrzeug-Produktion begann 1947 wieder mit dem Typ Senior 12/15cwt, einem Lieferwagenmodell mit entweder Zweitakt- oder Perkins-Diesel, laut Trojan der erste Diesel in der Eintonnen-Klasse. Die Produktion der Heinkel-Kabine endete 1964, bereits im Vorjahr hatte Trojan auf der London Motor Show am Stand den Elva Courier, einen kleinen, zweisitzigen GfK-Roadster mit Ford- oder MG-Technik, der bis 1966 gebaut wurde.

Trojan, die britische Marke, welche die irischen Heinkel-Rechte übernahm, kündigte für 1930 einen Kleinwagen mit Heckmotor an. Überlebt hat mutmaßlich keiner.

Nein, kein Heinkel aus dem Schwabenland, sondern ein in Lizenz gebauter Trojan 200. (Foto: © Phil Sangwell, CC-BY-SA-2.0)

Zurück in die Zukunft: Die Hollywood-Trilogie machte den futuristischen Flügeltürer posthum weltberühmt. Es hätte tatsächlich eines Fluxkompensators bedurft, um ihn auf Touren zu bringen, mit dem Renault-Sechszylinder wäre Marty McFly niemals rechtzeitig zurück gewesen… (Foto: © Llann Wé², CC-BY-SA-3.0)

Datsun 240 Z von 1971 mit originalen Radkappen und Spiegeln. Das Design entstand unter Mitarbeit des BMW-507-Designers Albrecht Graf Görtz. (Foto: © Riley, CC-BY-SA-2.0)

Der Hino Contessa 900 Sprint wurde in erster Linie für den Export konzipiert. Das Coupé im Michelotti-Design hatte im Heck den in Italien getunten Renault-Dauphine-Motor.

Briten-Roadster aus Fernost: Der Datsun Fairlady 1500 erschien praktisch zeitgleich mit dem englischen MG B 1962. Sein Nachfolger, der Datsun 1600 Sport, wurde zwischen 1965 und 1970 gebaut. (Foto: © Bill Abbott/Mr.choppers, CC-BY-SA-2.0)

JAPAN

Das Honda S 800 Coupé wurde zwischen 1967 und 1970 in kleinsten Stückzahlen nach Europa importiert. (Foto: © Charles01, CC-BY-SA-3.0)

DATSUN / NISSAN

Es waren drei Herren mit dem Initialen D, A, und T, die 1912 mit dem »DAT« ihr erstes Auto, die Kopie des englischen Swift 10/12 HP mit Zweizylinder-Motor, zeigten. Das Unternehmen wandte sich alsbald dem Bau von Nutzfahrzeugen zu und nahm erst Anfang der Dreißiger nach der Übernahme als Nissan Motor Company unter dem Markennamen »Datsun« die Serienproduktion auf. Erstes Produkt war der Typ 10, er sah aus wie ein Austin Seven und machte Nissan zum größten japanischen Automobilproduzenten. Daneben bot Nissan auch den Lizenzbau des 1936er Graham-Paige an. Das Geld verdiente der Konzern aber mit Lastwagen.

Der erste Pkw der Nachkriegszeit von 1948 war eine Neuauflage des 1936er Kleinwagens, der etwas mehr Hubraum und Leistung erhielt. Auf dessen Basis entstand der 1952 lancierte Roadster DC 3, nach eigener Lesart Japans erster offener Sportwagen der Neuzeit. Von westlichen Standards war man noch weit entfernt, und um das zu ändern, begann Nissan auf staatlichen Druck hin 1953 mit der Montage der Austin A 40-Limousinen; 1955 kam dann mit dem Typ A 110 die erste eigene Nachkriegs-Neukonstruktion. Nissan als Markenbezeichnung wurde 1960 für Japan eingeführt, es stand für die Datsun-Sechszylinder-Topmodelle wie den Cedric 2800.

Auch der für das Kaiserhaus gebaute Prince Royal war ein Nissan, kein Datsun. Die Bezeichnung wird seit 1984 weltweit für alle Fahrzeuge des Konzerns verwendet. Zur Mitte der 1960er begann Nissan mit Hochdruck an der Entwicklung eines Sportwagens für die USA; BMW-507-Designer Graf Goertz war federführend. Er formte mit dem 240 Z eine zweitürige Fastback-Karosserie, die mit dazu beitrug, dass Nissan Mitte der 70er mehr Autos in den USA verkaufte als Volkswagen. Seit März 1999 gehört Nissan zu Renault, wobei die Franzosen in dieser Automobilallianz das Sagen haben.

HINO

Hino ging 1910 aus einem Unternehem der Gas- und Elektrobranche hervor, begann aber erst 1942 mit dem Bau von Lastwagen-Dieselmotoren. Zehn Jahre und einen verlorenen Krieg später begann bei Hino die Pkw-Fertigung, es entstand – staatlich gefördert – der Lizenzbau des Renault 4 CV. Da in Japan aber Linksverkehr herrscht, wurde nicht die französische, sondern britische Ausführung zum Vorbild genommen. 1961 kam der erste eigene Entwurf namens Contessa. Das Prinzesschen hatte einen Vierzylinder-Heckmotor mit 0,9 Liter Hubraum.

Für Aufsehen sorgte das Contessa Coupé 900 Sprint in italienischen Designer-Klamotten von Michelotti, und auch die zweite Generation von 1965 mit 1,3 Liter-Heckmotor trug Michelotti. Das Hauptstandbein bildeten aber die schweren Nutzfahrzeuge, und das war der Grund, warum Toyota 1966 bei Hino einstieg und 1968 den unrentablen Pkw-Bau einstellte.

HONDA

Soichiro Honda hatte, nachdem er 1942 seine Kolbenringfabrik an Toyota verkauft hatte, 1948 begonnen, alte Stationärmotoren aufzukaufen und diese in Fahrradrahmen einzubauen. Als er 1961 dann beschloss, in den Fahrzeugbau einzusteigen, war er längst schon ein Gigant unter den Motorradherstellern. Das erste Auto war ein Kleinlastwagen und wurde auf dem Salon in Tokio im Herbst 1962 gezeigt, er hatte, wie der gleichzeitig präsentierte Sportwagen-Prototyp, Zweizylinder-Viertaktmotor mit 360 Kubik und Kettenantrieb zur Hinterachse.

Bei der IAA in Frankfurt 1963 stellte sich Honda dann international als Automobilproduzent vor, doch der Export begann erst vier Jahre später mit den als Coupé und Cabrio erhältlichen Sportwagen S 800 mit drehfreudigem DOHC-Vierzylinder und den schwächlich motorisierten Dreimeter-Kleinwagen N 360. Beide waren keine Kassenschlager, auch der größere Honda 1300 mit luftgekühlten Vierzylindermotor vermochte nicht zu überzeugen. Der Durchbruch gelang erst in den Siebzigern mit den Civic- und Accord-Typen.

JAPAN

MAZDA

Mazda als Ableger eines 1920 gegründeten Industriekonzerns, der ursprünglich Maschinen für die Korkgewinnung produziert hatte, baute bis Ende der Fünfziger Lastendreiräder mit 0,3 bis 2,0 Tonnen Nutzlast. Anfang der Sechziger wurden Japans Straßen besser, die Firma in Hiroshima konzentrierte sich auf den Bau eines Kleinstwagens in der Kategorie bis 360 Kubik. Halter eines solchen Fahrzeugs zahlten kaum Kfz-Steuer und mussten beim Erwerb keinen Stellplatz nachweisen. Der Mazda R-360 mit luftgekühlten Leichtmetall-V2 war außerdem Japans billigster Personenwagen, hatte 16 PS und wurde zum Stammvater einer bis in die Neuzeit reichenden Familie von Kleinstwagen. Die Auslandsmärkte bediente Mazda mit größeren Fahrzeugen, im Westen bekannt wurde das Unternehmen durch den Wankel-Typ Cosmo 110 und seine überaus elegante, mit italienischer Leichtigkeit gezeichnete Limousine Luce 1500/1800. Mazda setzte in großem Maße auf den Wankelantrieb, wiewohl diese als anspruchsvoll, wenig standfest und sehr durstig galten. Das erklärt den Absturz der Verkaufszahlen in den frühen Siebzigern, wo die seit 1970 mit Ford kooperierende Firma sehr stark vertreten war. Mazda hielt aber am Wankel fest: Ein Jahr nach der Produkteinstellung des NSU Ro80 erschien 1978 das RX-7-Coupé, eine stärkere, aber günstigere Konkurrenz für den Porsche 924. Auf dieser technischen Basis erschien noch im gleichen Jahr der Mazda 626, eine Limousine mit herkömmlichem Vierzylinder-Vergasermotor. Und es war ein 626, der in den Achtzigern als erstes japanisches Auto überhaupt einen Vergleichstest in einer deutschen Automobilzeitschrift gewann. Das gelang in den folgenden Jahren noch öfter, der Mazda MX-5 als Wiedergeburt des klassischen britischen Roadster erschien 1989 und bescherte dem Unternehmen aus Hiroshima einen Sensationserfolg.

TOYOTA

In Japans tiefster Provinz, Nagoya, legte Japans größter Erfinder, Sakichi Toyoda, den Grundstein für seinen Weltkonzern, indem er 1907 eine Firma für die Produktion von Automatik-Webstühlen einrichtete. Dieser gliederte sein Sohn 1937 eine eigenständige Automobilsparte an, die in verschiedenen Ausführungen mit dem A-Typ eine Oberklassen-Limousine nach Vorbild des 1934er Chrysler Airflow anbot. Bis Kriegsbeginn entstanden rund 1400 Fahrzeuge der Typen AA, AB und AC, in erster Linie für Behörden und Militär. Dessen 3,4-l-OHV-Sechszylinder-Reihenmotor mit 65 PS nach Chevrolet-Vorlage befeuerte auch einen Lastwagen, und der brachte das junge Unternehmen in arge Verlegenheit: Als er endlich standfest war, bestellte das Militär gleich 20.000 Stück davon. Toyota begann dann Ende 1945 auf Geheiß der USA wieder mit dem Nutzfahrzeugbau, eine erste Pkw-Neukonstruktion (die kaum verkauft wurde), ein 27-PS-Kleinwagen namens SA, folgte 1947. Der Durchbruch gelang 1955 mit dem 1,5-Liter-Crown. Zur Jahresmitte 1957 stellte Toyota seiner Mittelklasse-Limousine mit dem Corona einen Einliter-Wagen zur Seite, 1961 dann mit dem Publica einen 0,7-Liter-Kleinwagen. Dieses – permanent weiterentwickelte, differenzierte und variierte – Tableau bildete die Säule für Toyotas Aufstieg zu Japans Nummer 1 in den Sechzigern – dies und die ausgeklügelten Produktionsmethoden, die dem Unternehmen immense Kostenvorteile verschafften und bahnbrechend für die gesamte Automobilwirtschaft weltweit wurden. Kein Geld, aber Image brachte der GT 2000, Japans erster Supersportwagen, der als Cabriolet auch in einem James-Bond-Streifen mitspielte. Dieser hatte einen bei Yamaha modifizierten Zweiliter-Sechszylinder-DOHC-Motor mit 150 PS unter der Haube und schaffte eine Spitze von 220 km/h. Mit ihm stellte Toyota drei Welt- und 13 Klassenrekorde auf. Die Serienfertigung lief im Frühjahr 1967 an. Da er aber doppelt so teuer kam wie geplant und außerdem an den verschärften US-Sicherheitsbestimmungen scheiterte, wurden nur 352 Stück gebaut. Ein Millionenseller dagegen ist bis heute ist der Corolla, dessen erste Bauserie im April 1966 auf den Markt kam: Er verkörpert perfekt die typischen Toyota-Tugenden, die da heißen Qualität, Langlebigkeit und absolute Zuverlässigkeit – und, seit 1997, Hybridtechnik: Mit dem Prius revolutionierte Toyota den Automobilbau.

Der Mazda Cosmo 110S war der erste Großserienwankel und kam noch vor dem NSU Ro 80 auf den Markt. Er wurde von 1967 bis 1972 gebaut.
(Foto: © Andrew Basterfield, CC-BY-SA-2.0)

Ein Mazda 818 im portugiesischen Coimbra. Die zwischen 1971 und 1978 gebaute Limousine gab es auch als Kombi und Coupé, Letzteres auch in Deutschland als RX-3 mit Wankelmotor.

Der Toyota AA war der erste Serien-Toyota überhaupt, er entstand nach dem Vorbild des Chrysler Airflow. Von den 1401 Fahrzeugen hat einer überlebt, und der steht – unrestauriert – in den Niederlanden. Selbst das Museum in Japan hat nur Nachbauten.

(Foto: © Iwao, CC-BY-2.0)

Der Toyota 2000 GT ist Japans erster Supersportwagen. Er wurde bis 1970 nur 351 Mal gebaut und ist inzwischen unbezahlbar: 2013 wurde einer für $ 1.160.000,– versteigert.

(Foto: © Toyota)

Austro-Daimler produzierte bis 1934. Nachdem Paul Daimler 1906 das Unternehmen verließ, trat seine Nachfolge Ferdinand Porsche an. Aus dieser Ära stammt der Typ 14/30 von 1914.
(Foto: © Matthias Kabel, CC-BY-SA-3.0)

In diesem Gräf & Stift, Baujahr 1910, starben am 28. Juni 1914 beim Attentat von Sarajevo der österreichische Thronfolger Erzherzog Franz Ferdinand und seine Frau.
(Foto: © Lielais Rolands, CC-BY-SA-3.0)

Der Steyr 200 war ein weiterentwickelter Typ 100 mit 1,4-Liter-Motor. Der Typ 200 von 1936 hatte, wie dieser, Einzelradaufhängung rundum, aber einen größeren Motor, eine breitere Spur und weitere Verbesserungen. Ende 1937 kam die hier zu sehende Kühlermaske.
(Foto: © Muncadunc, CC-BY-SA-3.0)

ÖSTERREICH

AUSTRO-DAIMLER

Bereits 1890 hatte die Daimler-Motorengesellschaft in Wien ein Verkaufsbüro eröffnet, das dann 1899 in Wiener Neustadt zur Österreichischen Daimler-Motoren AG führte. Nach einer erneuten Umbenennung 1906, die dazu führte, dass Paul Daimler ging und Ferdinand Porsche kam, entwickelte sich Austro-Daimler zu einem der wichtigsten Hersteller im Habsburger Reich, der neben einem Radpanzer-Prototyp (den das Militär nicht nahm) Autos, Lastwagen und Motoren baute. Größter Erfolg dieser frühen Jahre war der Dreifacherfolg der Werksmannschaft auf viersitzigen Austro-Daimler-Torpedo bei der Prinz-Heinrich-Fahrt 1910. Der Hersteller, der mit allerhöchster Erlaubnis den kaiserlichen Doppeladler im Markenzeichen führte, war damit endgültig in der Luxusklasse angekommen, schwenkte dann aber um auf Rüstungsgüter. Zu den bekanntesten Fahrzeugen der Zwanziger gehörten der Sechszylindertyp AD 617, der kleine »Sascha-Wagen«, der in der Klasse bis 1100 Kubik bei der Targa Florio einen Doppelsieg einfuhr und als Porsches erster Volkswagen gelten darf. Die Banken, die bei Austro-Daimler das Sagen hatten, sahen in einem solchen Kleinwagen keinen Sinn und setzten auf die Sechszylinder-Luxustypen. Topmodell war ein 1932 bis 1934 gebauter 4,6-Liter-Achtzylinder mit 100 PS. Doch Qualität hin und Luxus her: Die Finanzen erzwangen 1928 die Fusion mit Puch zu den Austro Daimler-Puchwerke AG, die sich dann 1934 mit Steyr zusammenschloss.

GRÄF & STIFT

Gräf & Stift, Wien, ging begann 1902 mit dem Fahrzeugbau und brachte 1904 die ersten Vierzylinder-Tourenwagen mit 16 bis 45 PS Leistung, 1911 begann der Bau von Nutzfahrzeugen, der in Österreich-Ungarn wegen der großen Entfernungen einen noch höheren Stellenwert genoss als in Deutschland. In einem Gräf & Stift 28/32 PS von 1910 wurden 1914 in Sarajewo der Thronfolger Erzherzog Franz Ferdinand und seine Gemahlin erschossen, und auch der letzte Habsburger Kaiser Karl I. flüchtete 1918 in einem Gräf & Stift 40/45 PS von 1913 ins Exil. Im geschrumpften Österreich der Nachkriegszeit konzentrierte sich Gräf & Stift auf den Bau von Luxuswagen der SR-Reihe (1921-1928), die auf einen Rolls-Royce zurückgingen und einen 7,8-Liter-Sechszylinder und 75 bis 110 PS hatten. 1930 folgte ein Sechsliter-Achtzylinder mit 125 PS, der bis 1936 in Produktion blieb. Nach 1934 konzentrierte man sich vor allem auf Lizenzbauten mit Citroën-Sechs- und Ford-Achtzylindern, 1938 entstand sogar noch ein Vierliter-V12-Prototyp. Nach dem Krieg wurde die Pkw-Fertigung nicht mehr aufgenommen, als Lastwagenfabrik existierte Gräf & Stift noch bis 1971.

STEYR

Nach dem Ersten Weltkrieg baute die bisherige Waffenfabrik in Steyr, die 1894 mit dem Bau von Fahrrädern und Flugmotoren begonnen hatte, mit dem Bau jener Personen- und Lastwagen, die Ledwinka (der zwischen 1916 und 1921 bei Steyr gewesen war und dann zu Tatra wechselte) entwickelt hatte. Erster Steyr war der Typ II 12/40 von 1920 mit 3,3-Liter-OHC-Sechszylinder, der den für das erste Jahrfünft markentypischen Spitzkühler einführte. Schnellstes Modell war der nur drei Mal gebaute Typ VI Klausen von 1928/29 mit dem bis bis 145 PS starkem 4,9-Liter-Reihensechser, luxuriösester der nur drei Mal unter der Leistung von Ferdinand Porsche gebaute Austria mit dem 5,3-Liter-Achtzylinder mit 100 PS, der wegen der auf Druck der Banken begonnenen Zusammenarbeit mit der Austro-Daimler-Puchwerke AG (die 1934 zur Fusion führte und zur Gründung der Steyr Daimler Puch AG) nicht in Serie ging. Zu den Modellen der Dreißiger gehörte der 1934 eingeführte Typ 100, der für sich in Anspruch nahm, »der erste serienmäßige Stromlinienwagen der Welt« zu sein. Auf den Typ 100 folgte 1936 der Typ 200 mit 1,5 Liter Hubraum und 35 PS. In jenem Jahr erschien auch der Steyr 50 »Baby«, ein Kleinwagen im Stromliniendesign und 1,0-Liter-Boxermotor. Sein Nachfolger, der Typ 55 hatte dann 1,2 Liter. Die Fertigung endete 1940, rund 13.000 »Baby« hatten das Licht der Welt erblickt. Nach dem Krieg entstanden bei der Steyr-Puch zwischen 1957 und 1973 modifizierte Lizenzbauten des Fiat 500.

Der 55 PS starke Typ 220 war der letzte neue Steyr. Er erschien 1937. Der 2,3-Liter-Wagen wurde rund 5.900 Mal gebaut, sechs davon waren Sportmodelle mit Gläser-Karosserie. Drei haben überlebt. (Foto: © Rovimat, CC-BY-SA-4.0)

SCHWEDEN

SAAB

Saab entstand 1937 aus der Fusion zweier schwedischer Flugzeugbauer. Nach dem Kriege – i n dem Schweden neutral gewesen war – galt es, die Kapazitäten auszulasten, und dafür sollten Autos sorgen. Saab legte bei seinem Entwurf besonderen Wert auf Aerodynamik und Leichtbau, und diese Schlüsselkomponenten zeichneten auch das Projekt XP 92 (wobei das X für Experimental stand, die typische Bezeichnung eines Flugzeug-Prototypen) von 1946 aus. Dabei handelte es sich um eine Mittelklasse-Limousine mit Frontantrieb, 2,75 m Radstand, 800 Kilo Leergewicht und einen sensationell niedrigen Luftwiderstand. Für Vortrieb sorgte ein einfacher Zweizylinder-Zweitaktmotor nach DKW-Vorbild mit 18 PS, aufgrund der ausgefeilten Aerodynamik reichte der Saab an die 100-km/h-Marke heran. Außergewöhnlich sorgfältig war auch die Erprobung, der Prototyp legte innerhalb kürzester Zeit über eine halbe Million Kilometer zurück. 1947 stellte Saab den Typ 92 der Öffentlichkeit vorgestellt, die Produktion lief dann zwei Jahre später an, jetzt mit 25 PS, die für eine Höchstgeschwindigkeit von 105 km/h reichten.

Der Saab 92 wies einen für seine Zeit sensationellen Luftwiderstandsbeiwert auf. Der Seitenaufprallschutz war hier serienmäßig, damit konnte kein anderer Hersteller aufwarten. (Foto: © Lukasz19930915, CC-BY-SA-4.0)

Bis zum Serienauslauf 1956 entstanden rund 20.000 Einheiten, wobei der Saab das weltweit erste Auto mit serienmäßigem Seitenaufprallschutz war. 1953 kam mit dem 33 PS starken Saab 93 ein Nachfolger auf den Markt, der zwar stark nach einem aufgefrischten 92er aussah, tatsächlich aber eine Neukonstruktion mit vorderer Einzelradaufhängung darstellte und einen von Heinkel entwickelten Dreizylinder-Zweitakter unter der Haube hatte. Der Dreizylinder mit 0,8 Liter Hubraum verhalf dem Saab 93 zu einer Höchstgeschwindigkeit von 120 km/h. Diesem – wenn auch immer wieder variierten – Design-Grundkonzept blieb Saab bis 1980 treu; technisch bemerkenswert war die Ausstattung mit einem Zweikreis-Bremssystem und die Umstellung auf den V4-Viertaktmotor des Taunus 12m beim Saab 96 II von 1967. Zäh und langlebig waren sie alle, und auch begabte Sportgeräte: Die schwedische Rallyelegende Eric Carlson gewann mit dem 96er nicht nur zahlreiche Wettbewerbe – so die Rallye Monte Carlo 1962 und 1963 –, sondern legte damit auch einige veritable Abflüge hin, was ihm den Spitznamen »Carlsson auf dem Dach« bescherte.

Oberhalb dieser Baureihe angesiedelt war die Baureihe 99 von 1969. Auf dieser Basis erschien 1977 der 99 Turbo als erste Großserienlimousine mit Turbolader. Die Turbine im Abgasstrom pumpte den Vierzylinder auf 145 PS und beschleunigte den Dreitürer nicht nur in 8,9 Sekunden aus dem Stand auf Tempo 100. Der Turbo befeuerte Nachfrage und Image von Saab gleichermaßen, doch letztlich waren die Non-Konformisten im Weltmaßstab viel zu klein, um auf Dauer überleben zu können. Daher suchte Saab – seit 1969 mit dem Nutzfahrzeugbauer Scania verbandelt – die Anlehnung an einen Partner. Die 1979 begonnene Kooperation mit Fiat führte zwar zum Saab 9000, blieb aber ansonsten folgenlos: Saab stand für Autos wie den eigenwilligen 900 (den es auch als Cabriolet gab), nicht für beliebige Massenware. Ende der Achtziger steckte Saab tief im Schlamassel. Gespräche mit Ford scheiterten. Die Verantwortlichen bei Saab lösten 1990 die Pkw-Sparte (der Lkw-Bereich ging dann an Volkswagen) aus dem Konzernverbund und gründeten die Saab Automobile AB. Die Hälfte der Anteile übernahm General Motors, zehn Jahre später waren die Amerikaner alleinige Herren im schwedischen Haus. Unter dem Blech, dessen Design sich nun zunehmend am Zeitgeschmack orientierte, fand sich immer mehr Großserien-Technik von Opel, insbesondere in den Baureihen 900 (1993), 9-3 (1998) oder 9-5, doch das Image litt gewaltig. Auch die Idee, das Produktportfolio durch ein Kompaktmodell (9-2X) in Gestalt eines umetikettierten Subaru Impreza oder durch einen SUV auf Basis des Chevrolet Blazer als Saab 9-7X zu erweitern, stieß beim Publikum auf wenig Gegenliebe. Nachdem GM 2009 selbst ein Fall für den Insolvenzverwalter geworden war, trennten sich die Amerikaner ohne Rücksicht auf Verluste von ihrer skandinavischen Marke. Das weitere Markenschicksal ist ungewiss, mittlerweile haben die Chinesen das Sagen, die Saab zum Hersteller von Elektrofahrzeugen umwidmen wollen. Ob es dazu kommt, ist fraglich. (Text: Kuch, unter Verwendung von ampnet/tl).

Der Saab 96 hatte zunächst einen Zweitaktmotor unter der Haube, 1967 wurde dieser dann aber durch den V4 aus dem Ford Taunus ersetzt. Seit 1969 saß das Zündschloss zwischen den Vordersitzen. (Foto: © Allen Watkin, CC-BY-SA-3.0)

Vom 160 km/h schnellen Saab 94 »Sonett« entstanden 1956 lediglich sechs Exemplare. Unter der flotten Außenhaut steckte die Technik des Saab 93, und, wie dieser, rollte er auf schlauchlosen Reifen. (Foto: © Liftarn, CC-BY-SA-3.0)

Der Ur-Saab 92001 verließ im Juni 1947 die Werkshallen. Unter der Haube des Prototyps saß ein quer eingebauter DKW-Zweitakter. Das Profil erinnert an eine Flugzeugtragfläche. (Foto: © Lukasz19930915, CC-BY-SA-4.0)

Die Sechszylinder-Baureihe PV 650 war die Sechszylinder-Ausführung der ersten Volvo-Modelle ÖV4 bzw. PV4. 1929 auf den Markt gekommen, war dieser PV659 die 1935/36 gebaute Luxusausführung.

Hier die in Brasilien bei Carbrasa für Südamerika gebaute modifizierte Kombi-Ausführung des Buckel-Volvo PV 445. Das Unternehmen hatte 1947 mit dem Obus-Bau begonnen und fertigte 1955–1958 320 dieser Duett-Kombis. (Foto: ©JasonVogel, CC-BY-SA-3.0)

Das Volvo P1800 Coupé erschien 1961. Zunächst – bis 1963 – wurden die Karosserien bei Jensen Motors in Großbritannien gebaut – keine gute Idee, die Qualität war miserabel. Neben dem bis 1972 gebauten Coupé gab es 1971-1973 auch die ES-Kombi-Variante. (Foto: © Volvo Cars)

SCHWEDEN

VOLVO

Am 14. April 1927 rollte mit dem Volvo ÖV4 »Jakob« der erste für die Massenproduktion vorgesehene Volvo vom Band in der Lundby-Fabrik nahe dem schwedischen Göteborg. Der Wagen entsprach technisch wie optisch mehr oder minder dem Stile der Zeit, was man vom Volvo PV36 nicht behaupten konnte. Die Typenbezeichnung stand dabei für Personvagnar (Personenwagen) 1936, auch wenn das Auto dann doch schon ein Jahr früher fertig war. Neben der aerodynamischen Formgebung führte der Volvo PV 36 die vordere Einzelradaufhängung ein. Sein 3,7-Liter-Reihensechszylinder leistete 80 PS, die Höchstgeschwindigkeit lag bei 120 km/h. Der Volvo mit seiner stromlinienförmigen Ganzstahlkarosserie verschreckte aber potenzielle Käufer, insgesamt wurden nur 500 Limousinen und ein Cabriolet gebaut. Hinzu kam, dass der Wagen mit 8500 schwedischen Kronen relativ teuer war, der »Jakob« hatte die Hälfte gekostet.

Der 1935 eingeführte PV36 erinnerte an den Chrysler Airflow, hatte aber Einzelradaufhängung vorn und einen von außen zugänglichen Kofferraum. Rund 500 Stück wurden gebaut. (Foto: © Volvo Cars)

Mit dem PV 444 legte Volvo den Grundstein für den Erfolg der Marke und den Ruf als Hersteller besonders sicherer Autos. Premiere hatte der »Buckel«-Volvo, gemeinsam mit dem Volvo PV-36-Nachfolger PV 60 am 1. September 1944 in Stockholm, drei Jahre später ging er dann in Serie. Er war das erste erschwingliche schwedische Volksauto. Die im Stil stromlinienförmiger amerikanischer Fastback-Limousinen gezeichnete Baureihe PV 444 (die Ziffern standen für 4 Zylinder, 40 PS und 4 Sitze) übertraf alle Erwartungen. Technisch setzten die Schweden auf eine selbsttragende Karosserie und vordere Einzelradaufhängung; für Vortrieb sorgte ein robuster 1,4-Liter-Vierzylinder.

Mit dem PV 444 schrieb Volvo gleich mehrfach Geschichte, etwa bei der Präsentation der ersten rückwärts gerichteten Kindersitze zum Schutz der kleinsten Fahrzeugpassagiere oder der Einführung des ersten Dreipunkt-Sicherheitsgurtes im weiterentwickelten PV 544. Mit dem »Buckel« stieg Volvo zum weltweit erfolgreichen Großserienhersteller auf. Waren bis dahin maximal 2000 Einheiten von einer Modellreihe gebaut worden – von Exoten wie dem P1900 von 1954, dem ersten europäischen Cabriolet mit Kunststoff-Karosserie waren es nur 36 – wurden von ihm und dem vorsichtig modernisierten Nachfolger PV 544 (ungeteilte Frontscheibe, ein fünfter Sitz, daher die »5« im Namen, etwas mehr Leistung) bis Oktober 1965 exakt 440.000 Einheiten gebaut.

Optisch, wenn auch nicht technisch moderner agierte die zweite Baureihe im Volvo-Programm, die Amazon-Familie P 120. Diese war 1956 auf Kiel gelegt worden, wies eine moderne Pontonkarosserie auf und wurde 1967 durch die Baureihe 140 abgelöst, die es erstmals auch – Typ 164 – mit Sechszylinder-Motor gab. Von dort aus führt eine direkte Entwicklungslinie hin zu der bis 1993 gefertigten Baureihe 240. Den guten Ruf von Volvo, schier unverwüstliche Fahrzeuge zu bauen, konnte auch das P-1800-Coupé (das es auch in ES-Ausführung als »Shooting Brake« gab) nicht schmälern, wiewohl diese Stilikone bei weitem nicht so rostresistent war wie der Ruf des Herstellers verhieß.

Volvo war aber trotz aller Erfolge stets zu klein, um auf Dauer unabhängig überleben zu können, wiewohl die Schweden versuchten, durch Zukäufe – 1975 übernahm man den kleinen niederländischen Hersteller DAF – seine Marktmacht zu stärken.

Die 80er waren traurige Jahre für Volvo-Fans, die kantigen, kastigen Wagen – 1982 erschien die Baureihe 700, die die 240er ablösen sollte, aber vor dieser eingestellt wurde, und die darüber angesiedelten 900er waren in Europa nie so erfolgreich wie erhofft – galten als solide, aber lahm und langweilig.

Frischen Wind in Sachen Technik brachte Ford mit, das 1999 die Personenwagensparte übernahm. Die Amerikaner ihrerseits verkauften die defizitäre Volvo Car Corporation 2010 im Gefolge der Finanzkrise an den chinesischen Hersteller Geely. Allen Befürchtungen zum Trotz hat das dem Unternehmen nicht geschadet, ganz im Gegenteil: Ausgerechnet die Chinesen scheinen den Mythos Volvo viel besser verstanden zu haben als die Amerikaner.

(Text Kuch, unter Verwendung von ampnet/jri)

SPANIEN

HISPANO-SUIZA

Spanien genießt nicht gerade den Ruf, eine Nation von Autobauern zu sein, Namen wie »Abdal« oder »J. Castro« entstanden und starben in den drei Jahrzehnten zwischen der Jahrhundertwende und der Zeit der großen Weltwirtschaftskrise. Die Firma J. Castro immerhin bildete 1904 die Keimzelle der Firma Hispano-Suiza (»Fabricia la Hispano-Suiza de Automobiles«). Dahinter standen unter anderem der Schweizer Chefingenieur Marc Birkigt und, zumindest als ideeller Förderer, der spanische König Alfonso XIII. Der nach ihm benannte Luxuswagen war mit 130 km/h eines der schnellsten Autos jener Epoche der Jahre vor 1914. Der Ruf der Marke war so gut, dass 1911 ein Zweigwerk in Paris entstand, dort wurden nach dem Krieg dann die großen Luxuswagen gebaut, für welche die Marke bis heute bekannt ist: Zwischen 1919 und 1938 entstanden die Luxustypen H6 und K6 mit 6,6-, 8,0-bzw. 5,2-L-Sechszylindermotor; absoluter Höhepunkt bildeten die zwischen 1931 bis 1938 gebauten Type J12 mit 9,4- bzw. 11,3-Liter-V12-Motor. In Spanien selbst erfolgte die Produktion kleiner Vierzylinder-Modelle, die aber 1924 auslief. Das Werk in Spanien baute Nutzfahrzeuge und nach 1936 in erster Linie Kriegsgerät. Francos Faschisten verstaatlichten das Werk 1944, Marc Birkigt wurde enteignet.

Der von der staatlichen ENASA gebaute Pegaso-Sportwagen sollten beweisen, dass auch Spanien in der Lage war, einen Supersportwagen zu bauen. Hier einer von acht Z-102 Serie II von Saoutchik, und das einzige Cabriolet der Reihe, 1954 gebaut.
(Foto: © Thesupermat, CC-BY-SA-3.0)

ENASA-PEGASO

1946 berief Francos Industrieministerium, das die Geschicke des Lastwagenherstellers leitete, einen neuen Chefkonstrukteur. Der hieß Wifredo Ricart, war gebürtiger Spanier und hatte vor dem Krieg bei Alfa Romeo Grand-Prix-Rennwagen konstruiert. Das neue Unternehmen hieß ENASA und begann mit der Produktion von Lastwagen unter dem Handelsnamen »Pegaso«, wobei die Lastwagen von Hispano-Suiza die Basis bildeten. Mutmaßlich waren es politische Gründe, die dazu führten, dass Ricart die Erlaubnis zur Entwicklung eines Luxussportwagens erhielt, der 1951 in Madrid sein Debüt gab. Unter der Projektnummer Z-102 entwickelt – der Z-101 war eine nie realisierte V12-Luxuslimousine – hatte der ENASA-Sportwagen ein V8 mit 2,5 Litern Hubraum und einer Leistung von 165 PS. Der Aluminium-Motor mit vier obenliegenden Nockenwellen wuchs dann zunächst auf 2,8 Liter und schließlich 3,2 Liter Hubraum, wobei je nach Ausführung ein- oder zweistufige Kompressoren zum Einsatz kamen. Das Fahrwerk mit De Dion-Hinterachse erinnerte an die Grand-Prix Alfas, so wie auch alles fehlte, was der Alltagstauglichkeit diente – es gab keinen Kofferraum, keine Lenkunterstützung, keine Scheibenbremsen. Auf dem wichtigsten US-Markt kostete ein Pegaso mit rund 10.000 Dollar mindestens 30 Prozent mehr als der Mercedes-Benz 300 SL, ohne dass es ein Vertriebs- oder Servicenetz gab. Die Marke kannte kein Mensch, und daran änderte auch der Motorsport nichts: Das Rennprogramm 1952 sah zwei Einsätze, einen in Monaco und einen in Le Mans, vor. Beim Sportwagenrennen in Monaco fielen beide Z 102 aus, zu den 24 Stunden traten die Spanier gar nicht erst an; auch 1953 fand Le Mans ohne die Pegaso statt. Immerhin: Eine spezielle Rennausführung war 1953 kurzzeitig dass schnellste Serienauto der Welt. Neben den hohen Preisen, dem fehlenden Image und der mangelhaften Standfestigkeit hatten die Pegaso noch ein weiteres Problem: Der von den Lastwagen-Designern gezeichneten Karosserie mangelte es an Eleganz. Ricart, dank seiner Tätigkeit bei Alfa Romeo in der italienischen Automobilbauszene bestens vernetzt, engagierte zunächst die »Carrozzeria Touring Superleggera«. Darüber hinaus fertigten auch Saoutchik in Frankreich und der junge spanische Karosseriebauer Pedro Serra Karosserien für den ENASA-Sportwagen. Wie viele Pegaso insgesamt entstanden, ist nicht mehr genau nachzuweisen, die Schätzungen liegen im Bereich von 82 bis 86 Stück, wovon 30 heute noch existieren. In diese Zahl mit eingeschlossen ist auch der Typ Z-103 mit einfacherem, aber hubraumgrößeren OHC-V8 und 4,8 Liter Hubraum, wobei es auch solche mit dem alten Viernocken-Motor gab. Der Personenwagenbau wurde auf Befehl des spanischen Diktators Franco 1958 eingestellt und die Produktionsanlagen verschrottet. Pegaso baute ausschließlich Nutz- und Militärfahrzeuge und ging 1990 an IVECO; die Markenbezeichnung verschwand 1995 endgültig.

Das ist die 1994 auf Chassis-Nr. 26 angefertigte Replik des Z-102 Kompressor-Spider, mit dem Pegaso im Mai 1953 beim Rabassada-Bergrennen bei Barcelona antrat und auch gewann. Das Original wurde im Dezember 1954 verschrottet.
(Foto: © Auto-Medienportal.Net/SIHA)

Pegaso Cupula: Dieser Pegaso stand auf dem New Yorker Salon 1952 und war mit der kuppelförmigen Heckscheibe (daher der Name) eine wahrhaft spektakuläre Erscheinung. Die Karosserie stammte von Touriung, zwei Fahrzeuge wurden gebaut, eines – bekannt für seine gelbe Farbe – für den Diktator der Dominikanischen Diktator, Leonidas Trujillo.
(Foto: © Arnaud 25, CC-BY-SA-4.0)

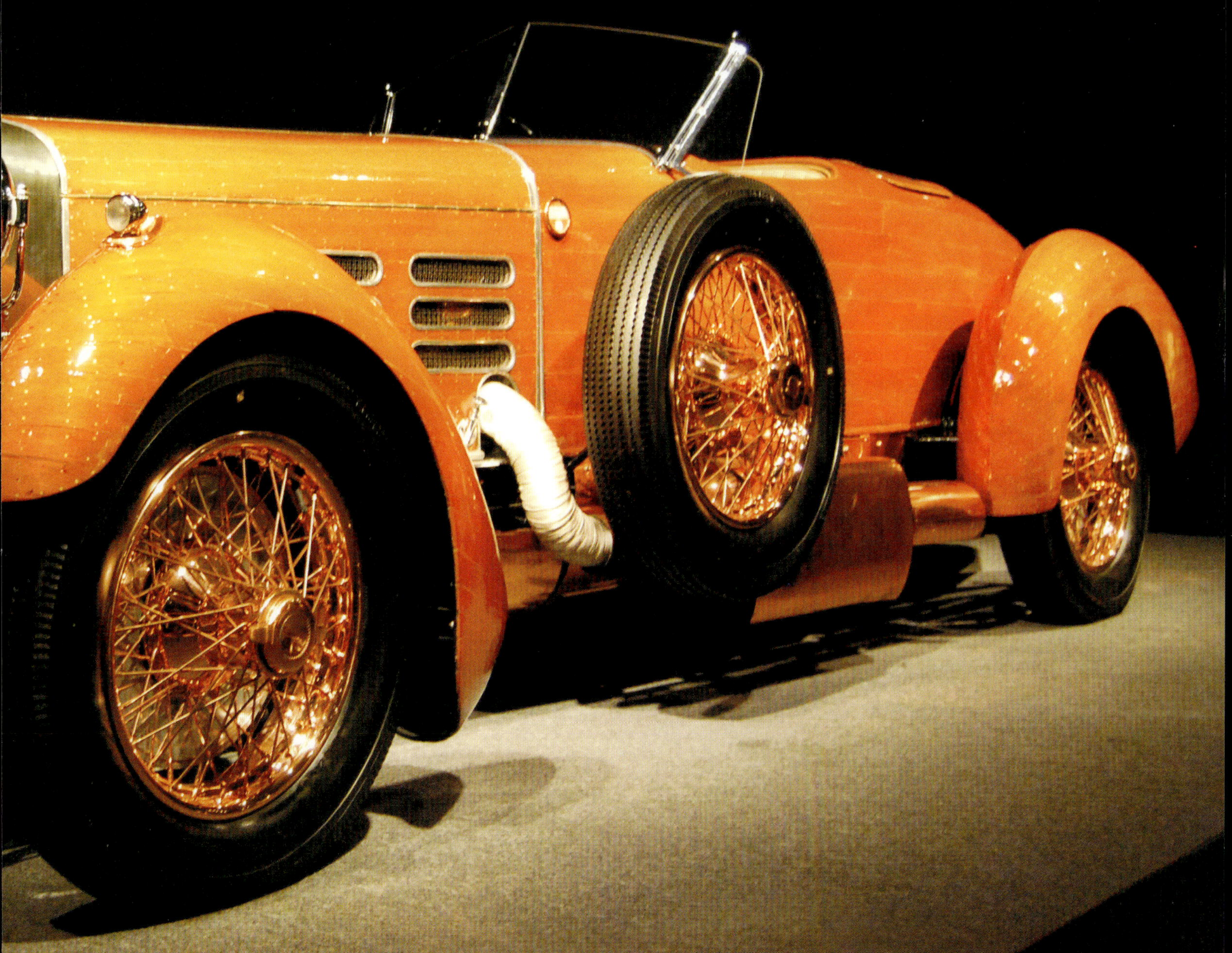

1919 stellten die bisherigen Nutzfahrzeughersteller von Hispano-Suiza den H6 vor, angetrieben von einem 6,6-Liter-OHC-Aluminium-Motor mit 135 PS. Die Höchstgeschwindigkeit lag bei knapp 140 km/h. Verzögert wurde, erstmals im Automobilbau, über Servobremsen. Dieser H6C war ein Achtzylinder, der von dem Flugzeugbauer Nieuport für die Targa Florio 1924 in Holzbauweise ausgeführt und mit Tausenden von Messingnieten befestigt wurde. Bei Rennen belegte der Wagen unter Andre Dubonnet einen sechsten Rang.
(Foto: © Kobac, CC-BY-SA-2.0)

Skoda Tudor, 1948: Dieser Popular-Nachfolger trug unter dem amerikanisierten Blechkleid die Technik des Vorgängers, hatte allerdings einen 1,1-Liter-Motor. Sein Nachfolger war der 1200 von 1952. (Foto: © Ampnet)

Tatra brachte 1923 den Typ 11 heraus, einen Kleinwagen mit luftgekühltem Zweizylinder-Boxermotor im Bug und Frontantrieb. Die Frontgestaltung war charakteristisch für diesen wie auch seinen Nachfolger Typ 12 (1926–1932). (Foto: © Jiří Erben, CC-BY-SA-3.0)

Škoda baute 1950 drei Rennwagen des Typs 966 Supersport. Für Vortrieb sorgte der 1,1-Liter-Motor aus dem Tudor, der hier auf 90 PS gebracht worden war, später gab es auch eine hubraumgrößere Kompressor-Version, die bis zu 180 PS brachte und an der 200-km/h-Marke kratzte. Der Renner mit Aluminium-Karosserie zeigt den Zustand der Saison 1953.
(Foto: © Ampnet)

TSCHECHIEN

ŠKODA

Das Unternehmen legte 1895 die Grundlage für die Autoproduktion bei Škoda: Gegründet als Reparaturwerkstatt für Fahrräder, erfolgte 1898 der Schritt hin zum Motorrad. Die Zwei- und Vierzylindertypen gewannen zahlreiche Rennen, was nahezu zwangsläufig 1905 zum Autobau führte. Nach der Übername der 1907 gegründeten Reichenberg Automobil-Fabrik stieg Laurin & Klement zum größten Autoproduzenten Österreich-Ungarns auf.

Nach 1919 kam die Autoproduktion nur zögerlich wieder in Gange, das Unternehmen ging 1925 im Škoda-Konzern auf, einem Maschinenbaukonzern, der 1859 in Pilsen gegründet worden und zehn Jahre später von Emil Ritter von Škoda (1839-1900) gekauft worden war.

Die Nachkriegsproduktion bei Škoda begann mit Lokomotiven, erst die Übernahme von Laurin & Klement machte Škoda auch zum Autobauer.

Spitzenmodell des Herstellers war der ab 1934 vorgestellte Typ 640 »Superb«. Im Dritten Reich ein wesentlicher Bestandteil der deutschen Rüstungsindustrie, kam es nach Kriegsende zur Trennung der Auto- von der Rüstungssparte, im Oktober 1945 erfolgte die Verstaatlichung. Von einer Großserienproduktion konnte keine Rede sein, Fahrzeuge, die gebaut wurden, gingen an Besatzungsbehörden, Funktionäre und sonstige »Bedarfsträger«. Das galt auch für den bis dahin größten Škoda überhaupt, den zwischen 1948 und 1952 in rund 100 Exemplaren gebauten VOS mit 120 PS starkem 5,2-Liter-Sechszylinder.

An weniger Privilegierte (wobei die Zuweisung eines Fahrzeugs sowieso schon eine Besonderheit darstellte) lieferte Škoda den Popular 1102. Dieser basierte ebenso wie sein Nachfolger Typ 1200 auf dem gleichnamigen Vorkriegsentwurf. Beide verfügten über wassergekühlte Reihen-Vierzylindermotoren und Querblattfederung. Diesen Konstruktionsprinzipien huldigte auch die Einsteiger-Modellreihe 440, die es auch als Cabriolet gab. Die Weiterentwicklung dieser Baureihe führte 1959 zum Oktavia mit 1100er oder 1200er-Motor – wobei die Vorderradaufhängung hier erstmals an Schraubenfedern erfolgte. Die bildschöne Cabriolet-Ausführung hieß Felicia.

Erst 1964 konnte Škoda mit dem MB 1000 die erste grundlegende Neuentwicklung der Nachkriegszeit vorstellen, Die viertürige Limousine mit Heckmotor erhielt einen Vierzylinder, der zwischen 35 und 45 PS leistete. Trotz seiner Unzulänglichkeiten war er in den Ländern des Warschauer Paktes sehr begehrt, bis 1969 entstanden rund 450.000 Einheiten. Die nachfolgende Baureihe S 100 brachte auch ein bildschönes Coupé hervor, das auch im Ostblock-Rallyesport für Aufsehen sorgte. Erst 1987 erschien mit dem Favorit ein relativ zeitgemäßes Fahrzeug mit Frontantrieb, die letzte Neukonstruktion des Unternehmens, das seit 1991 als damals vierte Marke im VW-Konzern aufging. Der Rest ist, wie man so schön sagt, Geschichte. (Kh, unter Verwendung von Texten ampnet/tl)

TATRA

Tatra, seit 1897 als Automobilproduzent vor allem als Nutzfahrzeughersteller tätig, verfolgte bei seinen Pkw-Entwürfen ein einzigartiges Konstruktionsprinzip: Zentralrohrrahmen, ein luftgekühlter Heckmotor längs hinter der Hinterachse und eine aerodynamische Formgebung machten die rund 4,50 m langen Wagen zu Ausnahmeerscheinungen im Straßenverkehr. Der berühmteste dieser Tatras, der Typ 87 mit seinem dritten, in der Mitte platzierten Scheinwerfer, muss im Straßenbild der 30er Jahre wie ein Ufo gewirkt haben. Auch der Nachfolger T 600 von 1947 folgte diesem Muster. Im Heck des Tatraplans saß ein Vierzylinder-Boxermotor mit 2,0 Litern Hubraum und 52 PS. Bis 1952 wurden rund 6300 Tatraplan hergestellt, ein Drittel davon lief bei Škoda vom Band. Der ab 1956 angebotene T 603 verfügte dagegen über einen neuen 90-Grad-V8. Der gut fünf Meter lange 603 war eine repräsentative Funktionärs-Limousine, die – verschiedentlich modellgepflegt und überarbeitet, zuletzt mit Vignale-Design – bis zum Zusammenbruch des Ostblocks gebaut wurde. Unter dem Tatra-Logo werden noch heute schwere Nutzfahrzeuge gefertigt.

Berühmt wurde Tatra aber für seine aerodynamischen Luxuslimousinen mit gebläsegekühltem V8-Heckmotor. Im Vordergrund zu sehen ist ein ultrararer Tatra 97 (1937–1939), dahinter parkt ein Typ T2-603, die Weiterentwicklung des berühmten T 603 von 1963. (Foto: © Andrew Bone, CC-BY-2.0)

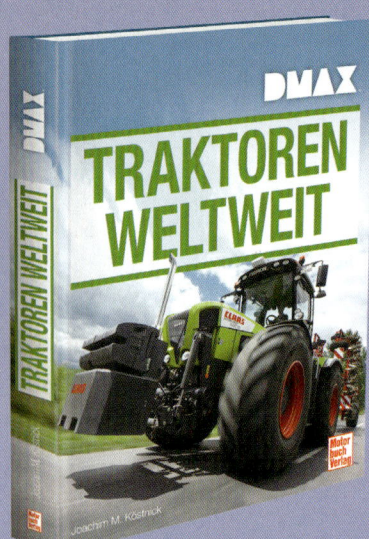

Joachim M. Köstnick
TRAKTOREN WELTWEIT
224 Seiten,
ca. 600 Abbildungen
Format 240 x 305 mm,
gebunden
ISBN 978-3-613-03787-8
€ 14,95
CHF 19,90 / € (A) 15,40

Joachim M. Köstnick
SUPER-SPORTWAGEN
224 Seiten,
581 Abbildungen
Format 240 x 305 mm,
gebunden
ISBN 978-3-613-03785-4
€ 14,95
CHF 19,90 / € (A) 15,40

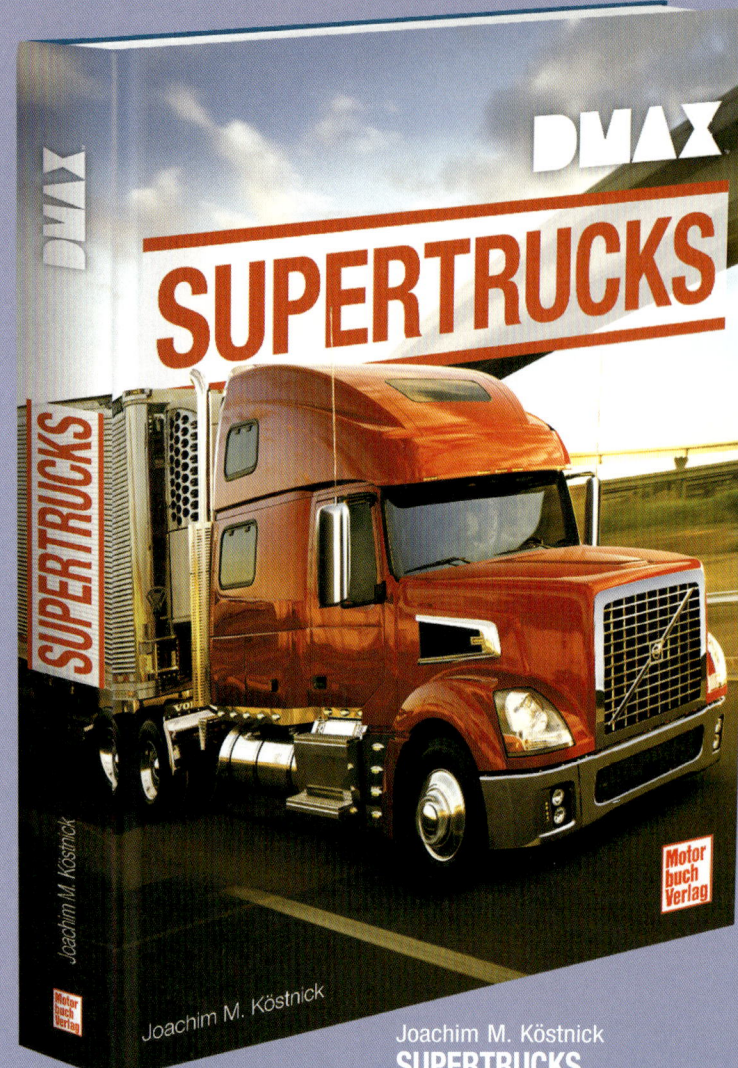

Joachim M. Köstnick
SUPERTRUCKS
224 Seiten, ca. 600 Abbildungen
Format 240 x 305 mm, gebunden
ISBN 978-3-613-03786-1
€ 14,95
CHF 19,90 / € (A) 15,40

WWW.MOTORBUCH.DE
Service-Hotline: 0711 / 78 99 21 51
Stand Oktober 2015
Änderungen in Preis und Lieferfähigkeit vorbehalten.